今日から
モノ知り
シリーズ

トコトンやさしい

エコ・デバイスの本

エコ・デバイスとは限られたエネルギー資源を上手に使うための素子のこと。あらゆる分野に使われて無駄なエネルギーを削減し、より良い生活が営まれるような社会生活を実現します。

鈴木 八十二 編著

SUBSTATION
SOLAR PANEL
WIND FARM
AC TRAIN
LED LAMP
LCD TV
EV

B&Tブックス
日刊工業新聞社

はじめに

東日本大震災から始まったエコ意識は、全世界に広がりつつあります。このエコは、〝ecology〟、つまり、〝生態環境〟の意味で、このエコの意識を現実化する一つが〝エコ・デバイス〟と思われます。このエコ・デバイスは、限られたエネルギー資源を上手に使うためのデバイスで、電子機器を始め、あらゆる分野に使われて無駄なエネルギーを削減し、より良い生活が営まれるような社会生活を実現すると言っても過言ではないと思われます。

このような背景のもとに、本書はエコ・デバイスをやさしく説明しているもので先に出版した「よくわかるエコ・デバイスのできるまで」（日刊工業新聞社、2011年7月発行）の姉妹本として執筆し、次のような章立てになっております。つまり、序章は「エコ・デバイスってなぁーに?」から始まり、第1章は「パワーデバイス」、特に、皆さんが日常、電子機器の省エネルギー化を見て不思議に感じたことなどを説明しております。第2章は省エネルギー化時代の代表的な〝明かり〟、特に、節電に大きく寄与する「照明用LED」について紹介し、第3章は近い将来、次世代の〝明かり〟になる可能性のある「照明用有機EL」について解説しております。続いて、第4章は液晶テレビの節電に欠かすことの出来ない「液晶テレビ用バックライト光源」について説明し、第5章は原子力発電の代替え再生可能エネルギーとして取り組みが行われている「太陽電池（太陽光発電）」について紹介しております。終章では、最近話題の「エコハウス」について触れています。

なお、本書は多岐にわたるエコ・デバイスの話しですので左記の方々による共同執筆になっています。

＜共同執筆者（敬称略、順不同）と執筆担当分野＞

・吉野 恒美…第1章 6項、第3章コラム❸、第4章（44～53項&コラム❹）、第5章（54～65項&コラム❺）
・新居崎信也…第5章（54～65項&コラム❺）
・筒井 長徳…第3章（29～43項&コラム❸）
・鈴木 八十二…序章（1～4項&コラム⓪）、第1章（5～14項&コラム❶）、第2章（15～28項&コラム❷）、終章（66項&コラム❻）、編集・第3～5章（29～65項&コラム❸～❺）、

このように、多くの方が執筆したために文体などの統一を行わさせて頂きましたが、勘違いや浅学さからくる不具合や誤りがあるかと存じますが、御了承を戴きたくお願いする次第です。

終わりに、東日本大震災の早期復興を祈念し、また本書のエコ・デバイス、あるいは、その考え方が大震災の復興に何らかの形でお役に立てればと思う次第です。頑張りましょう！日本！

なお、本書の執筆に際してご協力を戴きました兵神装備（株）・下谷 武史氏、ゼネラルヒートポンプ工業（株）・柴 芳郎 氏、GEOパワーシステム会・志賀 由紀 氏、ワールド化成（株）・取締役・営業部長・阿部 眞之輔 氏、正和溶工（株）・社長・中村 敦 氏、正和エンジニアリング（株）・社長・安西 茂幸 氏らを始めとする関係諸氏に深く感謝を申し上げるとともに出版にあたり多くの方々の著書、文献、関連資料などを参考にさせて戴きました。ここに、厚く御礼を申し上げます。また、発刊に際して御世話になりました日刊工業新聞社・鈴木 徹 氏、北川 元 氏を始めとする関係諸氏に厚く御礼を申し上げます。

2012年（H24年）3月

鈴木 八十二 記す！

トコトンやさしい
エコ・デバイスの本
目次

目次 CONTENTS

序章 エコ・デバイスってなぁーに?

1 エコ・デバイスってなぁーに? 「エコ・デバイスの進展」……10

2 エコ・デバイスと呼ばれるパワーデバイス! 「節電に寄与するパワーデバイス」……12

3 交流から直流へ、直流から交流への変換を行うパワーデバイス! 「電気変換を行うパワーデバイス」……14

4 仲間がたくさんいるエコ・デバイス! 「エコ・デバイスの仲間たち!」……16

第1章 パワーデバイス

5 インバータエアコンの省エネルギー化はどうなっているの? 「エアコンの節電」……20

6 蛍光灯の省エネルギー化はどうなっているの? 「インバータ式点灯法」……22

7 パソコンなどの電子機器の電源はどうなっているの? その1 「リニア電源」……24

8 パソコンなどの電子機器の電源はどうなっているの? その2 「スイッチング電源」……26

9 パソコンなどの電子機器の電源はどうなっているの? その3 「DC-DCコンバータ」……28

10 無停電電源装置(UPS)ってなぁーに? 「UPSによってデータのバックアップを!」……30

11 ICカード、ICタグの電源はどうなっているの? 「電磁誘導、マイクロ波電源」……32

12 自動車の省エネルギー化はどうなっているの? 「カーエレクトロニクス」……34

13 GTO、IGBTって何に使うの? 「代表的な半導体パワーデバイス」……36

14 SiCってなぁーに? 「これからの半導体素子基板」……38

第2章 照明用LED

15 省エネルギーのLED照明ってなぁーに？「半導体からなるLED照明」……42
16 照明あかりに君臨し始めたLED照明！「照明ランプの歴史とLEDの種類」……44
17 どんなパーツでLED照明は構成されているのかなぁー？「LEDの実装形態」……46
18 LED照明のチップはどうなっているの？「LEDチップの基本構造」……48
19 どのようにしてLED照明は自然光に近い光を放つの？「白色化原理」……50
20 光には演色性と色温度があるの、知ってる？「演色性と色温度」……52
21 LED照明の明るさはどの位あるの？「性能比較」……54
22 LED照明は明るさを自由にコントロールできるの？「電流・光度特性からの制御」……56
23 LED照明の放つ光には方向性がある！「指向性をもつLED」……58
24 どんな材料がLED照明に用いられているの？「LED照明の主な材料」……60
25 LED照明ができるまで！「LED照明の製造工程」……62
26 ウェハー工程は半導体と同じ！「前工程」……64
27 チップ工程、モジュール工程でLED照明が出来上がる！「後工程」……66
28 何年くらいまでLED照明は光を放つの？「LED照明の寿命」……68

第3章 照明用有機EL

29 有機ELってなぁーに？ その1「有機ELの特徴」……72
30 有機ELってなぁーに？ その2「EL現象と歴史」……74
31 有機ELにはどんな種類があるの？「低分子と高分子」……76

32 照明用有機ELを作るのはどのくらい難しいの？「有機ELの技術進化」……78
33 有機ELの構造はどうなっているの？「積層構造の考え方」……80
34 白色の有機ELってなぁーに？「照明用有機EL」……82
35 マルチフォトン型有機ELってなぁーに？「多層積層型有機EL」……84
36 低分子有機ELはどのようにして作られるの？「蒸着法」……86
37 有機ELの寿命はどの位あるの？「有機ELの寿命」……88
38 有機ELの発光特性ってどんなもの？ 発光効率ってどんなもの？「電流制御型素子」……90
39 光取り出し効率の問題って何？「スネルの法則」……92
40 フレキシブルな有機ELは実現可能なの？「フィルム有機EL」……94
41 蛍光と燐光って何？「許容遷移と禁制遷移」……96
42 有機ELはどのようにして発光するの？「有機ELの発光原理」……98
43 有機ELの材料とはどんなもの？「有機化合物の共役構造」……100

第4章 液晶テレビ用バックライト光源

44 液晶パネルとバックライト、どんな関係なの？「バックライトの役目」……104
45 バックライトが、なぜエコ・デバイスなの？「光源の相違による消費電力低減化」……106
46 バックライトには、どんな方式があるの？「バックライトの種類」……108
47 バックライトの光源には、どんなものがあるの？「バックライトの各種光源」……110
48 バックライトは、どんな部品で構成されているの？「バックライトの構成部品」……112

49 バックライトは、どのようにして造られるの？「バックライトの製造工程」……114
50 冷陰極蛍光ランプって、どんな光源？「冷陰極蛍光ランプの構造と発光原理」……116
51 バックライト用LEDって、どんな光源？「LEDの構造と特徴」……118
52 バックライト用有機ELって、どんな光源？「有機ELの構造と特徴」……120
53 ディミングって、どんな技術？「節電に寄与するディミング技術」……122

第5章 太陽電池（太陽光発電）

54 太陽エネルギーはどれくらい得られるの？「エネルギー量とエアマス」……126
55 太陽電池と乾電池との違いは何なの？「太陽電池と乾電池」……128
56 いろいろなタイプが太陽電池にはある！「太陽電池の種類」……130
57 シースルー、カラフル、フレキシブル太陽電池「モダンな太陽電池」……132
58 太陽光による発電のしくみとは？「発電の原理と電圧、電流の適正化」……134
59 太陽電池用シリコン基板のできるまで「シリコンウェハー製造工程」……136
60 太陽電池の発電単位のできるまで「セル製造工程」……138
61 屋根の上の太陽電池のできるまで「モジュール製造工程」……140
62 光を電気に変換する率はどの位なの？「変換効率」……142
63 何年くらい太陽電池は使えるの？「太陽光発電システムの寿命」……144
64 パワーコンディショナってなぁーに？「商用電気との接続」……146
65 スマートグリッドとは何なの？「電力と情報の流れ」……148

終章 環境保全、節電について

66 地中熱によるエアコンとは？「パッシブハウスと地中熱利用ハウス」……152

【コラム】

⓿照明関係で用いられる用語のいろいろ！（照明関係用語）……18
❶電車の節電は、インバータ装置で！（電車の省エネルギー化）……40
❷LEDランプを用いると年間あたり〝どの位の節電になるの？〟（LEDランプの経済性）……70
❸EL（エレクトロルミネッセンス）の仲間たち！（無機ELも仲間）……102
❹エコ・デバイスの隠れた主役（センサもエコ・デバイス）……124
❺エネルギー・ハーベスティングとは？（なんでもエネルギー）……150
❻〝パッシブハウス〟ってなぁーに？（節電の基本ハウス）……154
参考文献……155
索引……156

序章

エコ・デバイスってなぁーに?

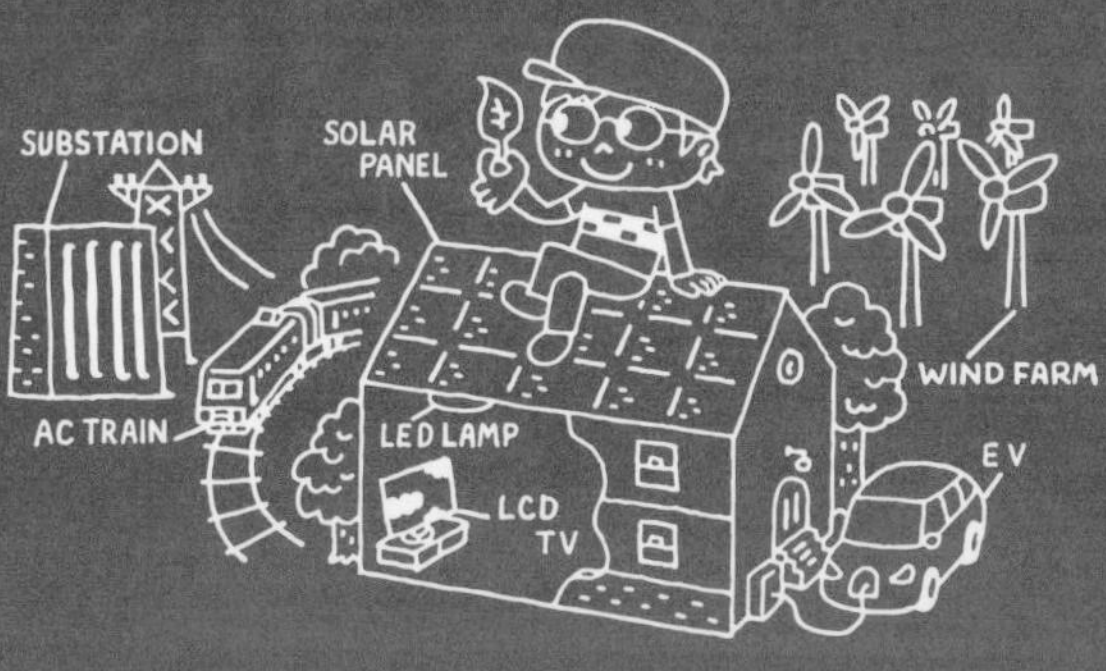

1 エコ・デバイスってなぁーに?

エコ・デバイスって何なのでしょうか? エコは〝ecology〟で、生態学とか、生態環境の意味ですので、環境を配慮した電子デバイス（device：素子）の意味になります。

電子デバイスは、左図ⓐのように真空管からトランジスタ等の個別（ディスクリート）素子、そして、個別素子を用いた電子回路を一つの半導体基板（シリコンウエハー）に集積した集積回路（Integrated Circuit：IC）へと進化してきました。さらに、この集積回路は一つの電子機器の機能を集積化する大規模集積回路（Large Scale IC：LSI）へと進化しました。この技術をフルに利用して小型軽量化、および、省エネルギー化を大幅に達成したのが電卓なのです。もちろん、この電子デバイスの進化とともにディスプレイの進化もありました。電卓の表示体は、ニクシー管から蛍光表示体へ、そして、液晶表示体へと進み（左図ⓑ参照）、現在のカード型電卓へと進化したのです。

この進化によって、電卓は、左図ⓒのように重さが13kgから33gへ、大きさが机上に載る大きさからカード型へ、消費する電力が約40Wから数μWへと大きく変貌しました。特に、電力面では、約数千万分の一へと省エネルギー化しました。これは、大変なエコ対策です。その考え方は、ディスプレイの世界にもあります。つまり、ブラウン管を用いた表示から液晶ディスプレイの開発へとつながっております。また、エコ対策の考え方は、白熱電球、蛍光灯から発光ダイオード（Light Emitting Diode：LED）による照明ランプへも波及しているのです。

この省エネルギー化（エコ対策）は、電子機器においては駆動するための電源システムにも依存します。つまり、電子機器自体の電力削減化の他に電源システムの電力損失低減が重要になります。この鍵を握るのが「パワーデバイス」ですので、「パワーデバイス」を〝エコ・デバイス〟と呼ぶこともあります。

要点BOX

- エコ・デバイスは、環境を配慮した電子デバイスのことです!
- エコ・デバイスは、電子機器自体の消費電力を削減する素子です!
- パワーデバイスを「エコ・デバイス」と呼ぶこともあります!

(a)電子デバイスの変遷

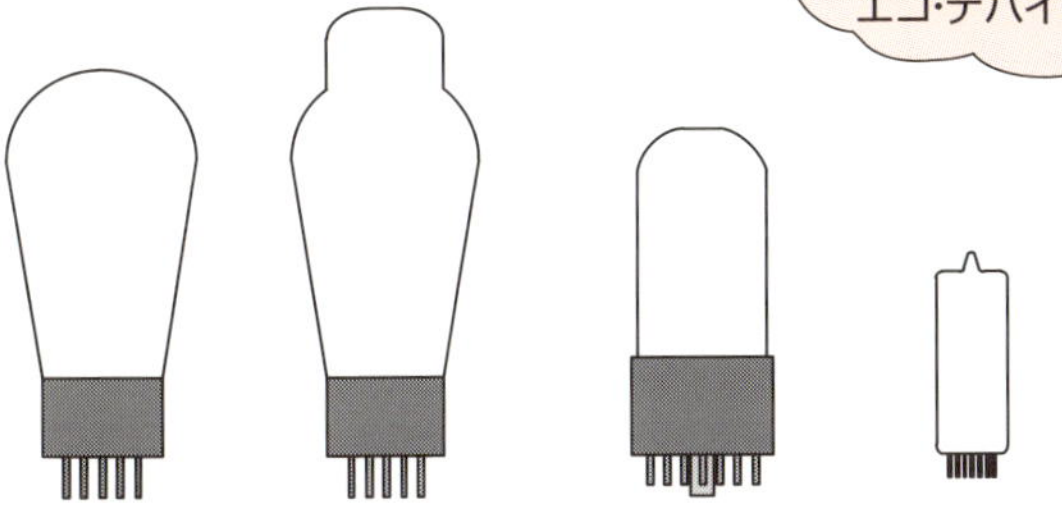

なす管　ST管（Shouldered Tube管）　GT管（Glass Tube管）　MT管（Miniature Tube管）

（i）各種真空管

（ii）個別素子
（ディスクリート素子）

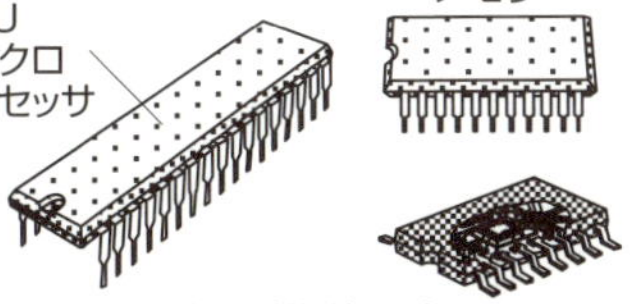

（iii）各種集積回路

(b)世界初の液晶表示電卓と搭載されたLSIウェハー

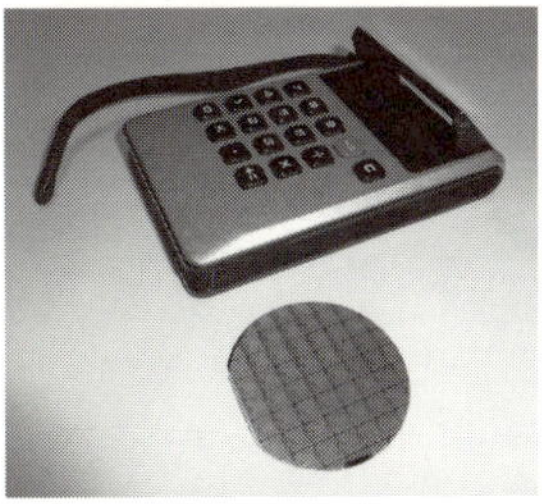

(c) 電卓(電子式卓上計算機)仕様の変遷

	昔の電卓 BC-1621	カード電卓 LC-866
発売時期	1965年	1993年
重量	13kg	33g
消費電力	約40W	数μW
構成素子	ダイオード :約2,000個 トランジスタ:約 600個	CMOS-LSI:1個
表示素子	ニクシー管	液晶ディスプレイ
表示桁数	16桁	8桁
計算機能	四則演算、√計算、メモリ付	四則演算、√計算、メモリ付
電源	交流100V	太陽電池(ボタン電池)
価格	約40万円	約1,000円

出典：くろにか舎、"液晶とは、イカなるものか?"、テクノコム、理工・生命系学部・学科進学ブック 2011、（財）産業教育振興中央会、pp.25-29.

用語解説

● LSI：Large Scale Integrated Circuitの略で、大規模集積回路のことです!
● CMOS-LSI：Complementary Metal Oxide Semiconductor-LSIの略で、相補型金属酸化膜半導体大規模集積回路と呼ばれ、シリコン基板にpMOSとnMOSトランジスタを使用して電子回路を集積化したものを指します!

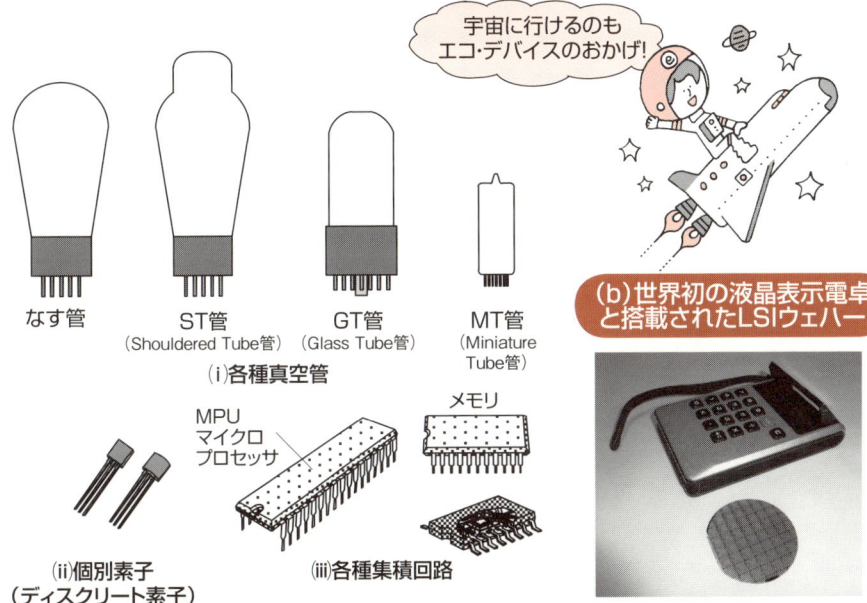

2 エコ・デバイスと呼ばれるパワーデバイス!

節電に寄与するパワーデバイス

電子機器の省エネルギー化は、電子機器自体を構成する電子デバイスの消費電力の削減にあり、また、電子機器を駆動するための電源供給システム、つまり、パワーデバイスの電力削減化もあります。

このパワーデバイスは、左図ⓐのように商用電気（100V 交流/Alternating Current：AC）を電子機器用駆動電気（直流/Direct Current：DC）に変換、あるいは、その逆を行う電子デバイスを指します。一般の家庭用電気製品は交流で動作しますが、その消費電力を削減するには商用電気（交流）の電圧や周波数を変えて行います。この代表的な家電が〝インバータエアコン〟です。ここで、商用電気（交流）は、電力会社より電圧や周波数が一定で送られてきます。この商用電気（交流）の電圧や周波数を自由に変えることは容易ではありません。そこで、左図ⓑのように商用電気（交流）を一旦、直流に変換し（コンバータ）、その直流をさらに交流に逆変換します（インバータ）。その際に電圧や周波数を変えて電子機器の制御を行い、電力の削減を図ります。この変換（コンバータ）と逆変換（インバータ）とによってインバータ装置（通称、インバータ）が構成され、多くのパワーデバイスが用いられます。ここで、各種電源装置と機能、および、主なパワーデバイスを左図ⓒに記します。

この電気を変換する方式には、省エネルギー化を図る対象の電気製品によって、いろいろな方式があります。例えば、①モータは、電圧や周波数を変えて制御し、電力の削減を図ります（VVVF方式）。②蛍光灯やIH調理器などは、周波数を変えて制御し、電力の削減を図ります（CVVF方式）。③コンピュータは、電圧や周波数を一定に保って制御し、電力の削減を図ります（CVCF方式）。

以上のように、パワーデバイスは家電製品、産業用電子機器などの電力削減には重要な素子のために「エコ・デバイス」と呼ばれるようになったのです。

要点BOX

●パワーデバイスは、商用電気(100V 交流/Alternating Current:AC)を電子機器用駆動電気(直流/Direct Current:DC)に変換、あるいは、その逆を行う電子デバイスを指します!

(a)交流(商用電気:AC)と直流(DC)

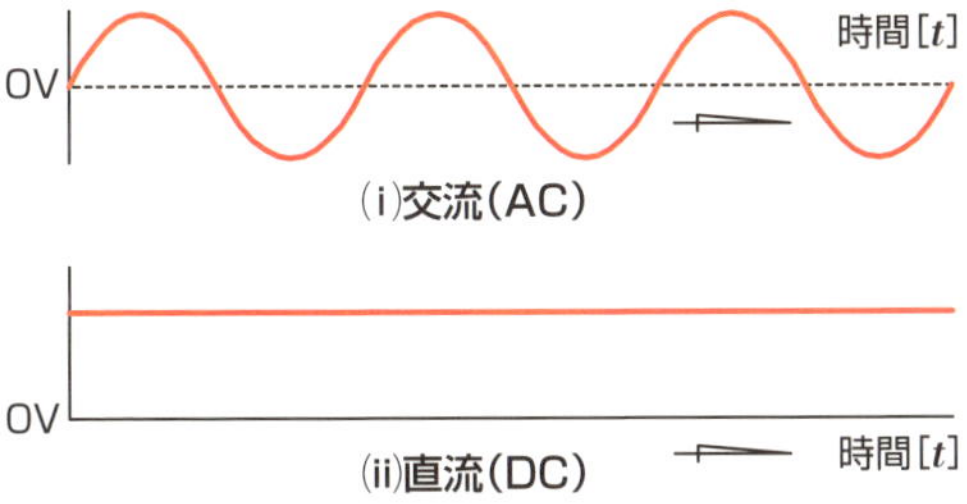

(b)インバータ装置

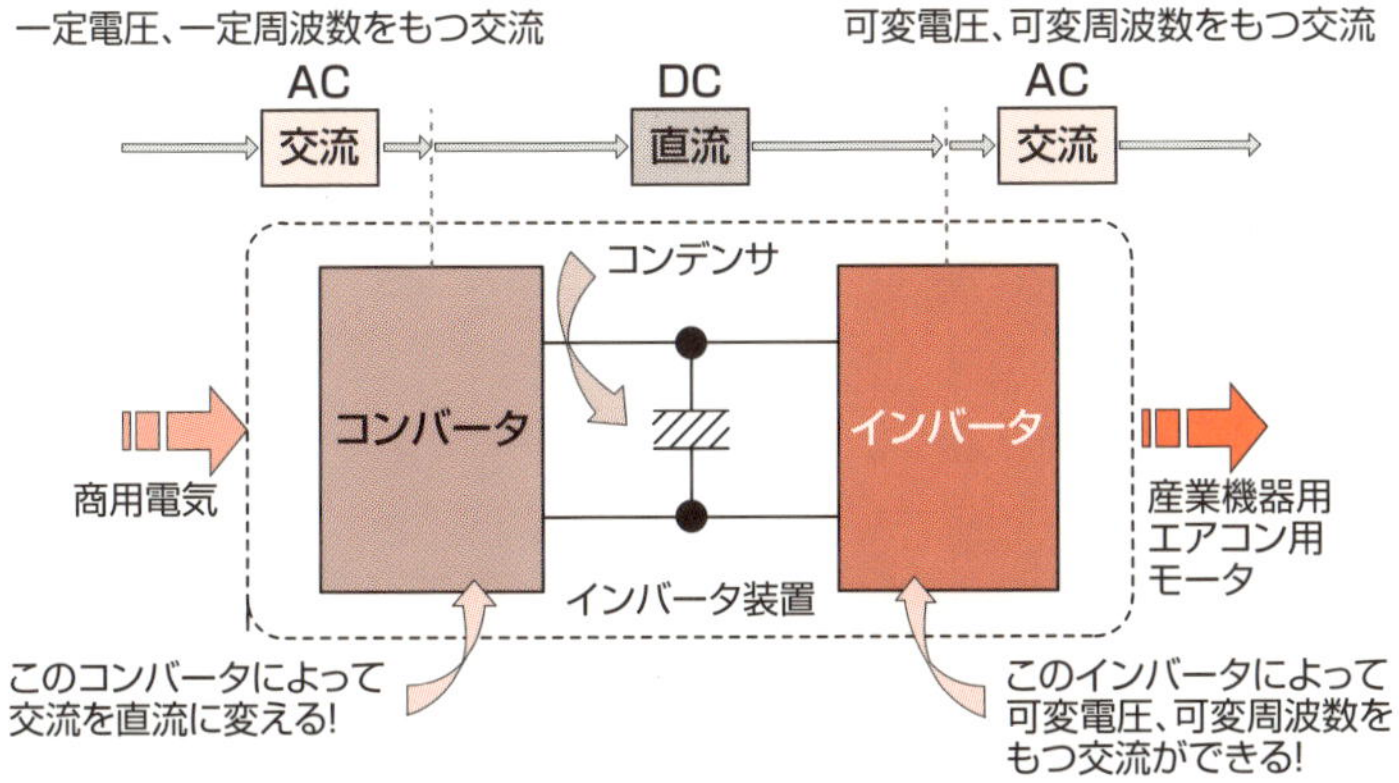

(c)各種電源装置

名称	機能内容	備考
コンバータ (変換器/整流器)	交流(AC)を直流(DC)に 変換する装置	整流素子、パワーデバイスなど
周波数変換器	交流(AC)の周波数を 他の周波数に変換する装置	パワーデバイスなど
インバータ (逆変換器)	直流(DC)を交流(AC)に 変換する装置	IGBT、パワーデバイスなど
スイッチング レギュレータ (DC-DCコンバータ)	ある大きさの直流(DC)を 他の大きさの直流(DC)に 変換する装置	各種パワーデバイス

用語解説

- VVVF:Variable Voltage Variable Frequencyの略で、可変電圧、可変周波数の意味です!
- CVVF:Constant Voltage Variable Frequencyの略で、一定電圧、可変周波数の意味です!
- CVCF:Constant Voltage Constant Frequencyの略で、一定電圧、一定周波数の意味です!
- IH:Induction Heating(誘導加熱)のことで、代表的な製品として調理器に使われています!

3 交流から直流へ、直流から交流への変換を行うパワーデバイス！

電気変換を行うパワーデバイス

電気は、大きさ（電圧）と流れ（電流）とで表します。電流は、正孔の流れ（電子の流れの逆）で一定の方向に流れている電流を〝直流（DC）〟、流れの向きが交互に換わる電流を〝交流（AC）〟と呼びます（2項参照）。乾電池の電気は直流、家庭用電気は交流です。発電所から送られてくる電気は送電線での損失を少なくするために交流で、電気の流れの方向を換える回数があり、これを「周波数」と呼びます。この周波数は、富士川以西の地区（西日本地区と呼ぶ）は米国の発電機導入から60Hz（1秒間に60回電流方向が変化）、富士川以東の地区（東日本地区と呼ぶ）はドイツの発電機導入から50Hzになっています。この周波数の違いは、新しい電気製品では両方に対応していますが、古い電気製品では対応しないこともあります。

この交流を直流に変換するには左図ⓐのような〝コンバータ（これを変換回路（器）、あるいは、整流回路と呼ぶ）〟で変換します。図中の三角形表示はダイオード（半導体素子）で、矢印の方向に電流が流れます。ここで、A端がプラス（＋）、B端がマイナス（－）であれば実線のような電流が流れ、A端がマイナス（－）、B端がプラス（＋）であれば点線のような電流が流れ、結果的に負荷（電気製品等）には常に同じ向きの電流が流れ、直流に変換されたことになります。

同様に、直流を交流に変換するには左図ⓑのような〝インバータ（これを逆変換回路（器）と呼ぶ）〟で変換します。今、四つのスイッチをある時間ごとに切り替えていきます。例えば、t1時間でS1とS3をオン、S2とS4をオフにしますと負荷に⊕⊖が現れ、t2時間でS1とS3をオフ、S2とS4をオンにしますと負荷に⊖⊕が現れ、負荷に交流が現れたことになります。ここで、スイッチのオンオフ時間を変え、平滑しますと負荷には滑らかな正弦波の交流が現れます。

以上のように、商用電気を制御するにはコンバータとインバータによる電気の変換が重要になります。

要点BOX

●電気は、大きさ（電圧）と流れ（電流）とで表します。電流は、正孔の流れ（電子の流れの逆）で一定の方向に流れている電流を“直流（DC）”、流れの向きが交互に換わる電流を“交流（AC）”と呼びます!

(a)コンバータ（整流回路）の動作原理

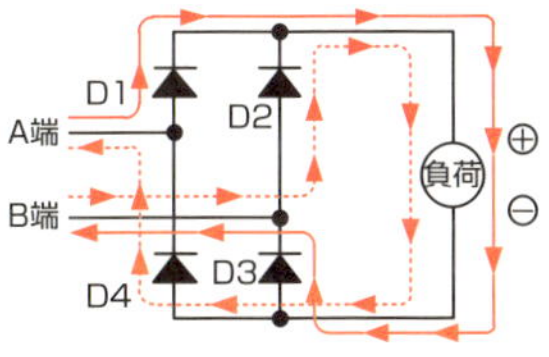

(i)コンバータの動作説明図

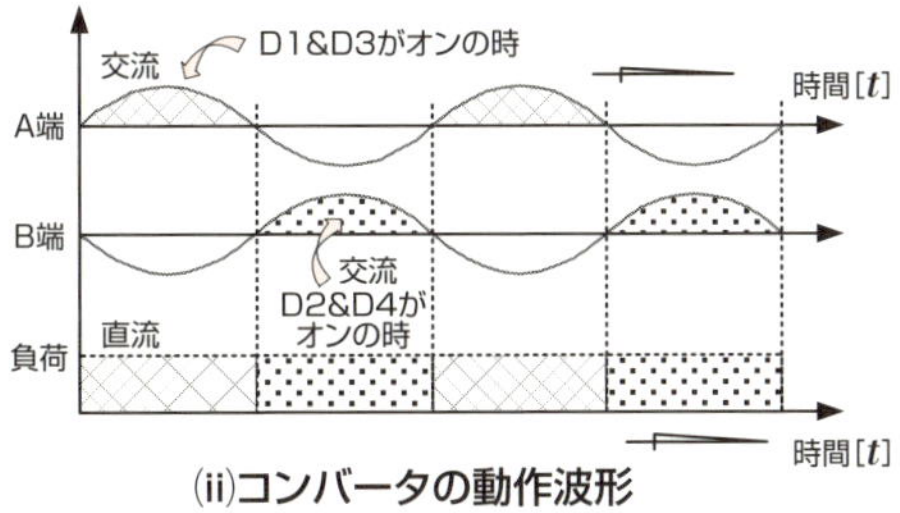

(ii)コンバータの動作波形

(b)インバータの動作原理

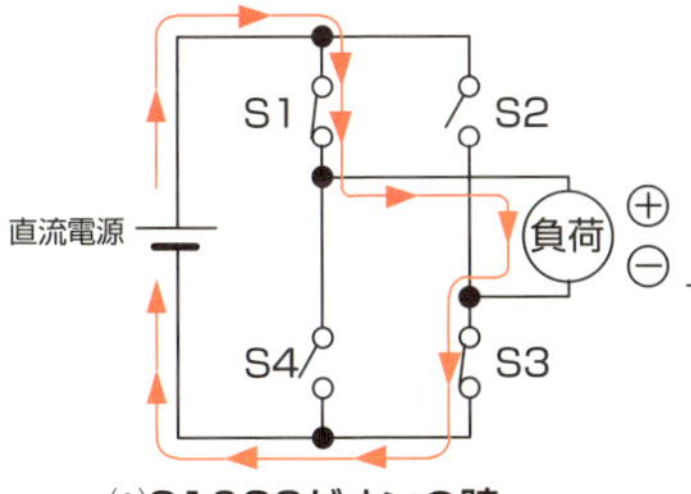

(i)S1&S3がオンの時

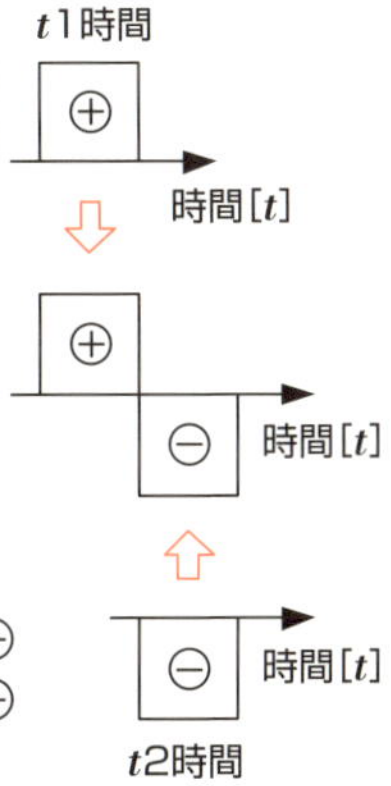

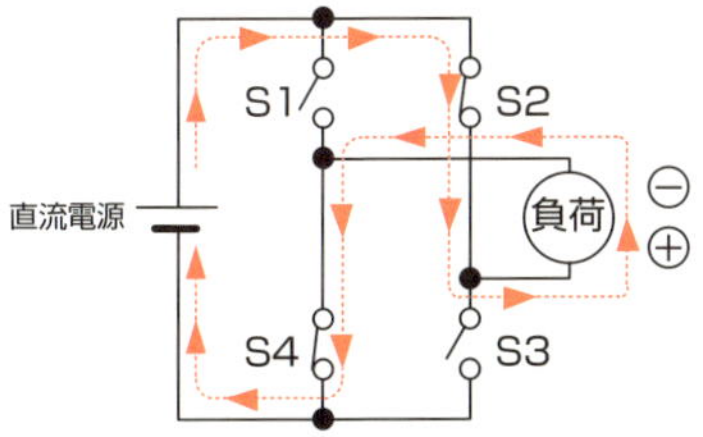

(ii)S2&S4がオンの時

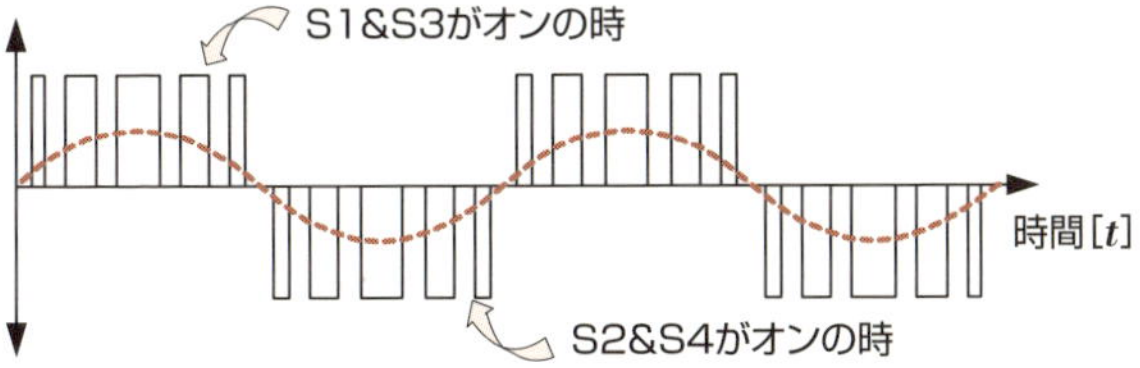

(iii)インバータの動作波形

用語解説

●**電子（Electron）と正孔（Hole）**：物質を構成する原子は、原子核とその回りを回る電子から構成されています。これらの負の電荷をもつ電子は、正の電荷をもつ原子核と電気的に結びついていますが、外部からのエネルギーで結晶内の空間を自由に動くようになります。この電子を"自由電子"と呼びます。この自由電子が飛び出した跡は正の電荷が残り、この近傍に電子が近づくと自由電子の抜けた跡に再び電子が入り込みます。このように、自由電子の抜けた跡には、あたかも正の電荷をもつ孔が動くように見えるために、この孔を"正孔"と呼びます。

4 仲間がたくさんいるエコ・デバイス!

エコ・デバイスの仲間たち!

エコ・デバイスは、電子機器自体の消費電力を削減する素子ですが、家電製品などを制御して電力を低減するパワーデバイスもエコ・デバイスに入ります。また最近、省エネルギー化（エコ対策）のために照明用ランプ、つまり、白熱電球や蛍光灯が照明用発光ダイオード（Light Emitting Diode：LED）に置き換わりつつあります。近い将来には、照明用有機エレクトロルミネッセンス（Electro Luminescence：EL）に置換されることも考えられます。このように、照明の世界においても「エコ・デバイス」が誕生しているのです。

テレビの世界においては、ブラウン管テレビから液晶テレビへと、省エネルギー化と画質向上化からディスプレイの変遷が起こりました。この液晶テレビをさらに、省エネルギー化するために液晶テレビに用いられているバックライトの光源においても冷陰極管（Cold Cathode Fluorescent Lamp：CCFL）から発光ダイオード（LED）、あるいは、近い将来には有機ＥＬへと変遷が起こりつつあります。

また、家電製品（エアコン、冷蔵庫、照明器具、テレビ等）の節電制御のために使用環境、温湿度、明るさ設定などの条件を検出する節電センサ（コラム④参照）が裏方的な存在ですが、重要なエコ・デバイスなのです。

一方、２０１１年３月に発生した原子力発電の汚染問題などから、より安全な太陽光発電（太陽電池）や風力発電等に話題が集まっています。この太陽光発電（太陽電池）はエコ環境（環境保全）からみると典型的な「エコ・デバイス」と呼べるかもしれません。

このように、エコ・デバイスは電子機器自体の消費電力を削減する素子の他に、①パワーデバイス、②照明用ＬＥＤ／有機ＥＬ、③液晶テレビ用バックライト光源、④節電センサ、⑤太陽電池など、仲間がたくさんいるのです!

要点BOX

●照明ランプの世界のエコ・デバイスでは、LEDや有機ELが誕生しています!
●バックライトは液晶ディスプレイの光源で、冷陰極管（CCFL）からLEDに代わり、近い将来、有機ELへと代わる可能性があります!

エコ・デバイスの仲間たち

(a)LED電球

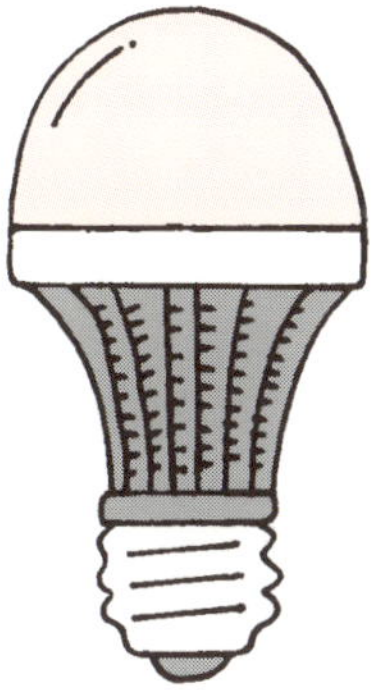

(b)LEDを用いたモダン照明

(c)有機ELを用いた照明

(d)太陽光発電

(e)シースルー太陽電池パネル

(f)家電用節電センサ

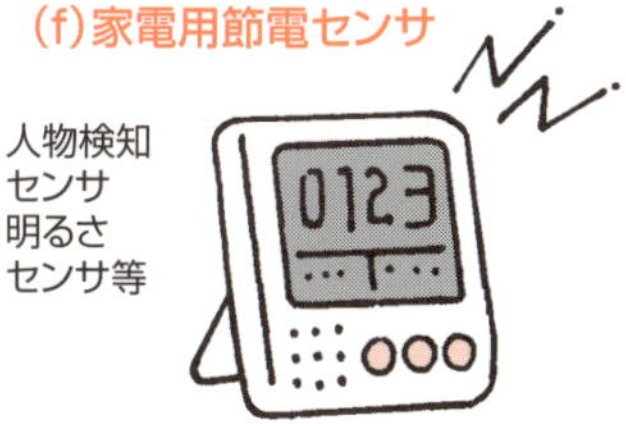

用語解説

●LED：LEDは、Light Emitting Diodeの略で、発光ダイオードのことです!
●有機EL：有機ELは、有機Electro Luminescenceのことです!
●太陽電池：太陽電池はPV（Photo Voltaic：光起電）と呼ばれ、エコ・デバイスの典型的な素子で、ソーラーセルと呼ばれることもあります!

照明関係で用いられる用語のいろいろ!(照明関係用語)

照明関係で用いられるいろいろな用語を見てみましょう!

①光束(Luminous Flux)とは、一般に発光の強度として用いています。下図を参照して下さい!

②照度(Illuminance)とは、下図を参照して下さい! なお1ルクスとは、1ルーメンの光束が1㎡の単位面積にあたっている状態をさします。

③発光効率(Luminous Efficacy)とは〝ある照明機器が一定のエネルギーで、どれだけ明るく見えるか?〟を表す指標で、単位はルーメン/電力[lm/W]。別名、エネルギー効率、またはランプ効率と呼ばれ、発光効率が高いほどより良いエコ・デバイスと呼べます。

④光度(Luminosity)とは、下図を参照して下さい!

⑤輝度(Luminance)とは、下図を参照して下さい!

⑥視感度(Photopic Luminous Efficiency)とは、同じエネルギーの光でも波長によって明るさが変わって見えます。これを〝視感度〟と呼び、波長の違いによる人の目に感じる明るさを図示化したものを比視感度特性と呼びます。

⑦演色性(Color Rendition)とは、物体の色を比較する時に、自然光(太陽光)の下で物体を並べて比較しますので、自然光を標準にして色あいを決めます。その色の見え方を表現するのが〝演色性〟で、自然光に似た色の見え方をする照明器具を「演色性の高い照明」と呼びます。ここで、平均演色評価数(Rendition Absolute:絶対演色Ra)があり、8色をR1~R8に数値化し、その平均した数値で白熱電球を基準として、照らした色の見え方を評価します。

⑧光スペクトル(Spectrum)とは、光の波長を横軸に、光の強度を縦軸に描いた特性で、光の波長に対する光の強度分布を表すものです。

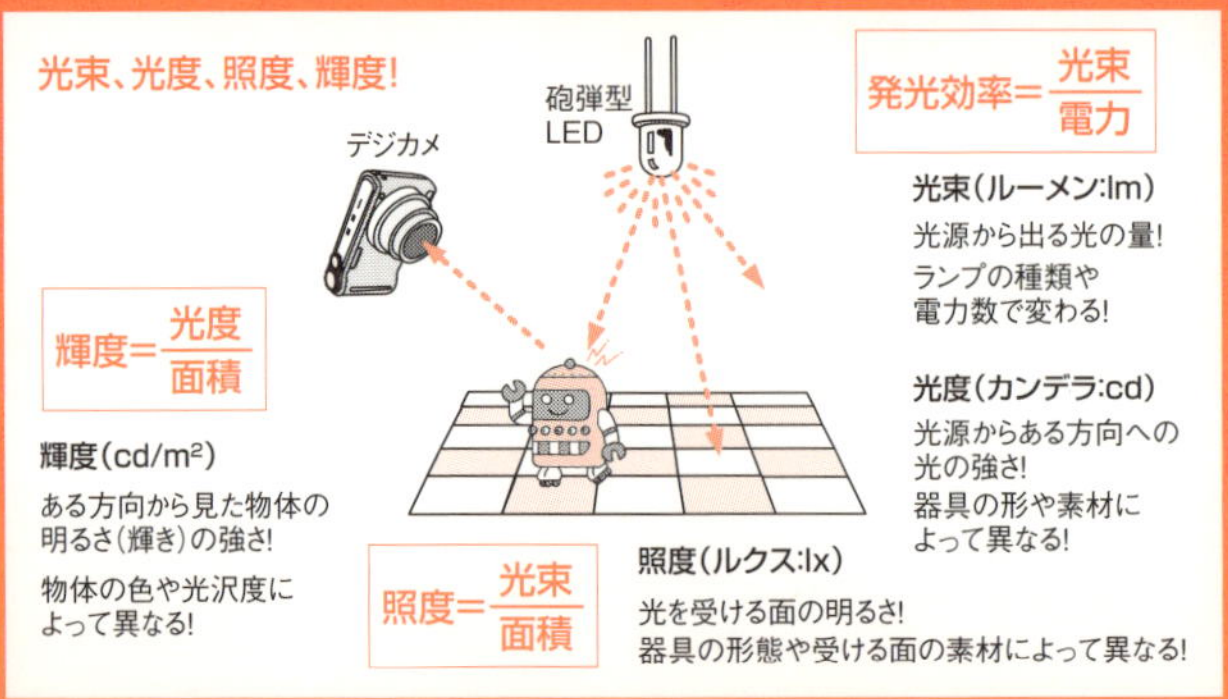
光束、光度、照度、輝度!
砲弾型LED
デジカメ
発光効率=光束/電力
光束(ルーメン:lm)
光源から出る光の量!
ランプの種類や電力数で変わる!
光度(カンデラ:cd)
光源からある方向への光の強さ!
器具の形や素材によって異なる!
輝度=光度/面積
輝度(cd/m²)
ある方向から見た物体の明るさ(輝き)の強さ!
物体の色や光沢度によって異なる!
照度=光束/面積
照度(ルクス:lx)
光を受ける面の明るさ!
器具の形態や受ける面の素材によって異なる!

第1章

パワーデバイス

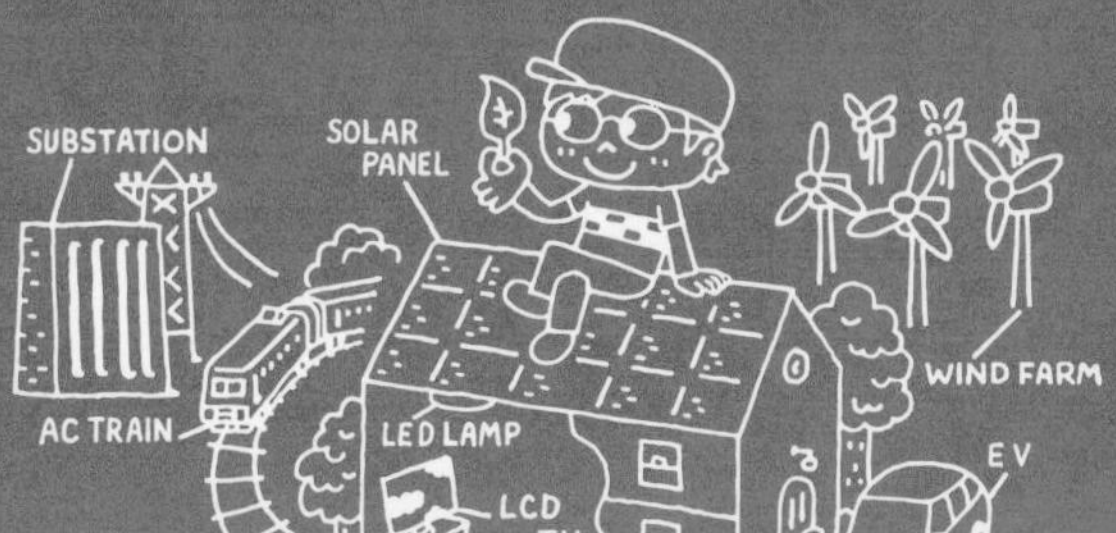

5 インバータエアコンの省エネルギー化はどうなっているの？

エアコンの節電

エアコン、洗濯機、冷蔵庫などの家電製品の省エネルギー化は、インバータ装置（序章2、3参照）を用いて実現します。そのインバータによる省エネルギー化（インバータエアコン）のしくみをみましょう！

　家電製品に用いられている汎用モータの回転数（速度）Nは、電気の周波数fに比例し、モータの極数pに反比例します（左図ⓐ参照）。よって周波数fを可変してモータに与えれば、モータの回転数（速度）Nを連続的に自由に変えられ、省エネルギー化が実現します（モータの可変速装置）。ここで、周波数fのみを下げますとモータの内部抵抗が下がり、モータに大電流が流れてしまい、モータを損焼してしまいます。これを防ぐために周波数fのみでなく、電圧Vも同時に変えることが必要になります。つまり、モータの可変速装置は、周波数fと電圧Vを同時に変えて省エネルギー化を実現します（VVVF方式）。この周波数fと電圧Vは、比例関係にあるためにf/V制御（f/V特性）と呼びます（左図ⓑ参照）。エアコンなどの家電製品においては、汎用モータへ供給する電気（交流）の周波数fと電圧Vをインバータによって制御して省エネルギー化を図ります。また、エアコンの風量は、ダンパ（遮蔽板）によって調整しますが、ダンパでの損失が大きく（左図ⓒ参照）、電力低減にはなりませんので、風量をインバータによって汎用モータの回転数（速度）Nを制御・調整して省エネルギー化を図ります。

　最近のインバータによる制御には、負荷に応じて制御する方式が採用されています（最適励磁制御方式）。この方式を用いますとモータの効率が向上し、ロスが低減して回転数（速度）Nのみの制御に比べて数%の省エネルギーが期待できます。

　インバータエアコンの設定温度は緩やかに安定化し、無駄な消費電力がありません。しかし、インバータをもたないエアコンの安定化は電源のオンオフが多くあるため、電力を多く要します（左図ⓓ参照）。

要点BOX

●家電製品の省エネルギー化は、インバータを用いて実現します！

(a)周波数－回転速度(数)特性(fN特性)

$$回転速度(数)N=\frac{60\times周波数 f\ [Hz]}{極数p/2}$$

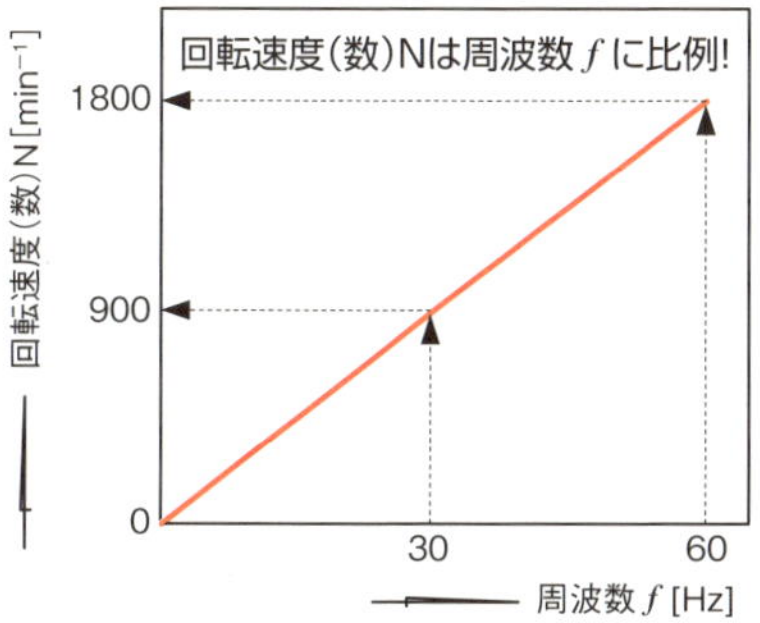

回転速度(数)Nは周波数 *f* に比例!
回転速度(数)N[min⁻¹]
1800
900
0
30
60
周波数 *f* [Hz]

(b)周波数－電圧特性(fV特性)

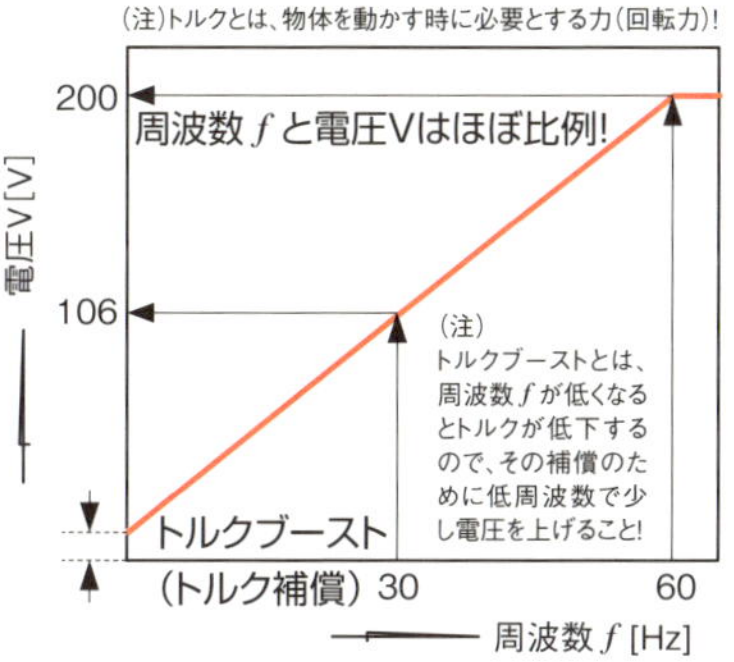

(注)トルクとは、物体を動かす時に必要とする力(回転力)!
200
106
電圧V[V]
周波数 *f* と電圧Vはほぼ比例!
(注)
トルクブーストとは、周波数 *f* が低くなるとトルクが低下するので、その補償のために低周波数で少し電圧を上げること!
トルクブースト
(トルク補償)
30
60
周波数 *f* [Hz]

出典:ヘイシンモーノポンプ®　移送の学び舎、[B-3a]インバータの基礎知識(I)、兵神装備株式会社、
http://www.mohno-pump.co.jp/

エアコンがあると、
夏涼しく、冬暖かいのだ!

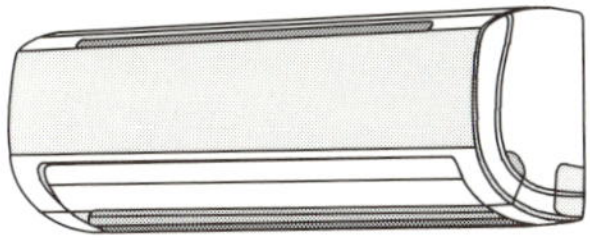

エアコンは、インバータ駆動!

(c)送風機特性比較

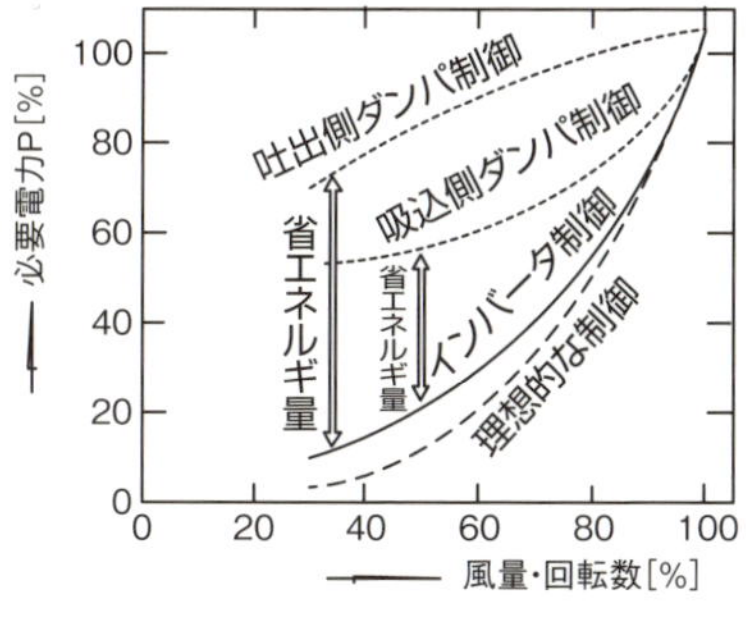

必要電力P[%]
100
80
60
40
20
0
吐出側ダンパ制御
吸込側ダンパ制御
インバータ制御
理想的な制御
省エネルギ量
省エネルギ量
0
20
40
60
80
100
風量・回転数[%]

(d)インバータ装置付と装置なしとの安定化比較

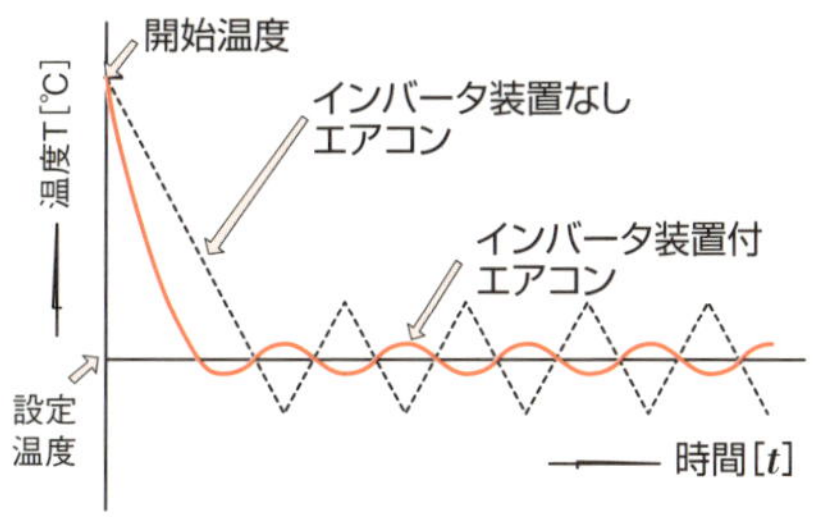

開始温度
温度T[℃]
インバータ装置なし
エアコン
インバータ装置付
エアコン
設定
温度
時間[*t*]

出典:ヘイシンモーノポンプ®　移送の学び舎、
[B-3c]インバータの基礎知識(Ⅲ)、兵神装備株式会社、
http://www.mohno-pump.co.jp/

用語解説

●インバータ装置(通称 インバータ):インバータとは、商用電気(100V 交流)の周波数*f*と電圧Vを自由に変える装置です! つまり、商用電気(100V 交流)を一旦、直流に変換し(コンバータ)、その直流をさらに、交流に逆変換します(インバータ)。その際に周波数*f*と電圧Vを変えて電子機器の制御を行い、電力の削減を図ります!

6 蛍光灯の省エネルギー化はどうなっているの?

インバータ式点灯法

蛍光灯は白熱電球と異なり、蛍光ランプの放電現象を利用して発光します。このために点灯回路が必要になり、主に、次の3方式があります。

スタータ式…この方式は、予め電極を十分に予熱して放電を行う方式です。今、スイッチ①を入れると点灯管②の接点③が閉じ、両電極④に短絡電流が流れ、予熱して電子を放出させます。その後、点灯管の接点③が開くと、その瞬間に安定器⑤から高電圧が両電極間にかかり、蛍光ランプが点灯（始動）します。始動後は、ランプ電流の熱で電子が放出され続けます（左図ⓐ参照）。

ラピットスタータ式…前述のスタータ式は、ランプ点灯までに少し時間がかかりますが、このラピットスタータ式は、スイッチ①を入れると速やかに点灯するように安定器②が電極③の予熱と点灯のための高電圧を発生させます。同時に蛍光ランプに近接導体④を設け、この近接導体④の始動補助作用によって点灯します。この近接導体④は器具とランプ自体に設けてあるものとがあります（左図ⓑ参照）。

インバータ（高周波点灯）式…50Hz／60Hzの商用電気を整流、平滑して40〜100kHzの高周波に変換してランプを点灯させます。高周波駆動ですのでチラツキがなく、目に優しく、また、蛍光灯の小型・軽量、電力損の低減（省電力）、さらに、発光効率向上（高照度化）などの特徴をもちます（左図ⓒ参照）。

このようにインバータ式は、入力交流を整流、平滑して直流に変換し（コンバータ）、この直流を高周波交流に再変換して（インバータ）、ランプに印加するため、小容量コイルが使用でき、損失も少なくなります。また、1秒間あたりの発光回数が他の方式より多いために蛍光ランプの発光効率が高くなります。

最近、蛍光灯の省エネルギー化は、点灯回路（安定器）の改善やランプの改善などで大幅な省電力化が進められてきております（左図ⓓ参照）。

要点BOX

- 蛍光灯は、ランプの放電現象を利用して発光します!
- コンバータ（Converter）は交流から直流へ、インバータ（Invertor）は直流から交流へ変換するものです!

(a)スタータ式点灯法

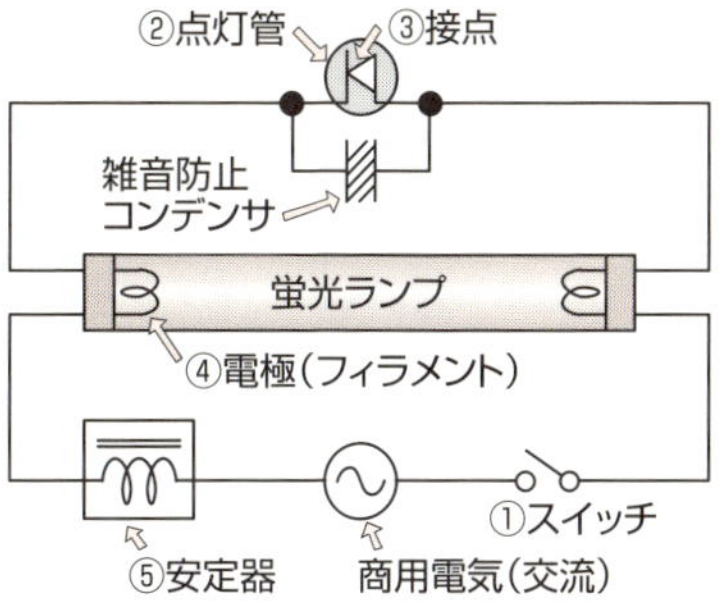

(b)ラピットスタータ式点灯法

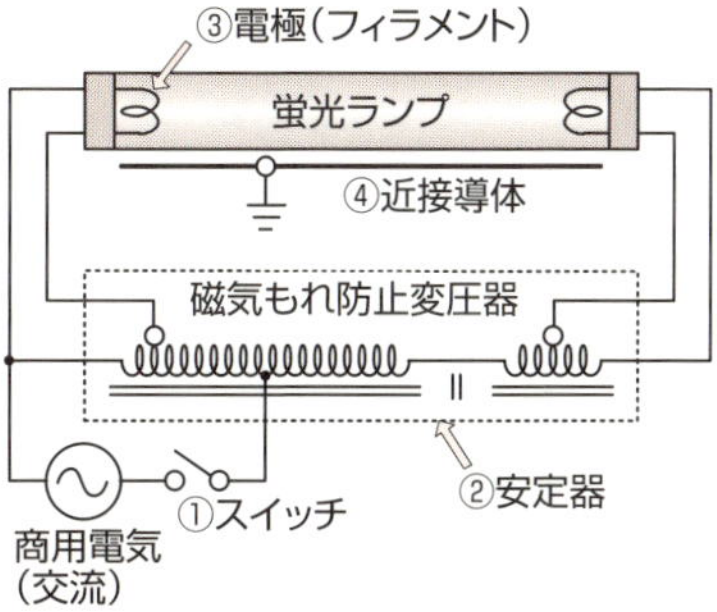

(c)インバータ式点灯法

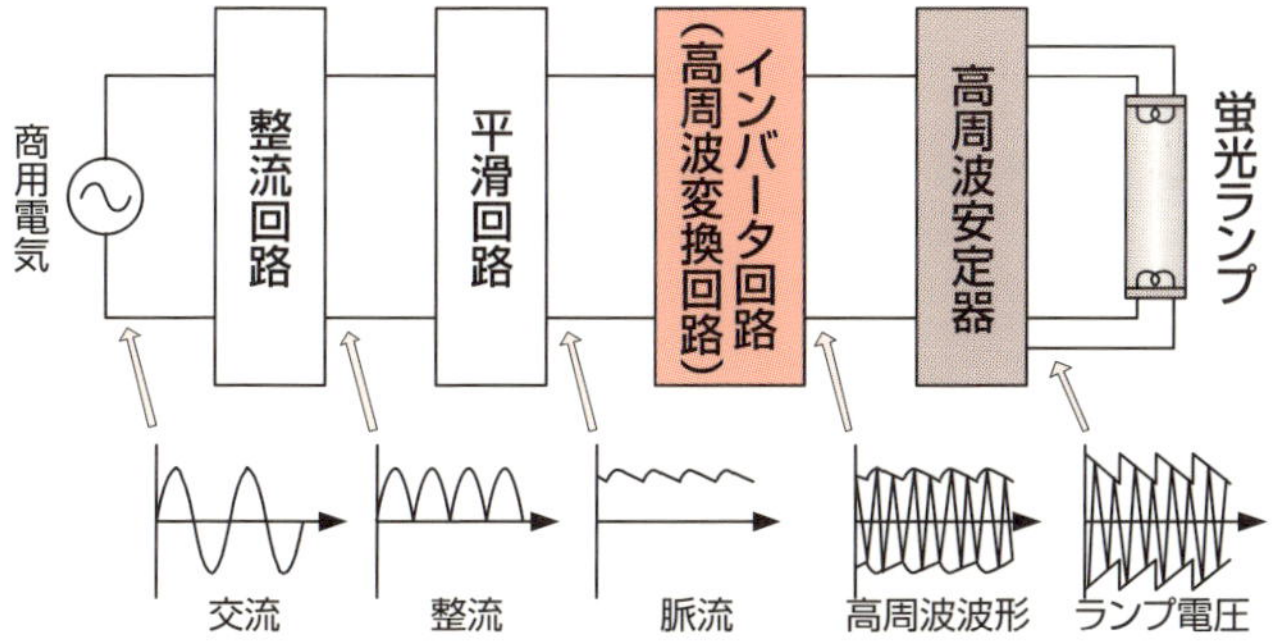

(d)蛍光灯の省エネルギー化の変遷

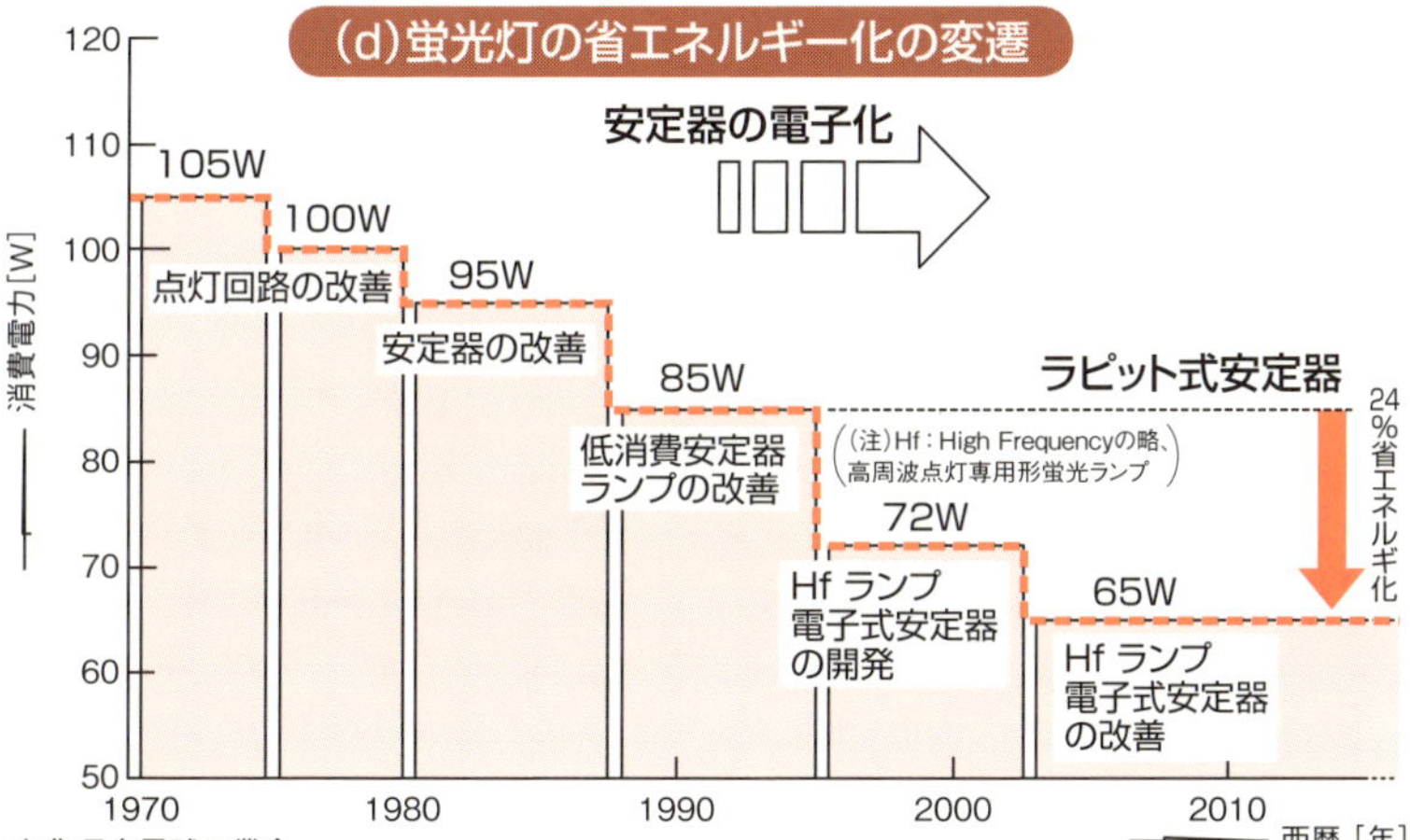

出典:日本電球工業会

用語解説

●50Hz/60Hz:50Hz/60Hzとは周波数を指し、電気の流れの方向を換える回数のことで、1秒間に50回換わる周波数を50Hz、60回換わる周波数を60Hzと称しています!

7 パソコンなどの電子機器の電源はどうなっているの？ その1

リニア電源

パソコンなどの電子機器は、商用電気（100V 交流／AC）をコンバータで直流（DC）に変換して用いますが、電圧変動等の問題から変換した直流（DC）をさらに安定化するレギュレータ（Regulator：調節器）を用います。電源には、①リニア電源（Linear Power Supply）、②スイッチング電源（Switching Regulator）、③DC-DCコンバータ（DC-DC Converter）等があります。

リニア電源は、一般の電子機器に用いられるACアダプタのことで重たいタイプのものです。これは、鉄心にコイルを巻いたトランスで商用電気（100V 交流／AC）を低電圧の交流（AC）に変換し、この低電圧交流（AC）を四つのダイオードからなる整流回路（コンバータ）によって整流に変換します。この変換された整流は、直流（DC）に近い整流ですので電荷蓄積能力のあるコンデンサと電流変化を妨げる働きのあるコイルを用いて平滑化します。この平滑化された直流（DC）は、まだ、さざ波のようなリップル（Ripple：脈流）がありますので、さらに三端子レギュレータ（3-terminal Regulator）と呼ばれる電圧安定化回路を用いて安定化させます。このレギュレータを備えた電源を「リニア電源」、あるいは、「安定化電源」と呼びます（左図ⓐ参照）。ここで、三端子レギュレータは定電圧ダイオードとして機能するツェナーダイオード、および、電圧の誤差を増幅・補正するトランジスタ等からなり、集積化されております。つまり、出力電圧の変動を抵抗R_1とR_2より分割電圧として検出し、アンプを介して入出力間にあるトランジスタを制御して安定化します（左図ⓑ参照）。この三端子レギュレータは発熱しますのでヒートシンク（Heat Sink：放熱板）が必要になります。

パソコンなどの電子機器の省エネルギー化は、この電源装置の省電力化も一つのポイントになります。

要点BOX

●電子機器の電源は、商用電気（100V 交流/AC）をコンバータで直流（DC）に変換し、変換した直流（DC）をさらにレギュレータ（Regulator:調節器）を用いて安定化して用います！

(a)リニア電源(安定化電源)

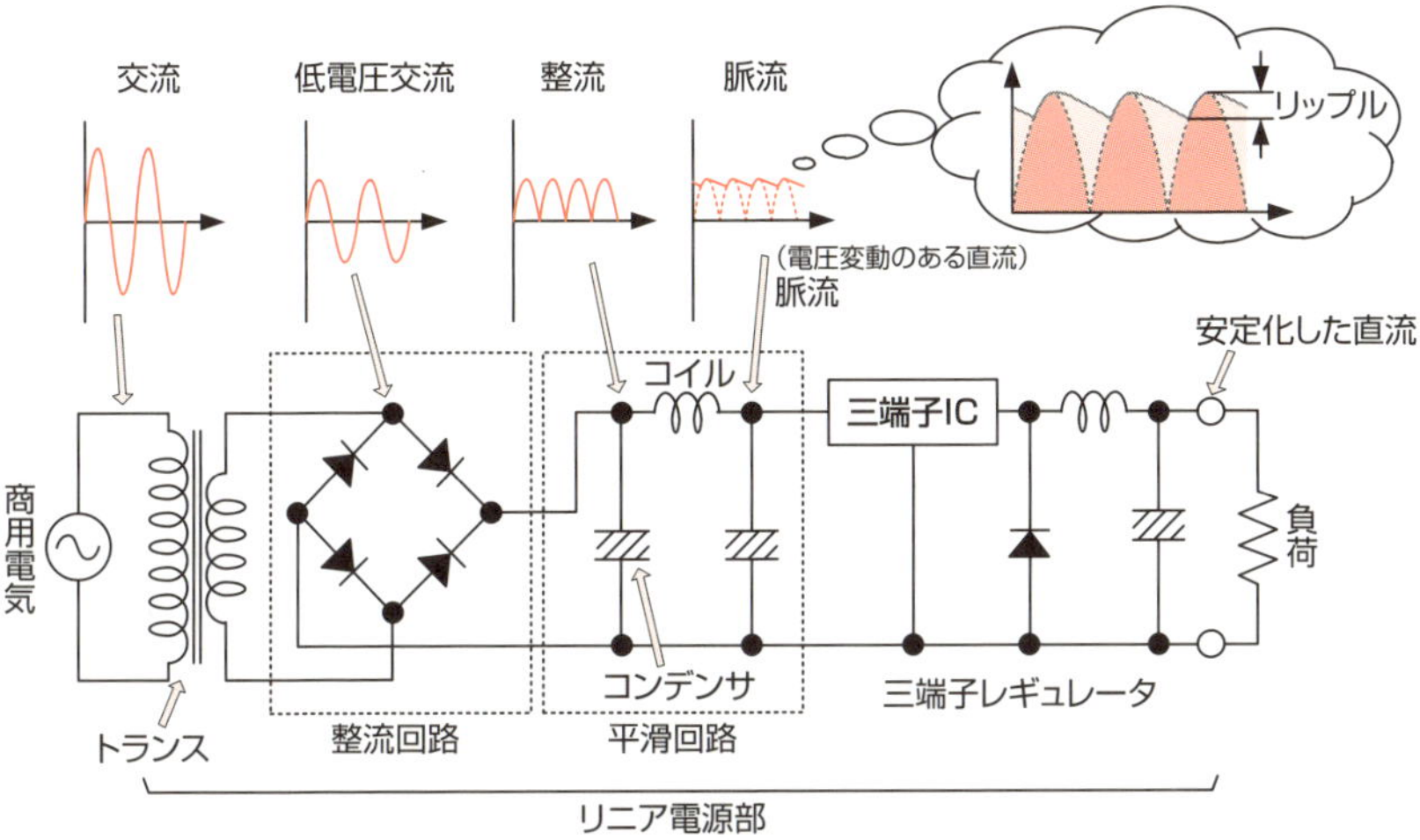

(b)三端子レギュレータ用IC

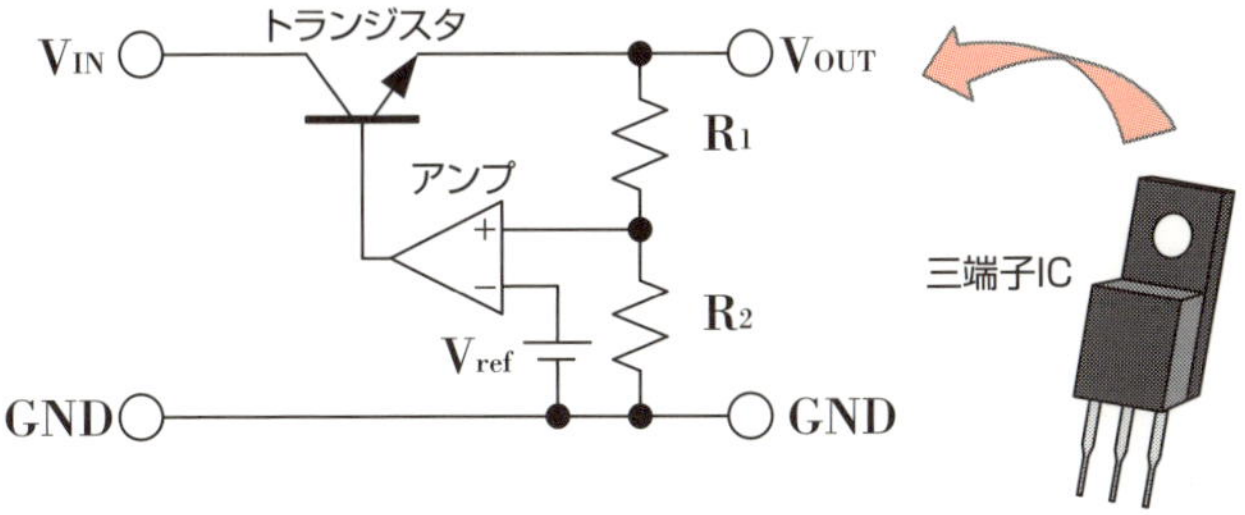

用語解説

●リップル(Ripple):商用電気(交流)を整流回路などによって単一方向に流れる電流へ変換した場合、電流は直流のような一定数圧となるのではなく、若干の増減が波形にあり、この波形をリップル(脈流)と呼びます!

●三端子レギュレータ:入力端子(IN)、出力端子(OUT)、接地端子(GND)、または、共通端子(COM)の3端子から構成され、出力電圧固定型と出力電圧可変型がある電圧安定化回路のことを三端子レギュレータと呼びます!

●ヒートシンク(Heat Sink:放熱板):発熱する機械や電気部品に取り付けて熱の放散によって温度を下げることを目的にした部品をヒートシンクと呼びます!

8 パソコンなどの電子機器の電源はどうなっているの？ その2

スイッチング電源

引き続きスイッチング電源をみてみましょう！

リニア電源は、商用電気（100V交流／AC）から低電圧交流（AC）への変換に、重く大きなトランスを用いていましたので小型軽量化ができませんでした。これに対して、スイッチング電源は、一般に携帯電話などのACアダプタに用いられ、小型軽量のものです。

この電源は、最初に商用電気（100V交流／AC）をダイオードで整流に変換し、変換した整流を半導体素子（スイッチング素子）によってパルス波交流に変換します。この変換したパルス波交流をトランスに送り込み、整流・平滑して安定した直流（DC）を得る方式です（左図ⓐ参照）。

このパルス波交流は、パルス波の幅を調整する「パルス幅変調方式（Pulse Width Modulation：PWM）」を用いて各パルス波の面積を同じにして電圧の安定化を図りますが、スイッチング素子によるノイズ発生問題が起こります。しかし、オンオフ動作のスイッチング素子のオン時のみしか電流が流れませんので無駄な電力、発熱が少なく、省エネルギー化に貢献します。

リニア電源におけるトランスは、交流周波数が50～60Hzと低いために大型で重いものになりますが、スイッチング電源におけるトランスは、パルス周波数が数十～数百kHzと高いために小型で軽いものになります。しかし、トランスコアとしての鉄心は高周波ですので損失が大きく使用できません。このためにスイッチング電源のトランスコアとしてはフェライトコア（Ferrite Core）が用いられます。

このように、リニア電源とスイッチング電源の比較を行いますと、前者のリニア電源は、電力の一部を常に熱として消費させて安定化を図りますので低効率です。これに対して、後者のスイッチング電源は、電力を部分的に消費させて安定化を図りますので高効率で省エネルギー化に適した電源といえるでしょう！

要点BOX

●スイッチング電源は、商用電気（100V 交流/AC）をダイオードで整流に変換し、さらに半導体素子によってパルス波交流に変換し、これをトランスで整流・平滑して直流（DC）を得るものです！

(a)スイッチング電源

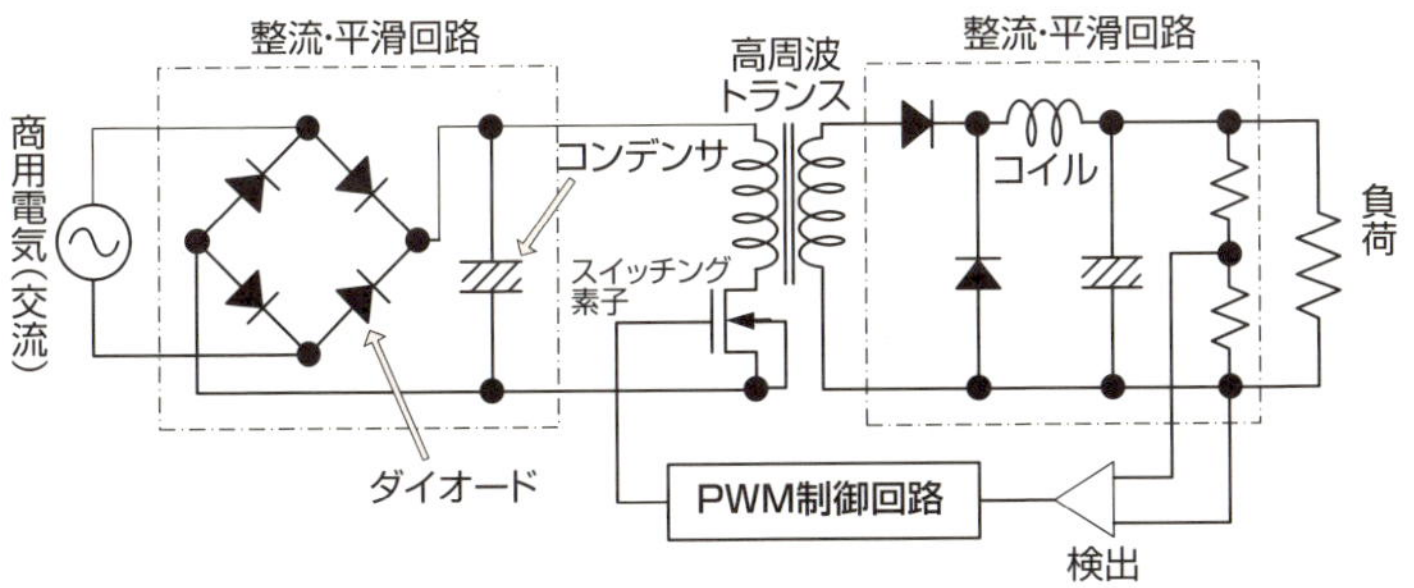

(b)リニア電源とスイッチング電源の比較

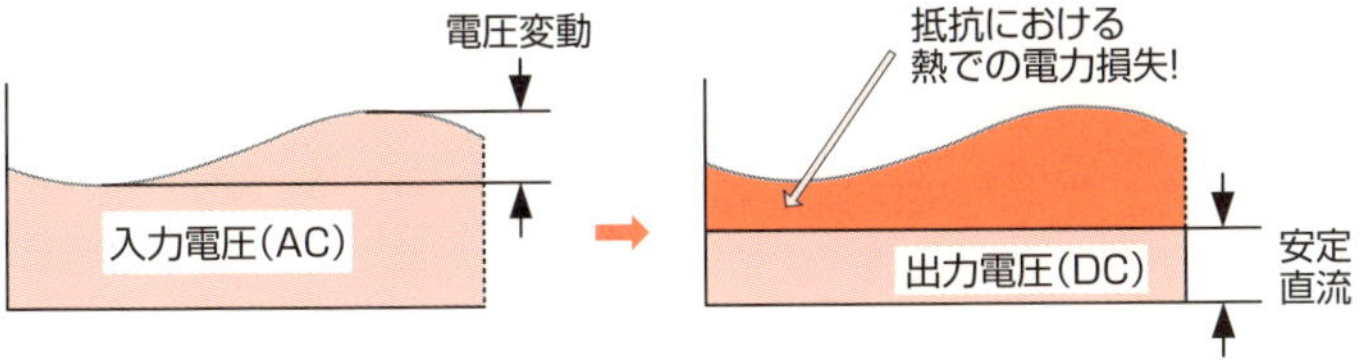

(i)リニア電源（安定化電源）

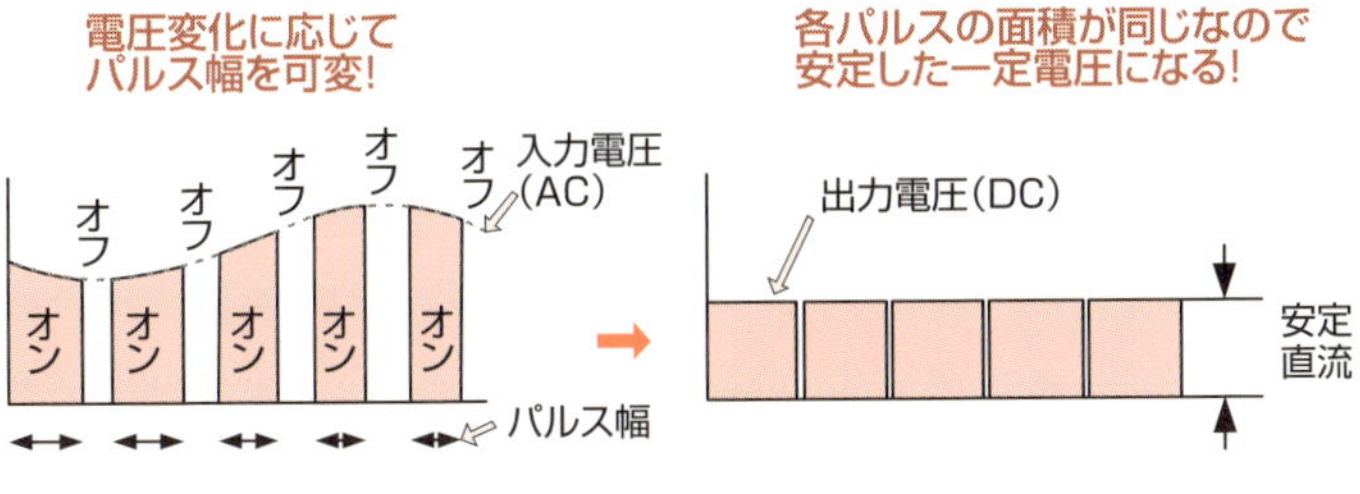

(ii)スイッチング電源（PWM方式）

用語解説

●フェライト（Ferrite）：フェライトとは、金属酸化物の強磁性体で、セラミックとして焼結したものです。このフェライトは、金属に比べて固有抵抗が大きいので過電流の影響を受けず、高周波での使用に適しています!

●パルス幅変調方式（Pulse Width Modulation：PWM）：パルス幅変調方式とは、可変するパルスの幅を調整し、電圧を可変する方式です!

9 パソコンなどの電子機器の電源はどうなっているの？ その3

DC-DCコンバータ

　直流電圧を別の直流電圧に変換して電子機器等の電源に用いるのが「DC-DCコンバータ（デコデコ）」で、基本的にはスイッチング電源の一種です。このDC-DCコンバータは、電子機器の多機能化、ディジタル化に伴い直流電圧が多く要する携帯電話、モバイル機器等の電源として用いられます。DC-DCコンバータには昇圧チョッパ型（ブーストコンバータ）と降圧チョッパ型（バックコンバータ）があり、スイッチング素子によって電流を切り刻んで電圧変換（Chopper）を行います。

　前者の昇圧チョッパ型は、スイッチング素子がオンしますと流れ込む電流によってコイルにエネルギーが蓄えられます（左図ⓐ実線）。一方、スイッチング素子がオフしますとコイルが電流を維持しようとして蓄えたエネルギーを放出し、入力電圧より高い電圧を出力します（左図ⓐ点線）。つまり、コイルに蓄積されたエネルギーが上積みされます。この昇圧チョッパ型は出力電圧が、入力電圧よりも高いためにダイオードで入力側への逆流を防ぎます。ここで、スイッチング素子は制御回路からの信号で動作させ、オン時間が長いと出力は高く、オン時間が短いと出力は低くなります（パルス幅変調方式／PWM方式）。

　後者の降圧チョッパ型は、スイッチング素子がオンしますと入力から出力へ電流が流れ、コイルにエネルギーが蓄えられます（左図ⓑ実線）。一方、スイッチング素子がオフしますとコイルが電流を維持しようとして起電力を発生させ、ダイオードを通して電流が流れ、入力電圧より低い電圧が出力します（左図ⓑ点線）。つまり、コイルに蓄えられたエネルギーが差し引かれます。この出力電圧は、昇圧チョッパ型と同じようにスイッチング素子のオンオフ時間により決まります（PWM方式）。この他に、バックブーストコンバータ（極性反転型）等があります。

要点BOX

●DC-DCコンバータ（デコデコ）は、直流電圧を別の直流電圧に変換する装置のことです！

(a)昇圧チョッパ型DC-DCコンバータ

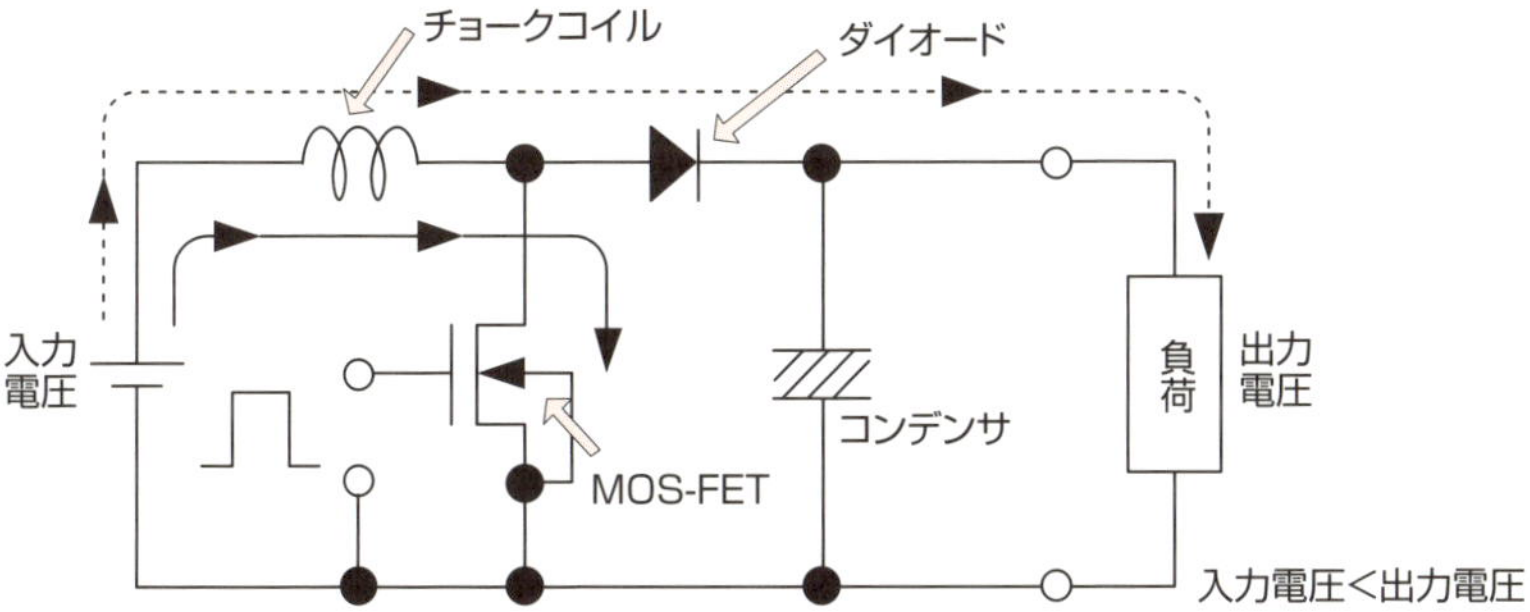

（注）スイッチング素子としてMOS-FETを使用!

(b)降圧チョッパ型DC-DCコンバータ

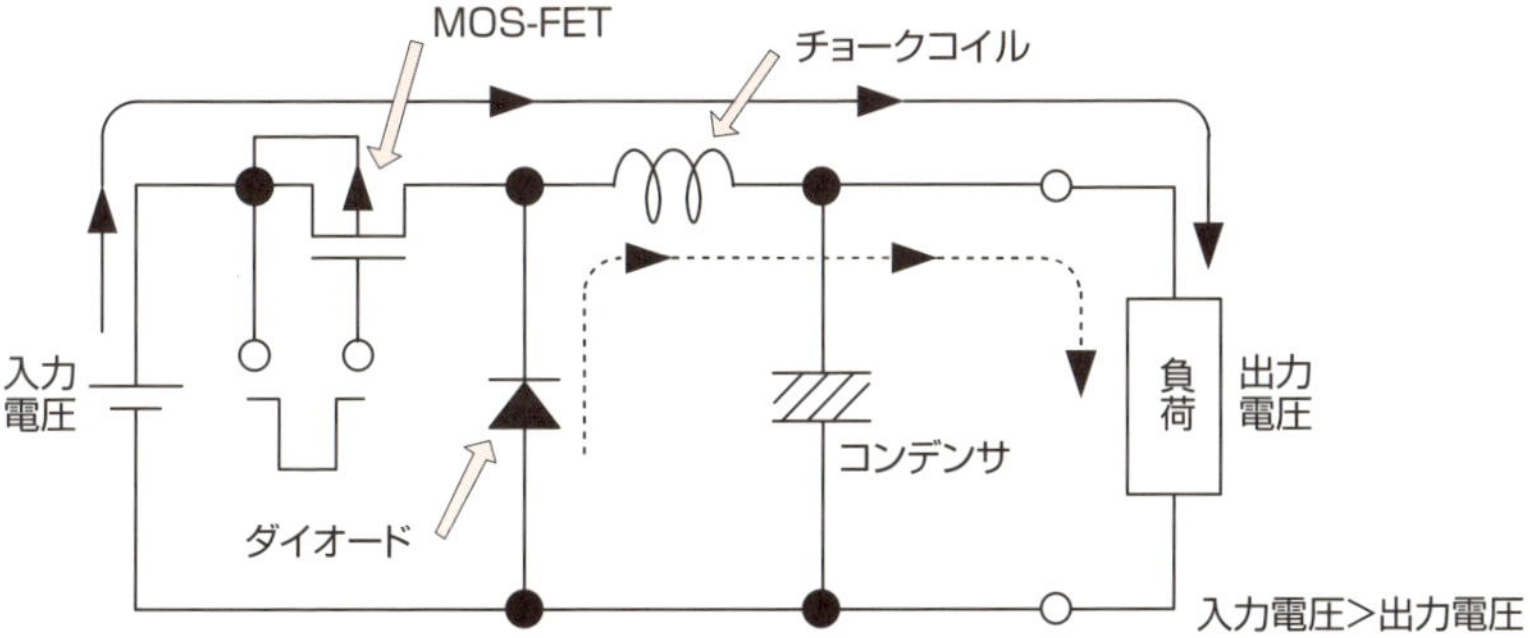

（注）スイッチング素子としてMOS-FETを使用!

用語解説

●DC,AC：DCとは、Direct Currentの略で、直流のことです!　これに対して、ACとは、Alternating Currentの略で、交流のことです!

●コイル：コイルは、スイッチ等のオンオフによる急激な電流変化を妨げるような向きに起電力（電圧）を発生させます（レンツの法則）。また、チョークコイル（Choke Coil）は電流変化を繰り返す交流電流に対して抵抗のように振る舞い、電流を詰まらせる意味からチョークコイルと呼ばれます!

●MOS-FET：MOS-FETとは、Metal Oxide Semiconductor-Field Effect Transistorの略で、金属酸化膜半導体電界効果トランジスタのことです!

10 無停電電源装置(UPS)ってなぁーに?

UPSによってデータのバックアップを!

商用電気の停止など電子機器へ供給する電源のトラブル発生時に電力を供給するのが無停電電源装置(Uninterruptible Power Supply：UPS)です。このUPSには、電力容量、バックアップ時間、電力供給方式、形状などにより各種タイプがあり、バックアップ時間を長くする場合には、ヂィーゼルエンジン付非常用発電装置接続のシステムなどがあります。

このUPSは、コンバータ(AC-DC変換)、蓄電池(バッテリ)、インバータ(DC-AC変換)で構成され、主なものに①常時商用給電方式(オフライン式)、②ラインインタラクティブ方式、③常時インバータ給電方式(オンライン式)などがあります。

①常時商用給電方式(オフライン式)は、商用電気をそのまま出力として用いながら、その商用電気をコンバータに送り込み、変換した直流を蓄電池に充電して蓄積し、停電発生時に切り替えスイッチによってスタンバイにあるインバータを作動させ、蓄電池の直流を交流に変換させて出力(矩形波)するタイプです。常時、インバータは作動していませんのでインバータ部の電力損失がなく、装置全体の電力が少なくなります。しかし、停電時の切り替えにわずかな時間、出力が途切れる欠点があります(瞬停)。このタイプはパーソナルユースの小型UPSに採用されています。

②ラインインタラクティブ方式は、常時商用給電方式を改良したもので、入力電圧の変動を自動的に補正する電圧補正回路(AVR)を備えています。

③常時インバータ給電方式(オンライン式)は、停電時の瞬停を防ぐタイプのもので、商用電気をコンバータに供給し、常時、蓄電池を充電しながら、インバータを通して交流を出力するタイプです。常時、インバータが作動していますのでインバータ部の電力損失があり、装置全体の電力がやや大ですが、バッテリ増加によりバックアップ時間が延長でき、中~大容量UPSに採用されています。

要点BOX

●UPSは、Uninterruptible Power Supplyの略で、商用電気の停止など電子機器へ供給する電源のトラブル発生時に電力を供給する無停電電源装置のことです!

(a)常時商用給電方式UPS(オフライン式UPS)

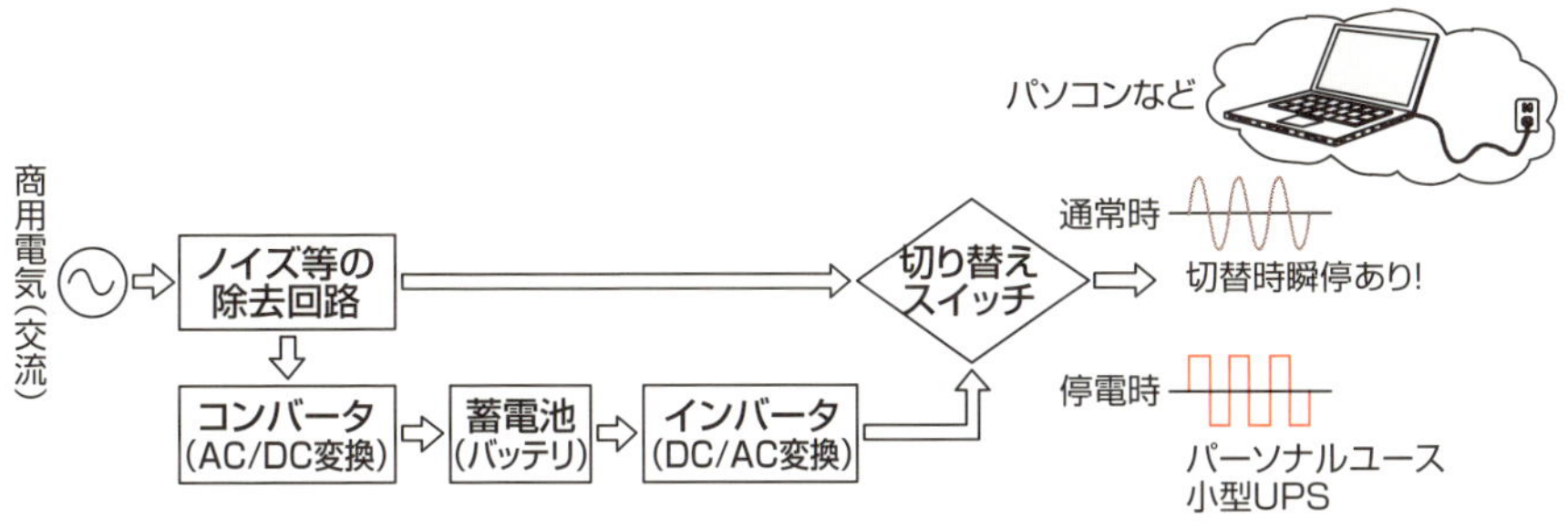

(b)ラインインタラクティブ給電方式UPS

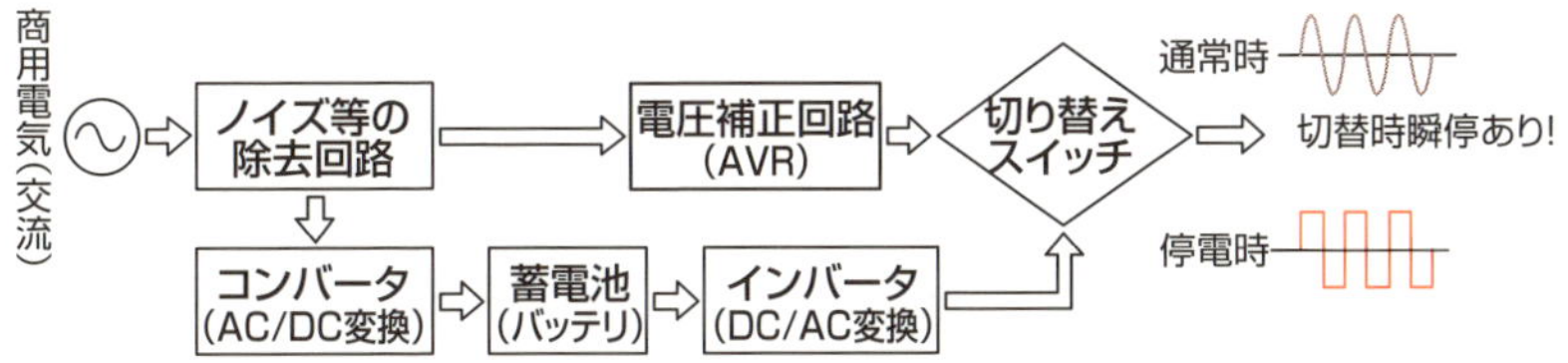

(c)常時インバータ給電方式UPS(オンライン式UPS)

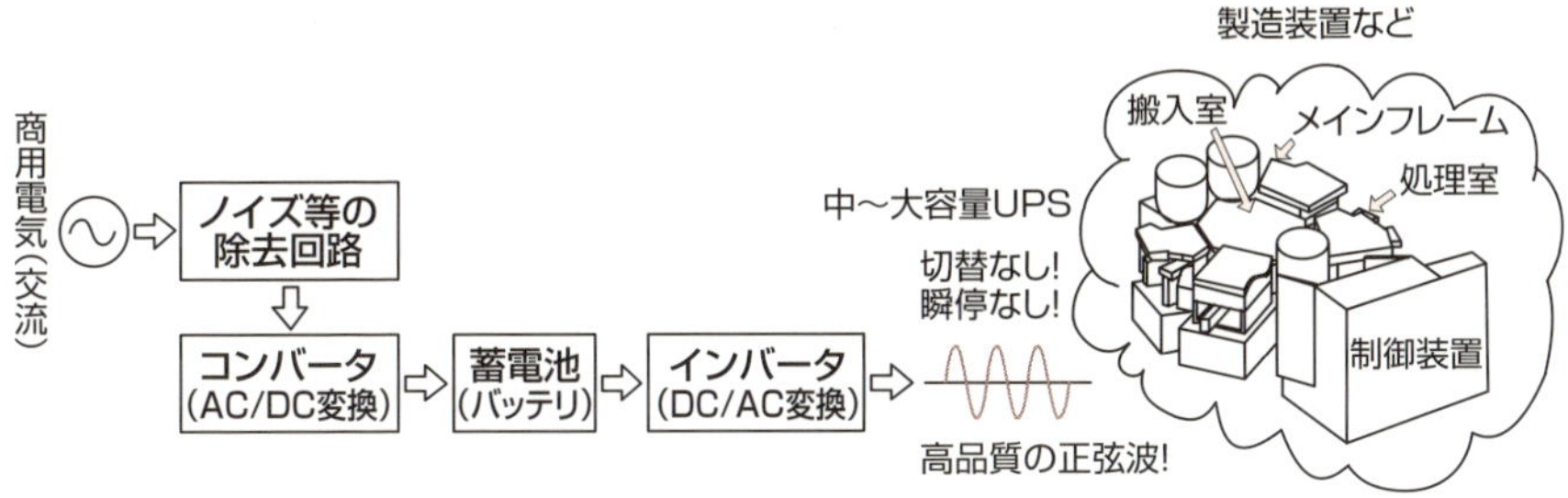

用語解説

- **DC**：Direct Currentの略で、直流のことです!
- **AC**：Alternating Currentの略で、交流のことです!
- **AVR**：Automatic Voltage Regulatorの略で、自動電圧調整器のことです!

11 ICカード、ICタグの電源はどうなっているの？

電磁誘導、マイクロ波電源

最近のICカード、乗車カード、ICタグなどのカードは、電子機器端末に近づけるだけでカードや定期券としての機能を果たしていますが、このカードの電源はどうなっているのでしょうか？

このカード類の電源としては、コイルに磁石を移動するとコイルに電流が流れる〝電磁誘導〟と呼ばれる現象を利用しています。つまり、巻数N1のコイルAに巻数N2のコイルBを近づけ、コイルAに交流電圧E1を印加しますとコイルBには、N2／N1×E1なる電圧E2が得られます。この原理をカード類の電源として利用しています（左図ⓐ参照）。

今、カード（受信）、読取機（送信）にアンテナをたて、読取機（送信）側からデータ処理のコマンド（Command：指令）をカード（受信）へ送信しますと、カードは電磁誘導によって電気エネルギーを得て、コマンドを受信してカード内で処理し、その結果を電磁波で返信します（左図ⓑ参照）。

この電磁誘導に使用される電波周波数は、密着型4・91MHz、近接型13・56MHz等がICカードに割り当てられています。

一方、ICタグ（RFID、あるいは、無線タグと呼ばれる）は、通信距離が長いために主にマイクロ波を用い（低周波も一部あり）、電波周波数は、①135kHz、②13・56MHz、③433MHz、④860〜960MHz、⑤2・45GHz、などの周波数になります。この方式は、読取機（送信）側からデータを送信しますとICタグ（受信）側で受信し、アンテナ内の共振で電流が発生し、この電流によってデータを処理して読取機（送信）側へ返信するシステムです。

いずれの方式も電波の混信を避けるために国際標準によって周波数や通信距離が決められており、ICカードでは最大10㎝、あるいは、70㎝以内、ICタグでは数mに規定されています（左図ⓒ参照）

要点BOX

●カード類は、コイルに磁石を移動するとコイルに電流が流れる“電磁誘導”と呼ばれる現象を利用して電源を得ています！

（a）電磁誘導による起電力

非接触カードの一例

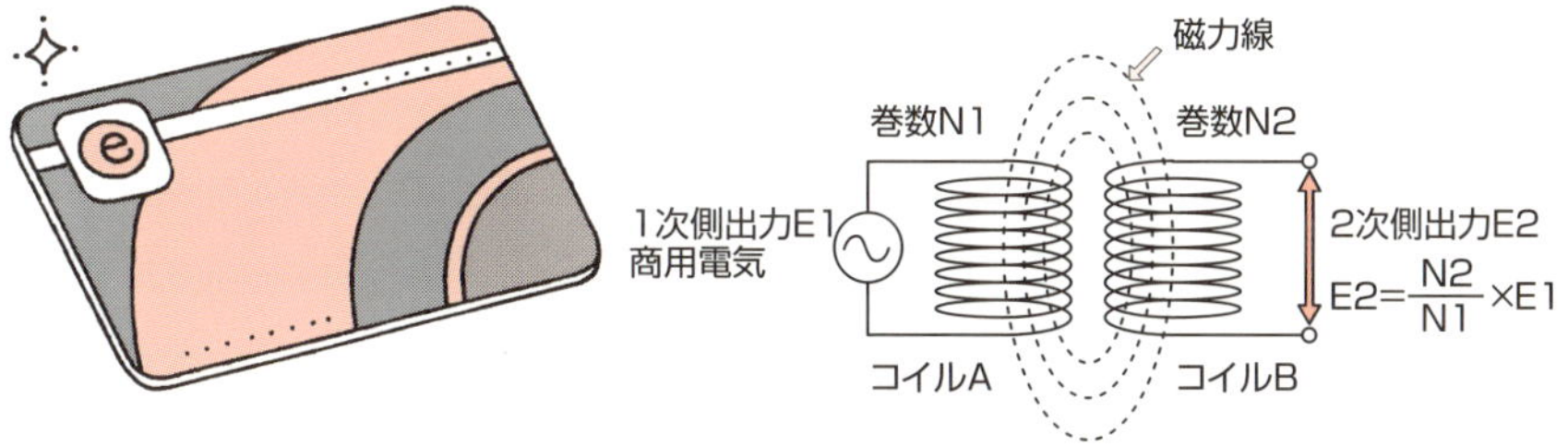

e
磁力線
巻数N1
巻数N2
1次側出力E1
商用電気
2次側出力E2
E2=N2/N1×E1
コイルA
コイルB

（b）電磁誘導による電源、データ送受信システム（非接触カード）

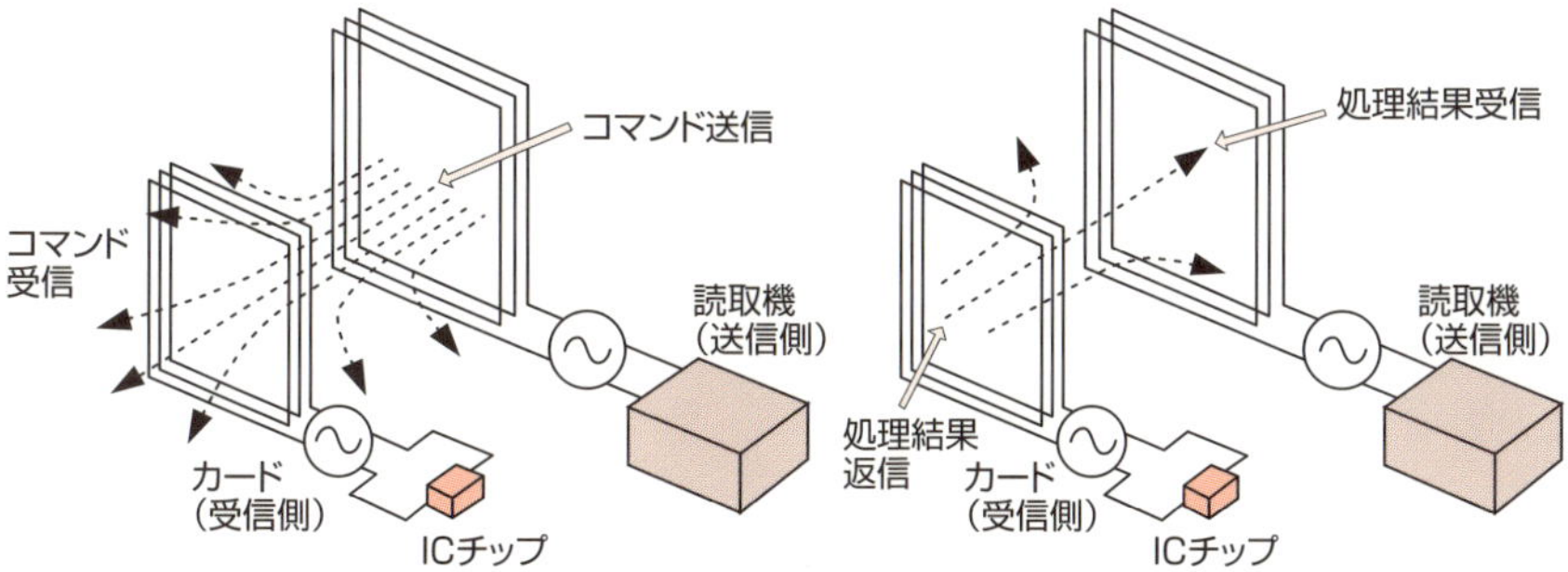

コマンド送信
コマンド受信
読取機（送信側）
カード（受信側）
ICチップ
処理結果受信
処理結果返信
読取機（送信側）
カード（受信側）
ICチップ

（c）非接触カードとIC タグの比較

	非接触IC カード	IC タグ（無線タグ）
通信方式	電磁誘導方式	マイクロ波方式
通信距離	10cmあるいは、70cm以内	数m
通信形態	1対1	1対多数

用語解説

● RFID：RFIDとは、Radio Frequency IDentificationの略で、電波による個体識別のことです!

12 自動車の省エネルギー化はどうなっているの？

カーエレクトロニクス

自動車の省エネルギー化は、昭和40年代後半に排気ガスの規制（燃料の節約）から始まり（電子燃料噴射装置、EFI：Electronic Fuel Injection）、これに昭和49年のオイルショックが拍車をかけてきました。その後、昭和50年代前半にマイクロコンピュータ（マイコン）搭載の電子エンジン制御システム（EEC：Electronic Engine Control）が搭載され、その後、続々とタコメータ（Tachometer:回転速度計）用、イグナイタ（Egnitor：点火装置）用、キャブレータ（Carburetor:燃料と空気を混合する装置）制御用などのカーエレクトロニクスが構築されてきました。

現在は、ECU（Electronic Control Unit）と呼ばれるマイコンが多数搭載され、車の基本性能、環境性能、快適性能、安全性能などを実現し、環境にやさしいハイブリッド車（HEV：Hybrid Electric Vehicle）、電気自動車（EV：Electric Vehicle）、燃料自動車（FCV：Fuel Cell Vehicle）等が開発されつつあります。また、車内の快適さ、利便性等から移動体情報通信技術を組み合わせてリアルタイムに情報サービスが受けられるテレマティクス（Telematics）を搭載したカーナビ（Automotive Navigation System）が普及、拡大し始めています。

カーエレクトロニクスの大まかなシステムを見てみますと、車の各所データを処理するマイコン（ECU）部、車の諸条件を検知するセンサ部、そして、具体的に作動、あるいは、駆動するアクチュエータ部（Actuator：能動的に作動・駆動する部分）から構成されています。中でもECU部は、自動車の各部専用なものが設けられ、高機能化、高度化、複雑化、融合化等に対応できるようなシステムになっています（左図参照）。

自動車の電子化は、燃料の節約という省エネルギー化から始まりましたが、今後は環境保全、快適さ等の車内での居住性を追求する開発へと進展していくものと思われます。

要点BOX

●自動車の電子化は、燃料の節約という省エネルギー化から始まり、自動車の各部分の制御をつかさどる頭脳にあたるマイコンによって実現しています！

(a)電子制御装置と車載LAN

出典:泉谷　渉、"図解　半導体業界ハンドブック"、
東洋経済新報社、p.129、2004年

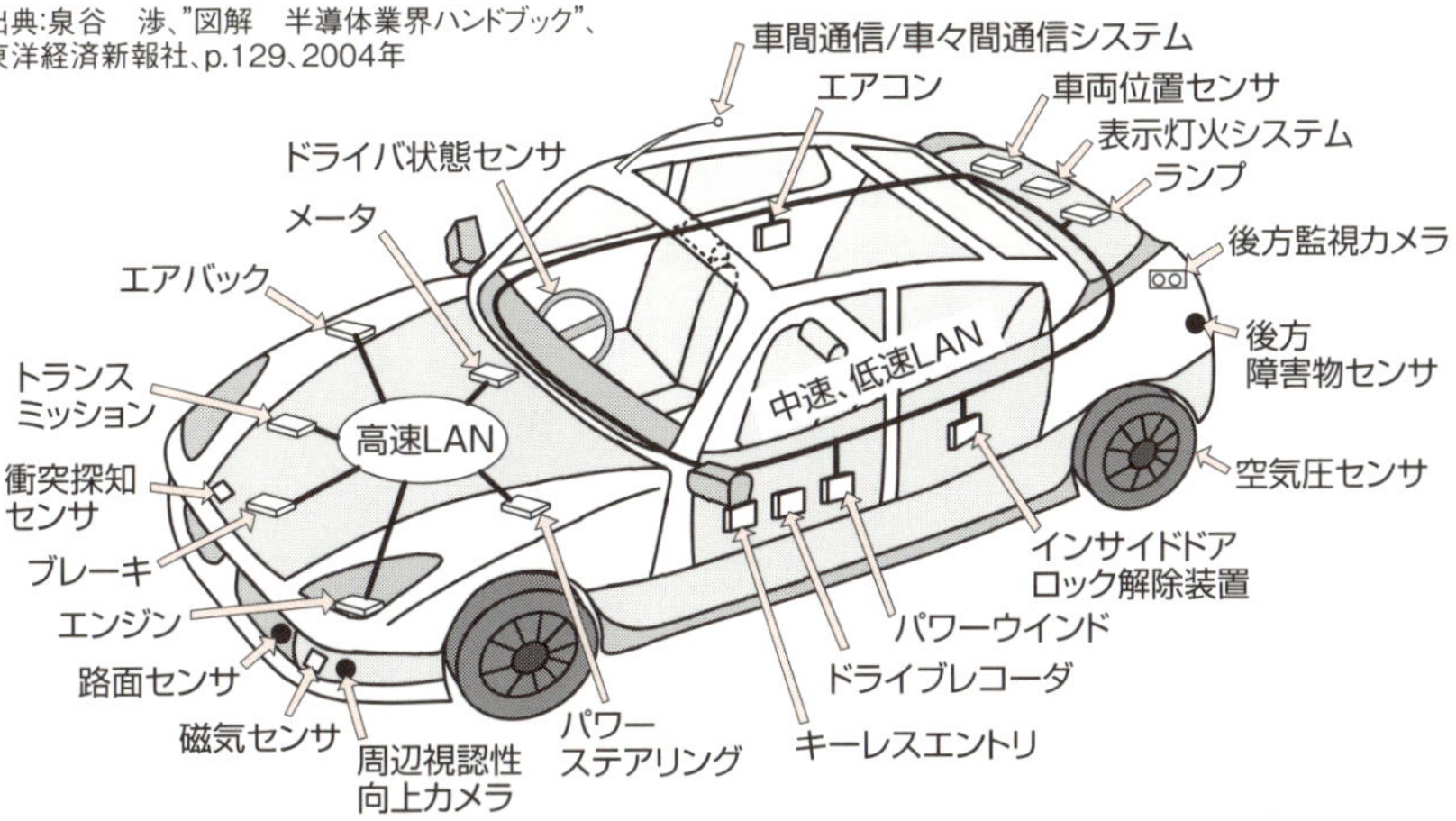
車間通信/車々間通信システム
エアコン
車両位置センサ
表示灯火システム
ランプ
後方監視カメラ
後方
障害物センサ
空気圧センサ
ドライバ状態センサ
メータ
エアバック
トランス
ミッション
衝突探知
センサ
ブレーキ
エンジン
路面センサ
磁気センサ
周辺視認性
向上カメラ
パワー
ステアリング
高速LAN
中速、低速LAN
インサイドドア
ロック解除装置
パワーウインド
ドライブレコーダ
キーレスエントリ

(b)カーエレクトロニクス・システムブロック図

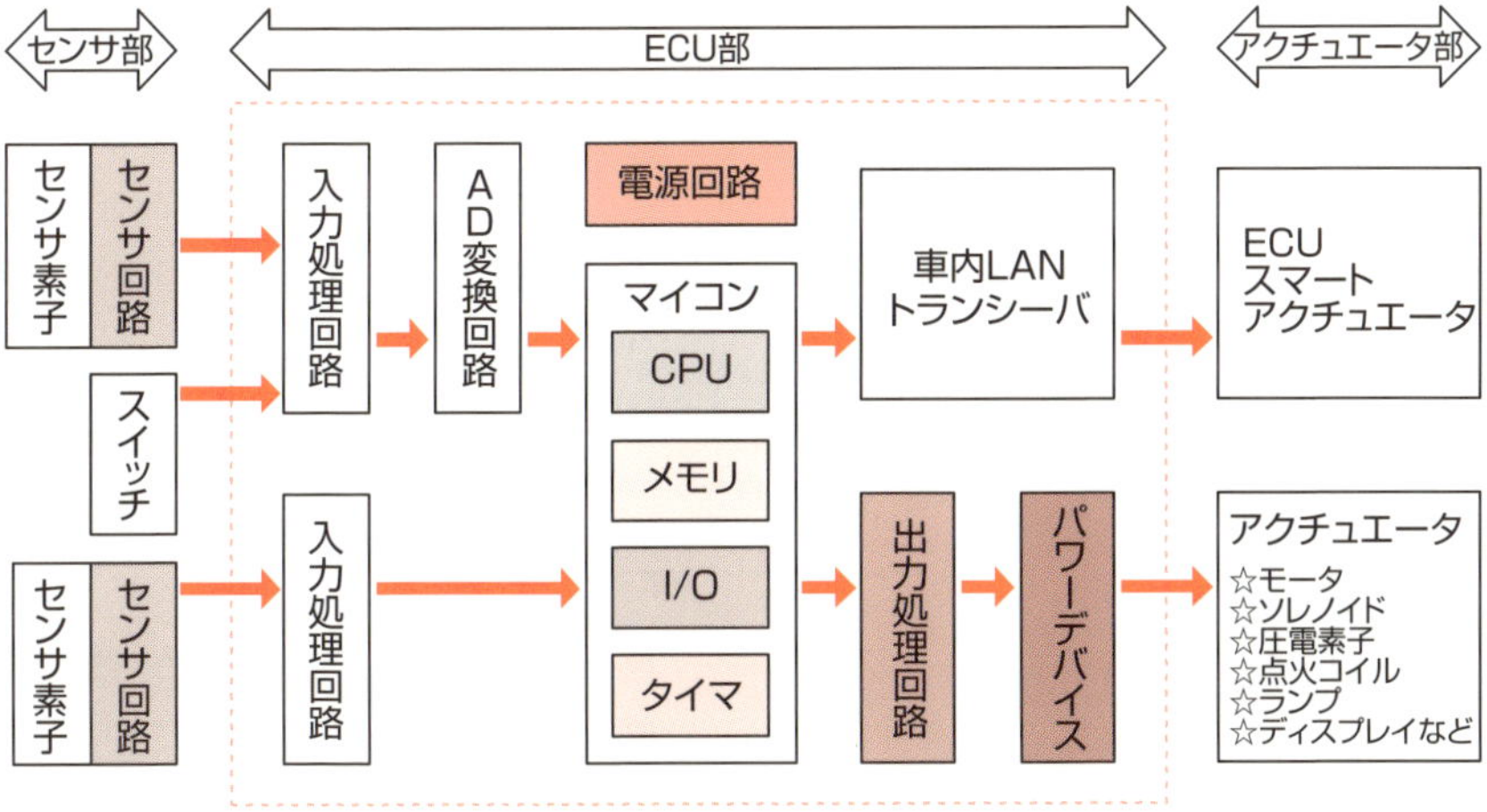
センサ部
ECU部
アクチュエータ部
センサ素子
センサ回路
スイッチ
センサ素子
センサ回路
入力処理回路
入力処理回路
AD変換回路
電源回路
マイコン
CPU
メモリ
I/O
タイマ
車内LAN
トランシーバ
出力処理回路
パワーデバイス
ECU
スマート
アクチュエータ
アクチュエータ
☆モータ
☆ソレノイド
☆圧電素子
☆点火コイル
☆ランプ
☆ディスプレイなど

出典:"自動車エレクトロニクスの新展開 ― 予防安全技術、ネットワーク化、情報通信技術の動向"、
東レ・リサーチセンタ調査研究部、p.353、2009年

用語解説

●テレマティクス：テレマティクスとは、移動体情報通信技術を組み合わせてリアルタイムに情報サービスが受けられるシステムで、ナビゲータに搭載されています!

●LAN：Local Area Network の略で、構内通信網のことです!

●ECU：Electronic Control Unit の略で、制御装置を指します!

●CPU：Central Processing Unitの略で、中央演算処理装置を指します!

●AD変換：Analog Digital Converter 変換の略で、アナログ・ディジタル変換器のことです!

●I/O：Input Output Interface の略で、入出力装置を指します!

13 GTO、IGBTって何に使うの？

代表的な半導体パワーデバイス

　商用電気を用いる家電、電子機器等の消費電力を制御するには交流（AC）から直流（DC）、直流（DC）から交流（AC）へ変換する変換器が必要で、これに用いられるのが高電圧、大電流、高周波で動作する「パワーデバイス」です。種類としては、整流ダイオード、パワー電界効果トランジスタ（パワーMOS-FET）、IGBT、サイリスタ、GTOなどがあり（（左図ⓐ参照）、一般の定格電圧は600〜1,200V、定格電流は1A〜1kA以上、交通車両としては3,300〜4,500V、電力用として4,500〜8,000V等があります。

　では、代表的なパワーデバイスをみてみましょう！

　GTO…GTOはサイリスタの一種でスイッチング素子です。ベースとなるサイリスタは、ダイオードを二つ重ねた構造（左図ⓑ参照）で、ゲートG・カソードK間に電流を流し込みますとアノードA・カソードK間に電流が流れ、G・K間の電流を止めてもA・K間の電流が流れ続けます（ターンオン）。このA・K間の電流を切るには電流そのものを切る必要があります（ターンオフ）。このためにゲートGを二つに分け、G・K間に逆電流を流し込み、A・K間の電流を切る「GTO」が生まれました。

　IGBT…IGBTは入力にMOS-FETを設け、出力にバイポーラトランジスタ（Bi-TR）を設けた複合素子です。今、ゲートG・エミッタE間にプラス電圧を印加しますと、MOSがオンし、ドレイン電流I_{DS}が流れ、Bi-TRのベース電流になり、Bi-TRがオンしてIGBTが導通状態になります（ターンオン）。一方、G・E間にマイナス電圧を印加しますと、MOSがオフし、ドレイン電流I_{DS}が流れなくなり、Bi-TRがオフし、IGBTが非導通状態になります（ターンオフ）。

　以上のように、GTOは低入力インピーダンスのために電力を多く要します。一方、IGBTは高入力インピーダンスのために少電力で駆動でき、出力は伝導度変調現象のために低オン抵抗の利点をもっています。

要点BOX

●パワーデバイスは、家電、電子機器等の消費電力を制御するための交流（AC）から直流（DC）、直流（DC）から交流（AC）へ変換する変換器などに用いられます！

(a)パワーデバイスの特性と主な応用分野

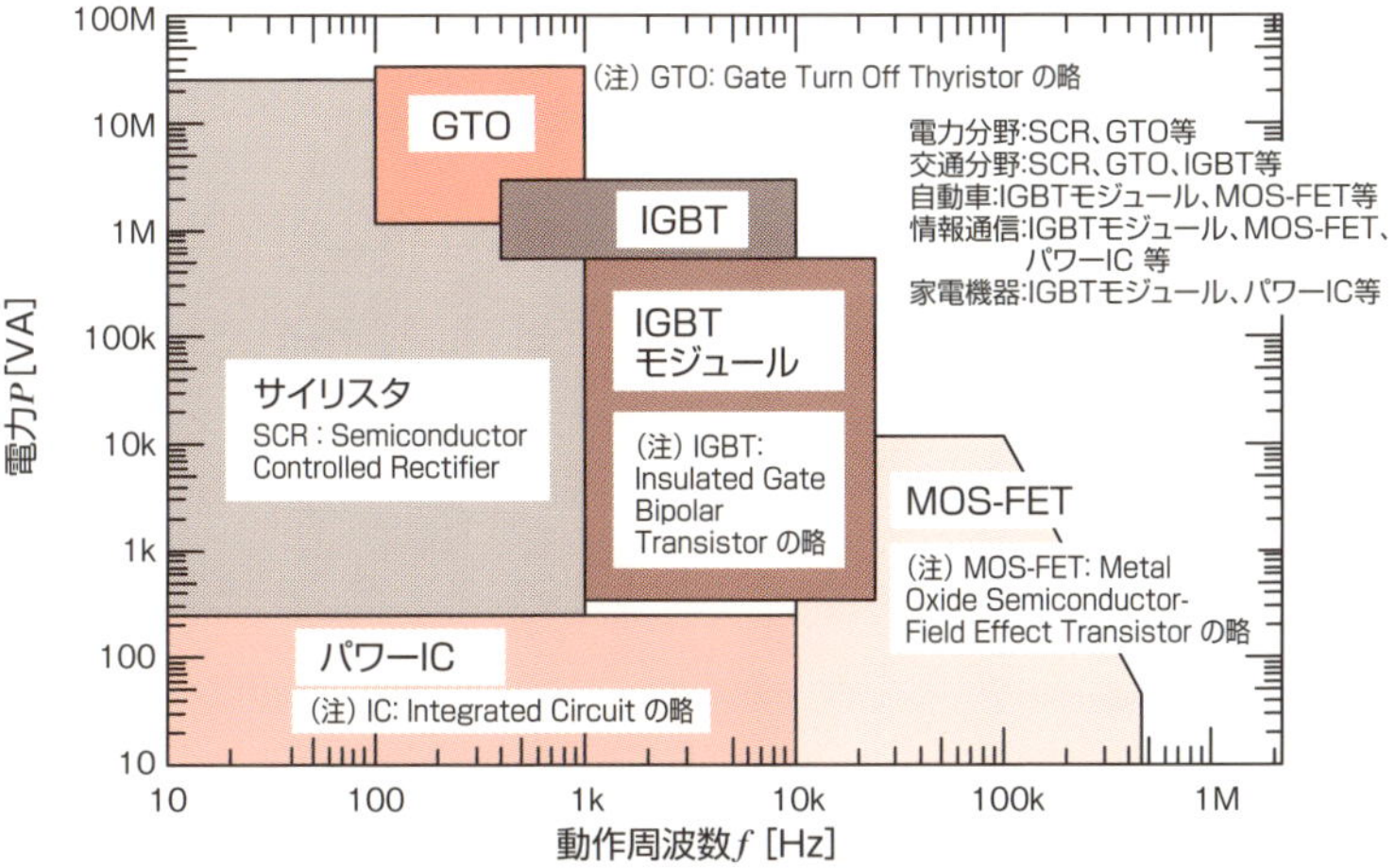

100M
10M
1M
100k
10k
1k
100
10
電力P[VA]
10
100
1k
10k
100k
1M
動作周波数f [Hz]
GTO
(注) GTO: Gate Turn Off Thyristor の略
IGBT
IGBT
モジュール
(注) IGBT:
Insulated Gate
Bipolar
Transistor の略
サイリスタ
SCR : Semiconductor
Controlled Rectifier
MOS-FET
(注) MOS-FET: Metal
Oxide Semiconductor-
Field Effect Transistor の略
パワーIC
(注) IC: Integrated Circuit の略
電力分野:SCR、GTO等
交通分野:SCR、GTO、IGBT等
自動車:IGBTモジュール、MOS-FET等
情報通信:IGBTモジュール、MOS-FET、
パワーIC 等
家電機器:IGBTモジュール、パワーIC等

出典:大橋　弘通、"パワーデバイスの現状と将来展望"、FEDジャーナル、Vol.11、No.2、p.3、
(財)新機能素子研究開発協会、2000年

(b)サイリスタ(SCR)、GTOの構造と記号

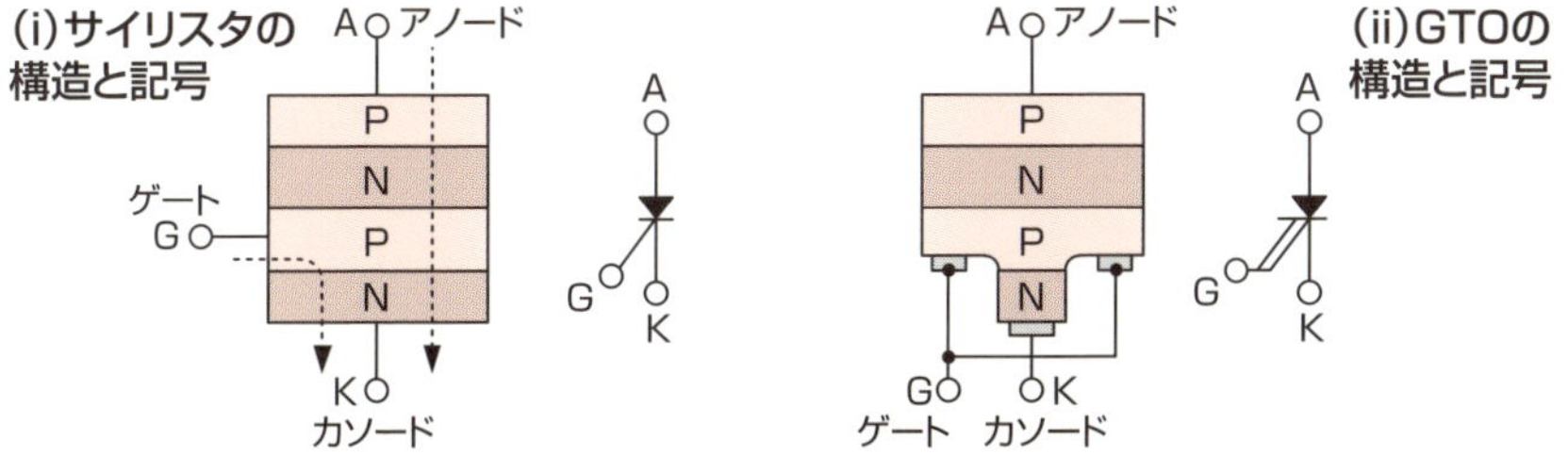

(i)サイリスタの
構造と記号
A アノード
P
N
P
N
ゲート
G
K
カソード
A
G
K
A アノード
P
N
P
N
G
K
ゲート
カソード
(ii)GTOの
構造と記号
A
G
K

(c)IGBTの記号、等価回路、および、模式的構造図

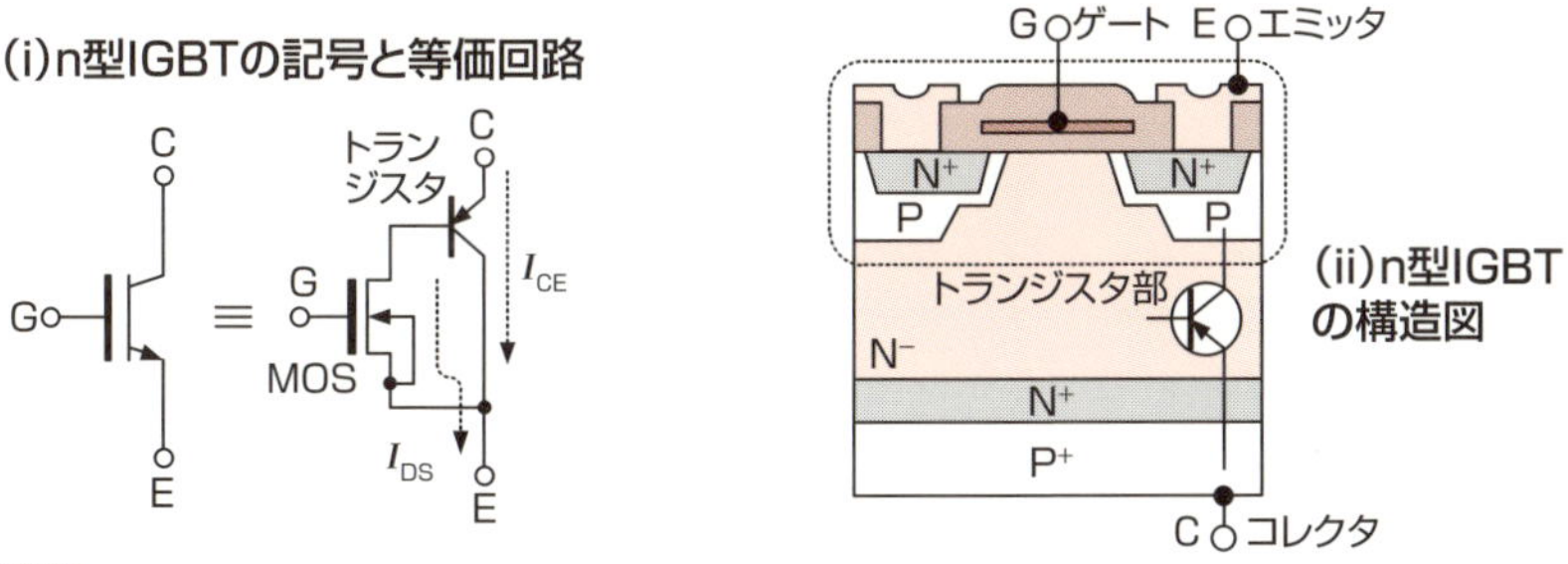

(i)n型IGBTの記号と等価回路
C
G
E
≡
トランジスタ
C
G
MOS
I_{CE}
I_{DS}
E
G ゲート
E エミッタ
N^+
N^+
P
P
トランジスタ部
N^-
N^+
P^+
C コレクタ
(ii)n型IGBT
の構造図

用語解説

●**伝導度変調現象**:伝導度変調現象とは、バイポーラトランジスタ(Bi-TR)のベースからコレクタへ正孔が注入され、それに伴ってエミッタからコレクタへ電子注入されます。この正孔注入に従い、見かけ上の不純物濃度が増加して低オン抵抗になる現象を指します!

14 SiCってなあーに?

これからの半導体素子基板

パワーデバイスの中に「SiC」の言葉がよく出てきますが、SiCって何なのでしょうか?

SiCは、Silicon Carbide(シリコンカーバイド)の略で、炭化珪素、つまり、炭素(C)と珪素(Si)の化合物でダイアモンドとシリコンの中間的な性質をもっています。

パワーデバイスの応用を見てみますと電圧10,000V程度、電力10MVA程度の装置に組み込まれ(左図ⓐ参照)、その上、省エネルギー化より低電力化が求められます。例えば、従来のシリコン(Si)基板を用いたパワーデバイスの変遷を見ますと電力損失は約2/3低減してきましたが、これをさらに改善するには、高耐圧、低抵抗、高温動作などの特徴を有するSiC基板を用いたパワーデバイスに期待がかかるのです。このSiC基板には、結晶構造によっていろいろありますが、一部、実用化している4H-SiCとSiとの比較を見てみましょう(左図ⓑ参照)!

まず、禁制帯幅(バンドギャップ)は約3倍、熱的に励起されるキャリアが少ないので動作上の上限温度が高くできます。また、絶縁破壊電界が10倍ですので耐圧絶縁領域(N^-層)を薄くすることができます(左図ⓒ参照)。また、熱伝導度が約3倍と大きいので熱放散性がよく、大電力用素子に適します。

各種パワーデバイス、および、SiCを用いたインバータ装置の電力損失変遷を見てみましょう! 2009年のIGBTを用いた装置を基準(100)にしますと、次世代は約20%の低減が見込まれますが、SiCパワーMOS-FETを用いた装置では、約50~70%の低減を達成しています(左図ⓓ参照)。

このように、SiCパワーデバイスを用いると電源システムの省エネルギー化と省スペース化が図れるので近い将来、パワーデバイスはSi基板からSiC基板へのシフトが行われるものと思います。また、照明用LEDの基板にSiC基板が用いられることもあります(24項参照)。

要点BOX

- SiCは、Silicon Carbideの略で、炭化珪素、つまり、炭素(C)と珪素(Si)の化合物でダイアモンドとシリコンの中間的な性質をもちます!

(a)パワー電源装置の応用マップ

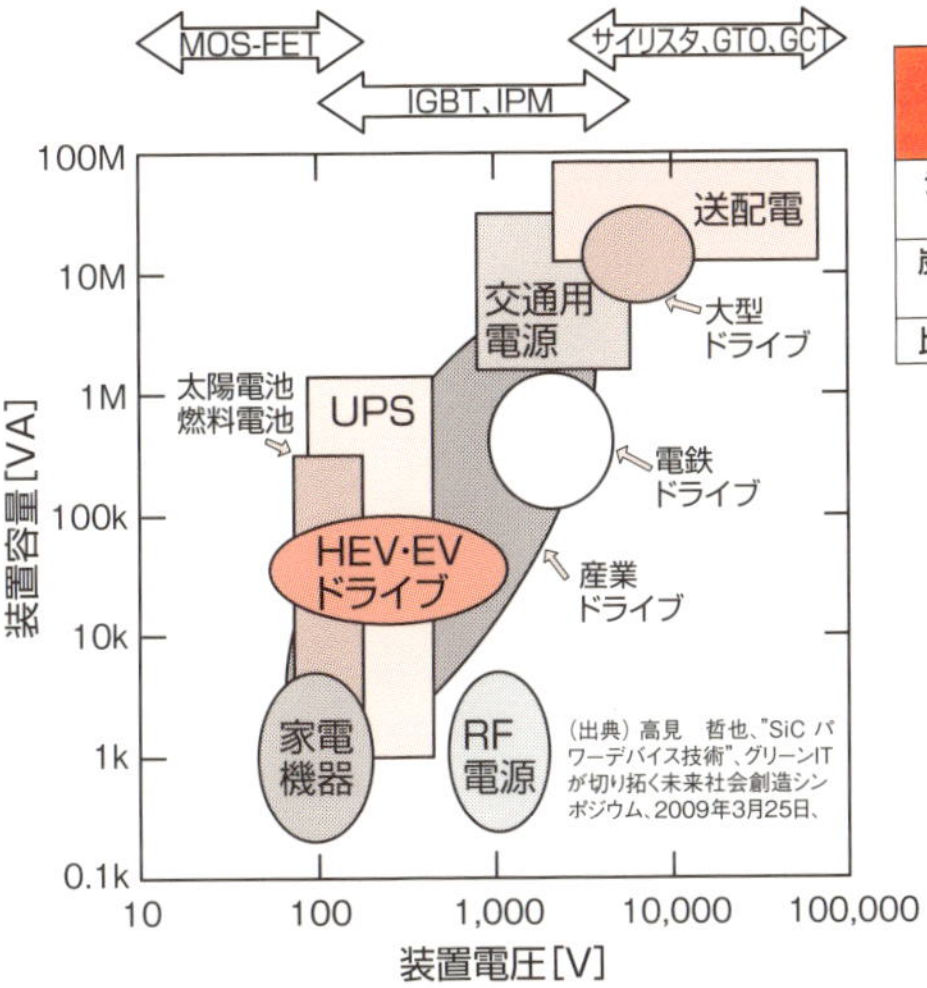

MOS-FET
サイリスタ、GTO、GCT
IGBT、IPM
100M
10M
1M
100k
10k
1k
0.1k
装置容量[VA]
10
100
1,000
10,000
100,000
装置電圧[V]
送配電
交通用電源
大型ドライブ
太陽電池
燃料電池
UPS
電鉄ドライブ
HEV·EVドライブ
産業ドライブ
家電機器
RF電源
(出典) 高見　哲也、"SiC パワーデバイス技術"、グリーンITが切り拓く未来社会創造シンポジウム、2009年3月25日、

(b)シリコン(Si)と炭化珪素(SiC)の比較

	禁制帯幅 Eg [eV]	電子移動度 μ[eV]	絶縁破壊電界Eb [MV/cm]	熱伝導度λ
シリコン (Si)	1.11	1,500	0.3	1.5
炭化珪素 (SiC)	3.26	1,140	3.0	4.9
比　率	約3倍	約0.75倍	約10倍	約3倍

(c)炭化珪素(SiC)とシリコン(Si)の構造比較

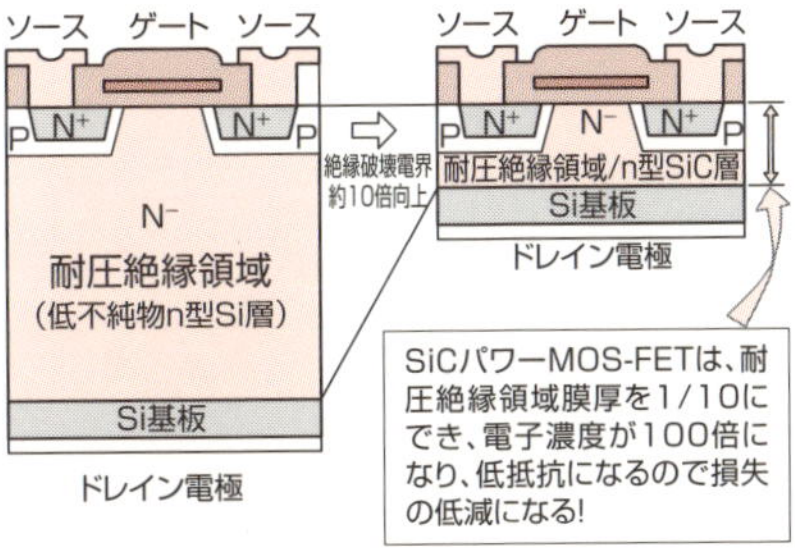

ソース
ゲート
ソース
P
N+
N+
P
N−
耐圧絶縁領域
(低不純物n型Si層)
Si基板
ドレイン電極
絶縁破壊電界約10倍向上
ソース
ゲート
ソース
P
N+
N−
N+
P
耐圧絶縁領域/n型SiC層
Si基板
ドレイン電極
SiCパワーMOS-FETは、耐圧絶縁領域膜厚を1/10にでき、電子濃度が100倍になり、低抵抗になるので損失の低減になる!

(d)インバータ装置の動作時の電力損失変遷

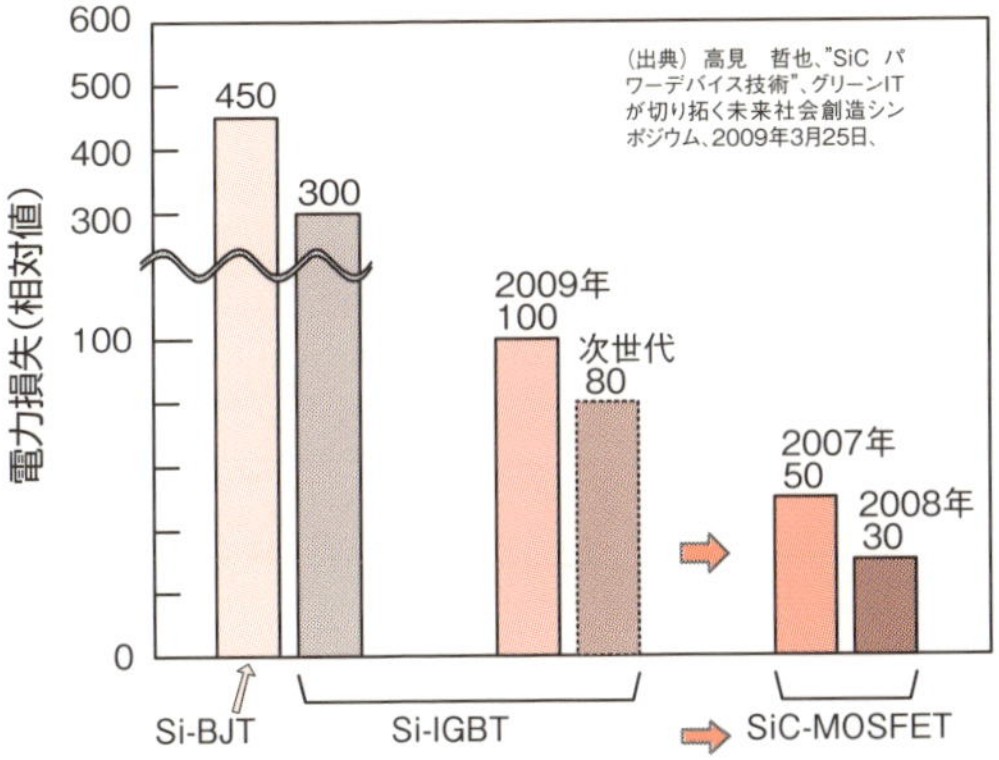

600
500
400
300
100
0
電力損失(相対値)
450
300
2009年
100
次世代
80
2007年
50
2008年
30
Si-BJT
Si-IGBT
SiC-MOSFET
(出典) 高見　哲也、"SiC パワーデバイス技術"、グリーンITが切り拓く未来社会創造シンポジウム、2009年3月25日、

インバータで節電が決まるのだぁー!

用語解説

- エネルギーギャップ(禁制帯幅):15項の用語解説を参照!
- MOS-FET:Metal Oxide Semiconductor Field Effect Transistorの略で、電界効果トランジスタのことです!
- IGBT:Insulated Gate Bipolar Transistorの略で、電力スイッチング素子を指します!
- IPM:Intelligent Power Moduleの略で、電力スイッチング素子を指します!
- GTO:Gate Turn-off thyristorの略で、電力スイッチング素子を指します!
- GCT:Gate Commutated Turn-off thyristorの略で、電力スイッチング素子を指します!
- HEV:Hybrid Electric Vehicleの略で、ハイブリッド車のことです!
- EV:Electric Vehicleの略で、電気自動車のことです!
- UPS:Uninterruptible Power Supplyの略で、無停電電源装置のことです!

Column ❶

電車の節電は、インバータ装置で！（電車の省エネルギー化）

電車の節電をみてみましょう。

最初、電車は車両が直流モータで安価にできること等から直流で走り始まりました。しかし、直流電化は、発電所からくる交流を鉄道変電所で直流化する必要があり、また、直流での送電損失が多いため、鉄道変電所の数が多くなり、設備費が高くつく欠点があります。また、速度、ブレーキ等の制御は、車両内の抵抗器などで電圧を制御して行いますので抵抗器での熱損失があり、節電には不向きな方式です。

一方、発電所からくる交流は、送電損失が少ないために、鉄道変電所の数が少なく設備費が安くすみ、また、交流モータ搭載の車両で動かすことができますので新幹線や新しく電化する在来線では、交流電化が行われてきています。

交流電車の速度、ブレーキ等の制御はVVVF方式と呼ばれるモータの回転数を電圧や周波数でコントロールするもので（2&5項、参照）、インバータ装置を搭載して実現しています。したがって、車両は複雑で高価になりますが、節電においてはメリットが大きいわけです。この制御に用いられるのが、IGBTやGTOなどのパワーデバイスです。つまり、エコ・デバイスは電車の節電にとって重要な役割をもっているのです。

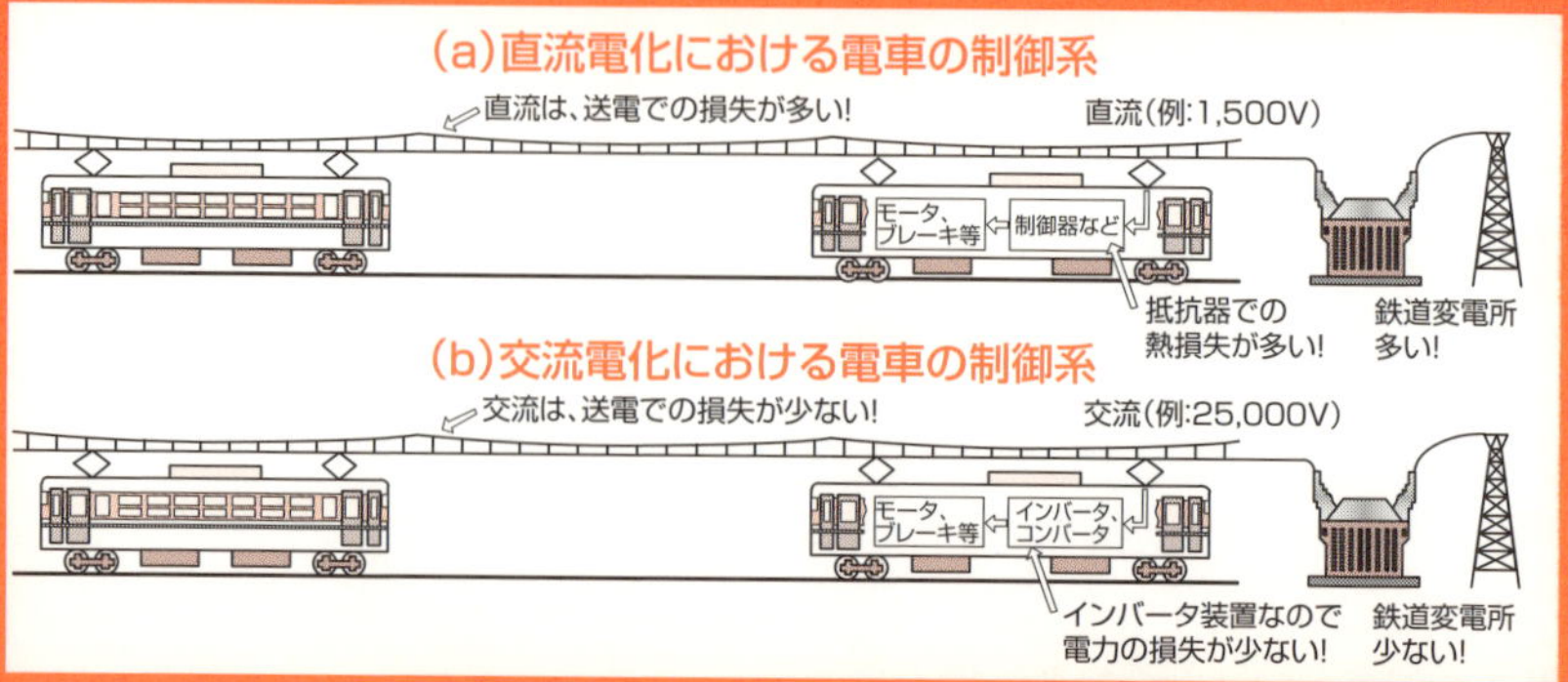
(a)直流電化における電車の制御系
直流は、送電での損失が多い!
直流(例:1,500V)
モータ、ブレーキ等
制御器など
抵抗器での熱損失が多い!
鉄道変電所多い!
(b)交流電化における電車の制御系
交流は、送電での損失が少ない!
交流(例:25,000V)
モータ、ブレーキ等
インバータ、コンバータ
インバータ装置なので電力の損失が少ない!
鉄道変電所少ない!

第2章

照明用LED

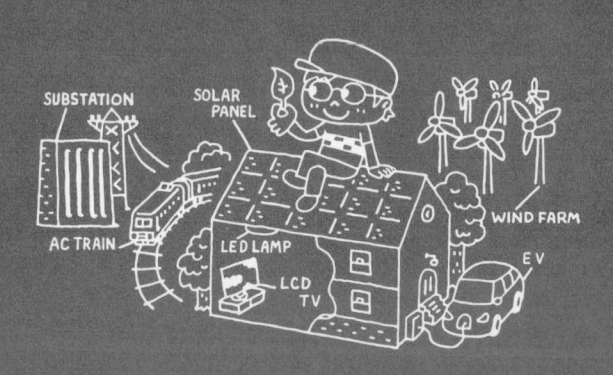

15 省エネルギーのLED照明ってなぁーに？

半導体からなるLED照明

家庭に使われている〝あかり〟、つまり、照明用ランプは白熱電球が主体でした。この白熱電球は、タングステン（金属）からなるフィラメントに電気を流すと2,500～3,000℃位の高温になり、光を発するランプです。ランプは高温になりますので、フィラメントの燃焼（酸化）や蒸発を防ぐためにガラス球の中は真空か、不活性ガスを封入しています（左図ⓐ参照）。

この白熱電球は、1820年代に白金フィラメントを用いた電球として発明されましたが、実用の電球を作ったのは1879年、エジソンによって炭素フィラメントを用いた電球でした。この白熱電球は、いろいろ改良が加えられ、長い間、使用されてきましたが、省エネルギー化の考え方より電力を多く要する白熱電球から低消費電力の蛍光灯へ、そして、エコ環境などからLED（Light Emitting Diode）照明へと変わってきています（蛍光灯については、6項参照）。

照明用LEDは半導体素子で、シリコン基板にⅢ族のガリウム（Ga）やインジウム（In）などの不純物を入れたp型半導体とV族のリン（P）や砒素（As）などの不純物を入れたn型半導体をくっつけたもの（pn接合）からなります。このLEDは、pn接合のp領域にプラス電圧を、n領域にマイナス電圧をかけますと（順方向バイアス）、p領域にある正孔がn領域に、n領域にある電子がp領域に注入され、pn接合面（空乏層）で再結合し、熱放射（電磁波の放出）を行います。これが「光」として見られ、エネルギーギャップ（禁制帯幅）に相当する波長の光を放出します（左図ⓑ参照）。ここで、エネルギーギャップ（禁制帯幅）が小さければ長い波長の光、大きければ短い波長の光を放出します。つまり、用いる材料のエネルギーギャップの相違で発光する色が異なってきます。

また、発光させる駆動回路には、一般に電流制限抵抗Rを挿入し、LEDの保護等、発光に適した条件下で使用します（左図ⓒ参照）。

要点BOX

●白熱電球は、フィラメントに電気を流し、高温にして光を放出するランプです！一方、LED照明は、pn接合を順方向バイアスにし、正孔と電子が再結合して熱放射し、「光」として見られるものです！

(a)白熱電球

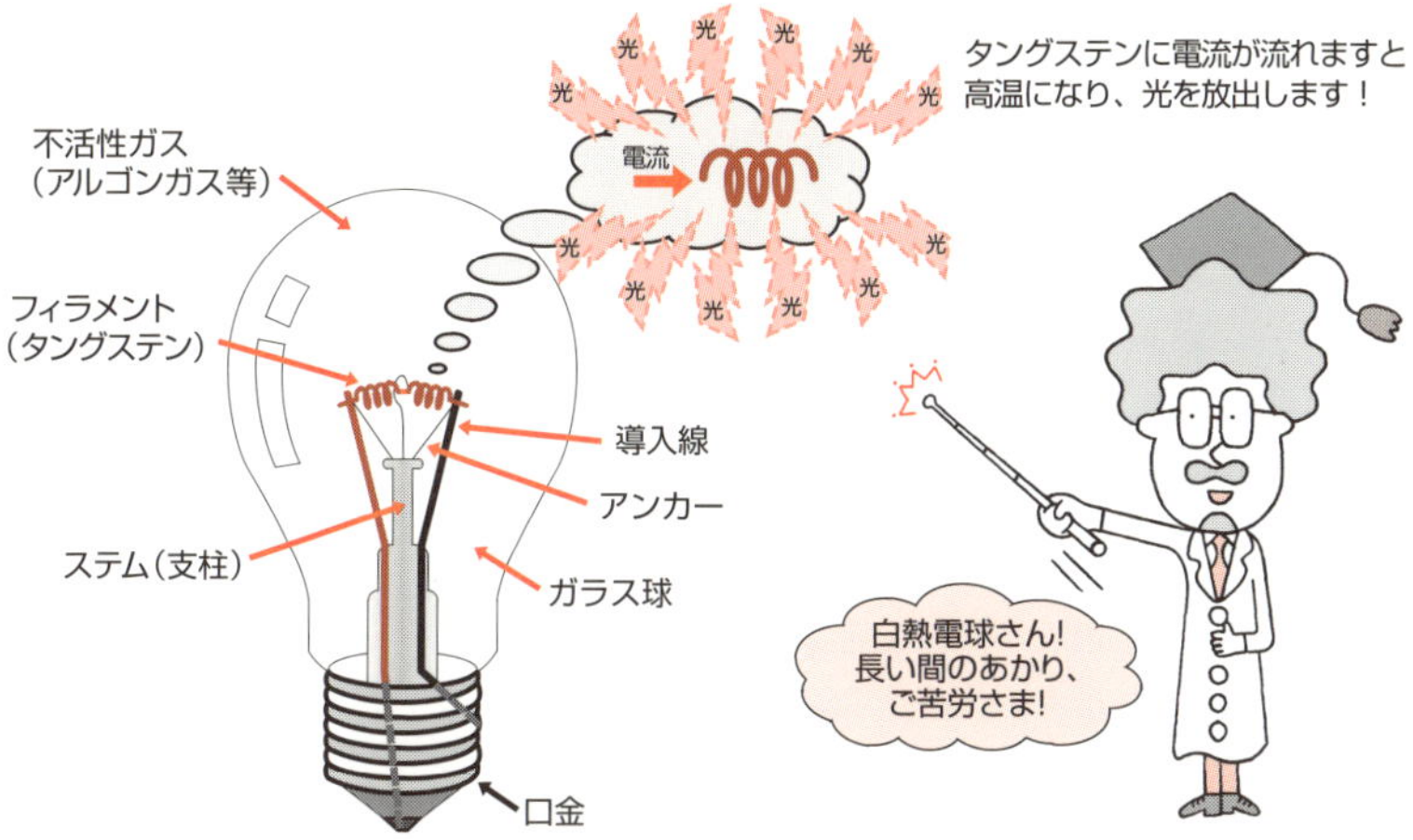
タングステンに電流が流れますと
高温になり、光を放出します！
光
電流
不活性ガス
（アルゴンガス等）
フィラメント
（タングステン）
導入線
アンカー
ステム（支柱）
ガラス球
口金
白熱電球さん!
長い間のあかり、
ご苦労さま!

(b)LED発光のしくみ

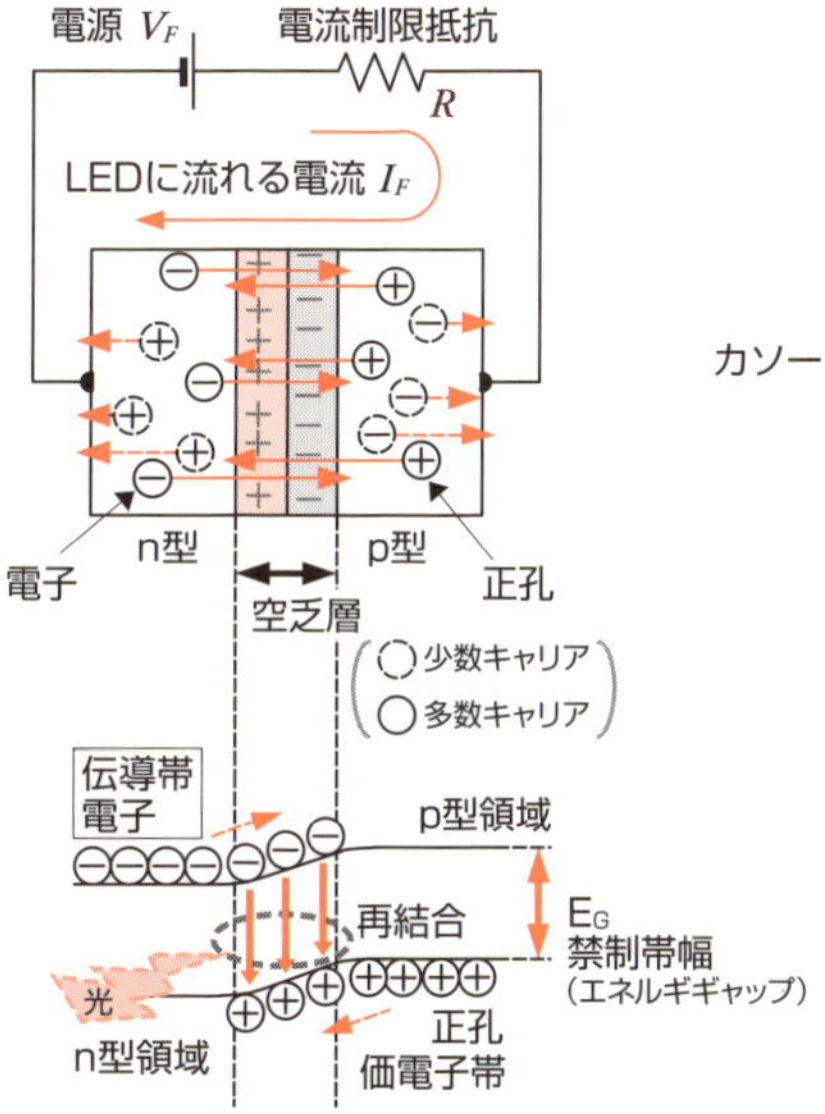
電源 V_F
電流制限抵抗
R
LEDに流れる電流 I_F
電子
n型
p型
正孔
空乏層
少数キャリア
多数キャリア
伝導帯
電子
p型領域
再結合
E_G
禁制帯幅
（エネルギギャップ）
光
n型領域
正孔
価電子帯

(c)LED発光回路

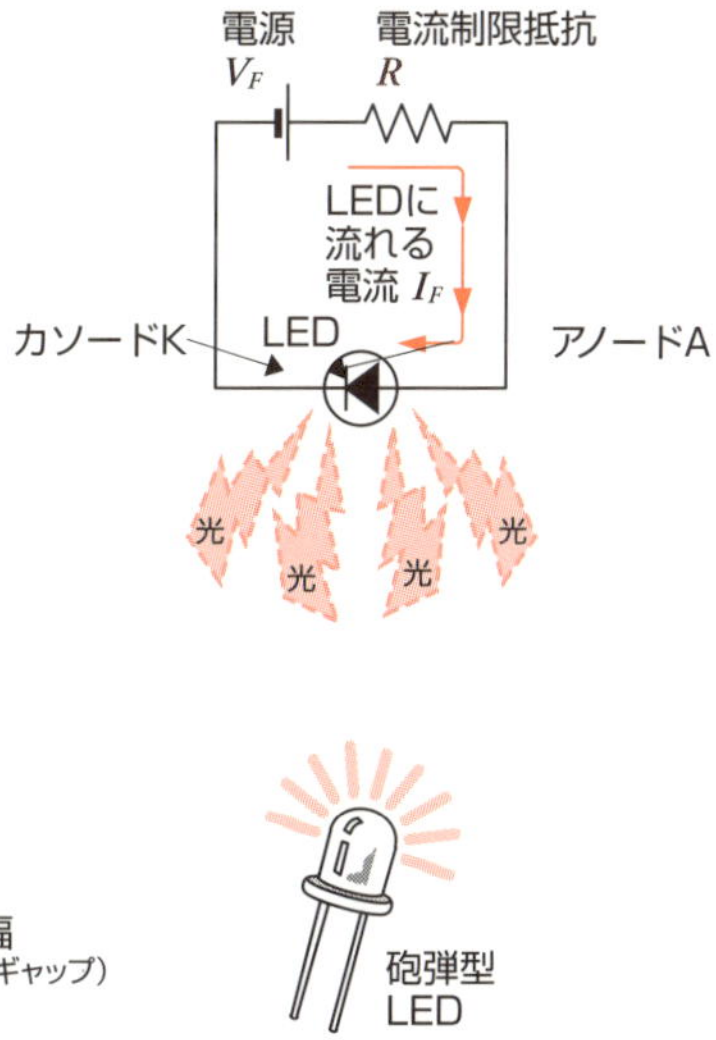
電源
V_F
電流制限抵抗
R
LEDに
流れる
電流 I_F
カソードK
LED
アノードA
光
砲弾型
LED

用語解説

空乏層：空乏層とは、pn接合部において、電子と正孔が互いに混ざり合い電気的に中性な領域を形成しますが、この領域を空乏層と呼びます!

エネルギーギャップ（禁制帯幅）：エネルギーギャップとは、バンド構造における電子に占有された最も高いエネルギーバンド（伝導帯）の頂上から、最も低い空のバンド（価電子帯）の底までの間のエネルギーの差を指し、バンドギャップとも呼ばれます!

16 照明あかりに君臨し始めたLED照明！

照明ランプの歴史とLEDの種類

私たちの生活になくてはならないものに〝あかり〟があります。このあかり、ろうそく時代を経て、1810年代にガス燈へ（第一世代）、1879年に白熱電球が実用化へ（第二世代）、1938年に蛍光灯時代へ（第三世代）、そして、2000年代に入り、LED照明あかり時代（第四世代）を迎えています。

このLEDは、1907年に炭化珪素による発光現象が英国のラウンドによって発見されますが、現在のLEDとは程遠いものでした。次いで、1962年に米国のバーンコーブによって半導体LEDが特許出願され、LEDが脚光を浴び始めました。その後、LEDはガリウム砒素（GaAs）基板にガリウム・ヒ素リン（GaAsP）をエピタキシャル成長させて赤色発光を実現、続いて、1968年にチッ素を添加したガリウム・リン（GaP）で緑色発光、そして、1993年にサファイア基板にチッ化インジウム・ガリウム（InGaN）をエピタキシャル成長させて青色発光を実現、三色RGBが揃ったのです。この三色RGBを混色しますと白色になりますので、この時点でやっとLEDによる「あかり照明」が実現可能になったのです。しかし、実現した白色LEDは、1996年頃、三色の混色でなく、青色LEDと黄色蛍光体による混色で白色LED（擬似白色LED）を構成しており、その実用化は、2000年代になってからになります（左図参照）。

このLEDの歴史を見ますと、2000年以前、LEDは青色を除く発光色のみですのでインジケータ用、あるいは、波長と位相が揃った単一の周波数で、鋭い指向性をもつエネルギー密度の高い光（Light Amplification by Stimulated Emission of Radiation：Laser/レーザ）を発光するレーザダイオードなどでした。

このように、青色LEDが誕生してから急激にLED照明が脚光を浴びてきており、約60年ごとにニューフェイスが現れる世界になっています。

要点BOX

●赤色、緑色、青色LEDを混色して白色LEDが実現しますが、実際は青色LEDと黄色蛍光体による混色で白色LED（擬似白色LED）を実現します！

照明ランプの変遷とLED照明

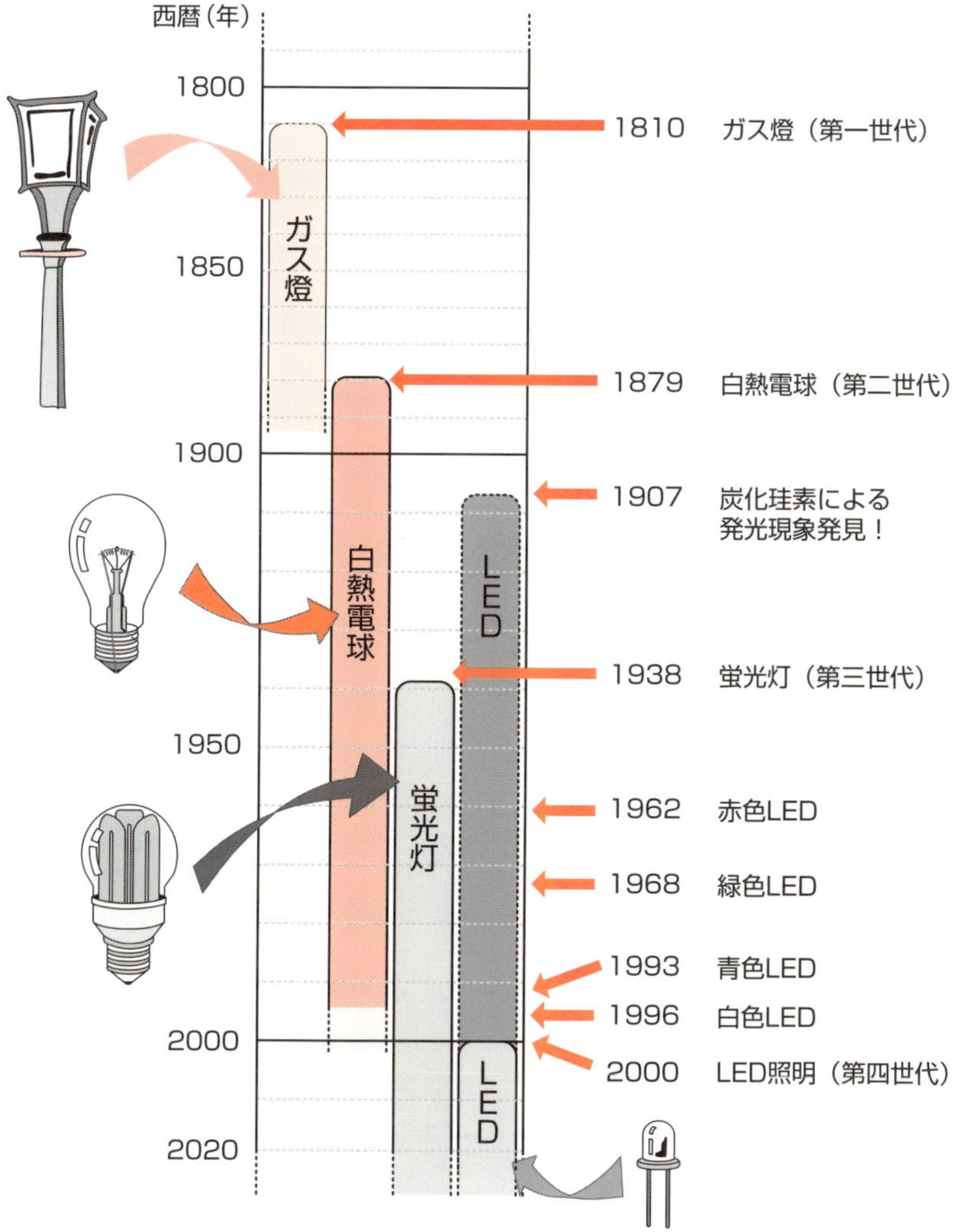
西暦（年）
1800
1850
1900
1950
2000
2020
ガス燈
白熱電球
蛍光灯
LED
LED
1810　ガス燈（第一世代）
1879　白熱電球（第二世代）
1907　炭化珪素による発光現象発見！
1938　蛍光灯（第三世代）
1962　赤色LED
1968　緑色LED
1993　青色LED
1996　白色LED
2000　LED照明（第四世代）

用語解説

エピタキシャル成長：基板上にその基板の結晶方位と一定の関係を保って成長させた結晶成長法をエピタキシャル成長と呼びます（18項参照）！

17 どんなパーツでLED照明は構成されているのかなあー？

LEDの実装形態

擬似白色LEDを一例にパーツの構成を見てみましょう！

①砲弾型は、金属（例えば、銅合金に金メッキ）からなるリードフレーム（Lead Frame：骨枠）上にLEDチップ（Chip）を実装し（マウント：Mounting）、電極をボンディングワイアで取り出し（ボンディング：Bonding）、その後、黄色の蛍光体を分散させた樹脂（封入樹脂）でチップを覆い、さらに、エポキシ樹脂でモールド（Mold）した構造（レンズ兼用）です。このタイプはレンズを用いていますので指向性が高くなります。

②表面実装型は、SMD（Surface Mount Device）と呼ばれ、セラミックや樹脂などを成型したキャビティ（へこみ：Cavity）をもつ外囲器にLEDチップを実装し（Mounting）、その上に黄色の蛍光体を分散させたエポキシやシリコーン等の樹脂でチップを覆いかぶせ、キャビティの内側の面には反射機能をもたせた構造です。このタイプは、反射板を用いていますので光を多く取り出せ、また、外囲器がセラミックや樹脂などからできておりますので放熱性に優れており、高電流が流せますので明るい高出力（高光束）LEDになります。

③チップオンボード（Chip On Board：COB）型は、前のSMD型を変形したもので多数のLEDチップを基板に実装でき、コンパクトな照明になります。また、低熱抵抗の材料が外囲器に使用できますので熱放散がよく、明るい高出力（高光束）LEDになります。

④フリップチップボンディング（Flip Chip Bonding：FCB）型は、LEDチップ上の電極に金等からなる突起電極（バンプ：Bump）を形成し、チップの表裏面を逆にしてプリント基板等の電極とバンプを異方性導電膜（ACF®）や銀ペースト等を用いて接続するもので、「フェイスダウン・ボンディング」と呼ばれています。

このように、いずれのタイプも用いる外囲器の熱抵抗が高出力と関係がありますので、明るさを得るには外囲器の熱抵抗が重要なファクタになります。

要点BOX

●擬似白色LEDには、①砲弾型、②表面実装（SMD）型、③チップオンボード（COB）型、④フリップチップボンディング（FCB）型などがあります！

(a)砲弾型

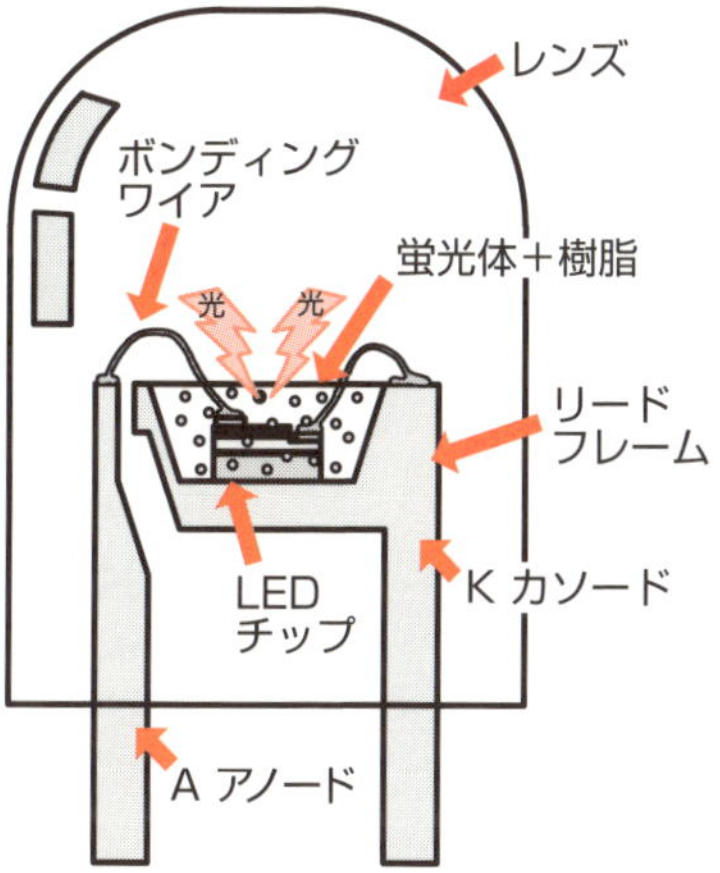
レンズ
ボンディング
ワイア
蛍光体＋樹脂
光
光
リード
フレーム
LED
チップ
K カソード
A アノード

(b)表面実装型(SMD型)

（注）接着剤の熱抵抗が大！→駆動電流が制限されます！
→照度（光度）の低下！

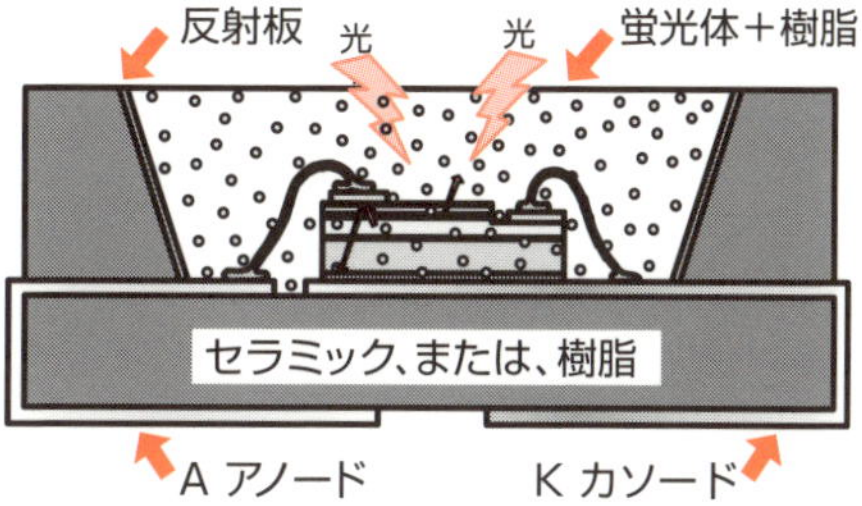
反射板
光
光
蛍光体＋樹脂
セラミック、または、樹脂
A アノード
K カソード

(c)チップオンボート型(COB型)

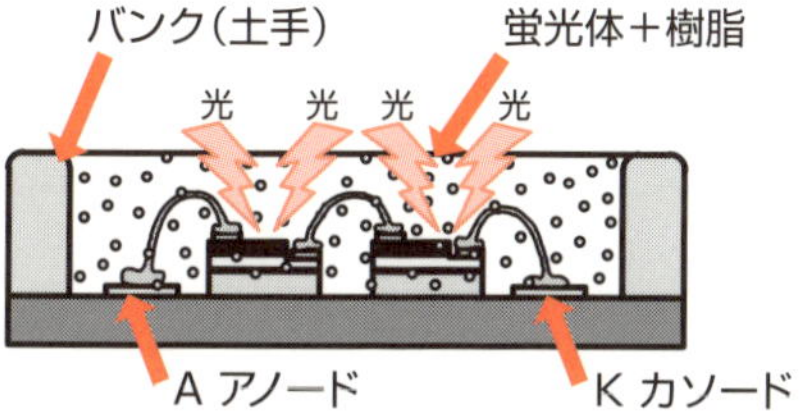
バンク(土手)
蛍光体＋樹脂
光
光
光
光
A アノード
K カソード

（注）2チップ直列接続実装の場合

(d)フリップチップボンディング型(FCB型)

接着剤がなく、チップの電極が基板に接続！
→駆動電流の制限が広がります！
→照度（光度）の向上！

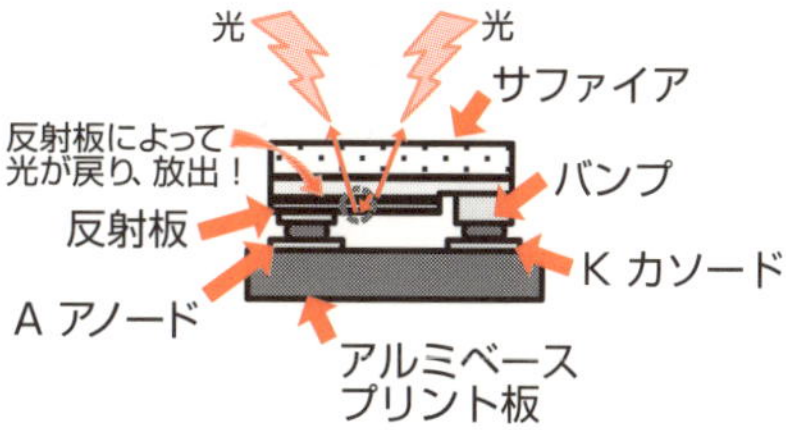
光
光
サファイア
反射板によって
光が戻り、放出！
バンプ
反射板
K カソード
A アノード
アルミベース
プリント板

47

用語解説

光束：照明器具などの光源から出る光の量で、単位はルーメン[lm]、例えば、60Wの白熱電球は800 [lm]、31Wの蛍光灯は3,200[lm]、5WのLED電球は340[lm]など!

ACF®：ACF®は、Anisotoropic Conductive Filmの略で、異方性導電膜と呼ばれ、ニッケル(Ni)や金(Au)などの小さな導電粒子を膜中に含ませているテープ状のもので、熱圧着によって電極間の接続を行う材料です!

18 LED照明のチップはどうなっているの？

LEDチップの基本構造

LED照明のチップは、サファイア基板、あるいは、SiC基板（第1章14項参照）の上に半導体層の結晶性を良くするためにバッファ層（低温体積緩衝層）を設け、その上にn型チッ化半導体層（n-GaN+n-AlGaN）を成長させ、その一部にn側の電極を設けます。次に、発光層（活性層、あるいは、MQW層）を堆積させ、さらに、p型チッ化半導体層（p-AlGaN+p-GaN）を成長させ、その上に、p側の電極を設けます。ここで、発光層は、LEDの明るさを決める重要な層のためにいくつもの積層構造になっており、各社、電子と正孔の注入効率を高め、高出力を得るための工夫を行っています（左図ⓐ参照）。

　各半導体層を形成するには、エピタキシャル成長法（気相成長法、液相成長法など）が用いられます。この成長法は、基板の結晶方位と一定の関係を保って半導体層を基板上に成長させる方法で、その方法には、①MOCVD（Metal Organic Chemical Vapor Deposition）法、②LPE（Liquid Phase Epitaxy）法、③MBE（Molecular Beam Epitaxy）法などがありますが、青色のLEDの発光材であるチッ化ガリウム（GaN）などの成長を可能にしたMOCVD法（有機金属気相成長法）が主に用いられています。

　このMOCVD法を使用してチッ化インジウム・ガリウム（InGaN）単結晶の成長を一例にとり、簡単に説明します。原料のトリメチル・インジウム（TMIn/$(CH_3)_3In$）、トリメチル・ガリウム（TMGa/$(CH_3)_3Ga$）をアンモニア（NH_3）ガスと一緒に混合して加熱しますとインジウム（In）、ガリウム（Ga）、チッ素（N）が基板表面に付着しつつ移動し、活性部分でエピタキシャル成長層に取り込まれて固定化し、メタンガス（CH_4）を発生しながらチッ化インジウム・ガリウム（InGaN）単結晶層を順次、成長していく方法です（左図ⓑ参照）。

　このように、青色LEDチップは、有機金属層を堆積するMOCVD法が確立して実現しました。

要点BOX

●LED照明のチップは、サファイア基板にバッファ層、n型窒化半導体層、発光層（MQW層）、p型窒化半導体層を積層した構造からなります！

(a)照明用LED外観

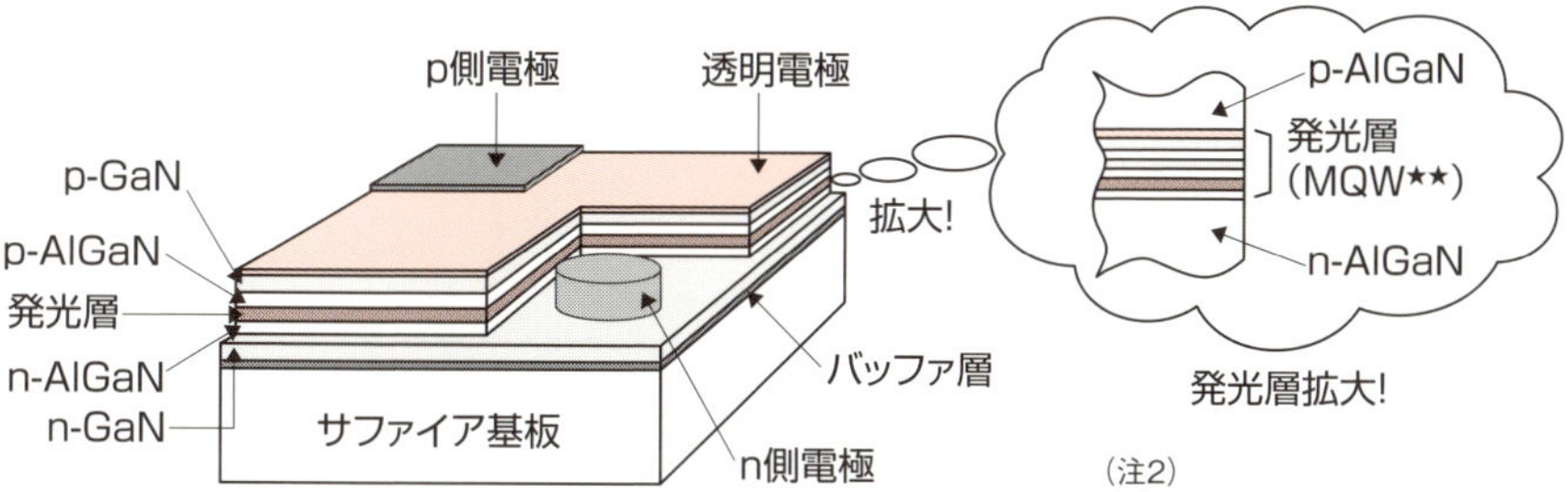
p側電極
透明電極
p-GaN
p-AlGaN
発光層
n-AlGaN
n-GaN
サファイア基板
n側電極
バッファ層
拡大!
p-AlGaN
発光層
(MQW★★)
n-AlGaN
発光層拡大!

(注2)
★★MQW：Multi Quantum Well
多重量子井戸と訳され、
発光層のこと!

(b)エピタキシャル成長原理概念図

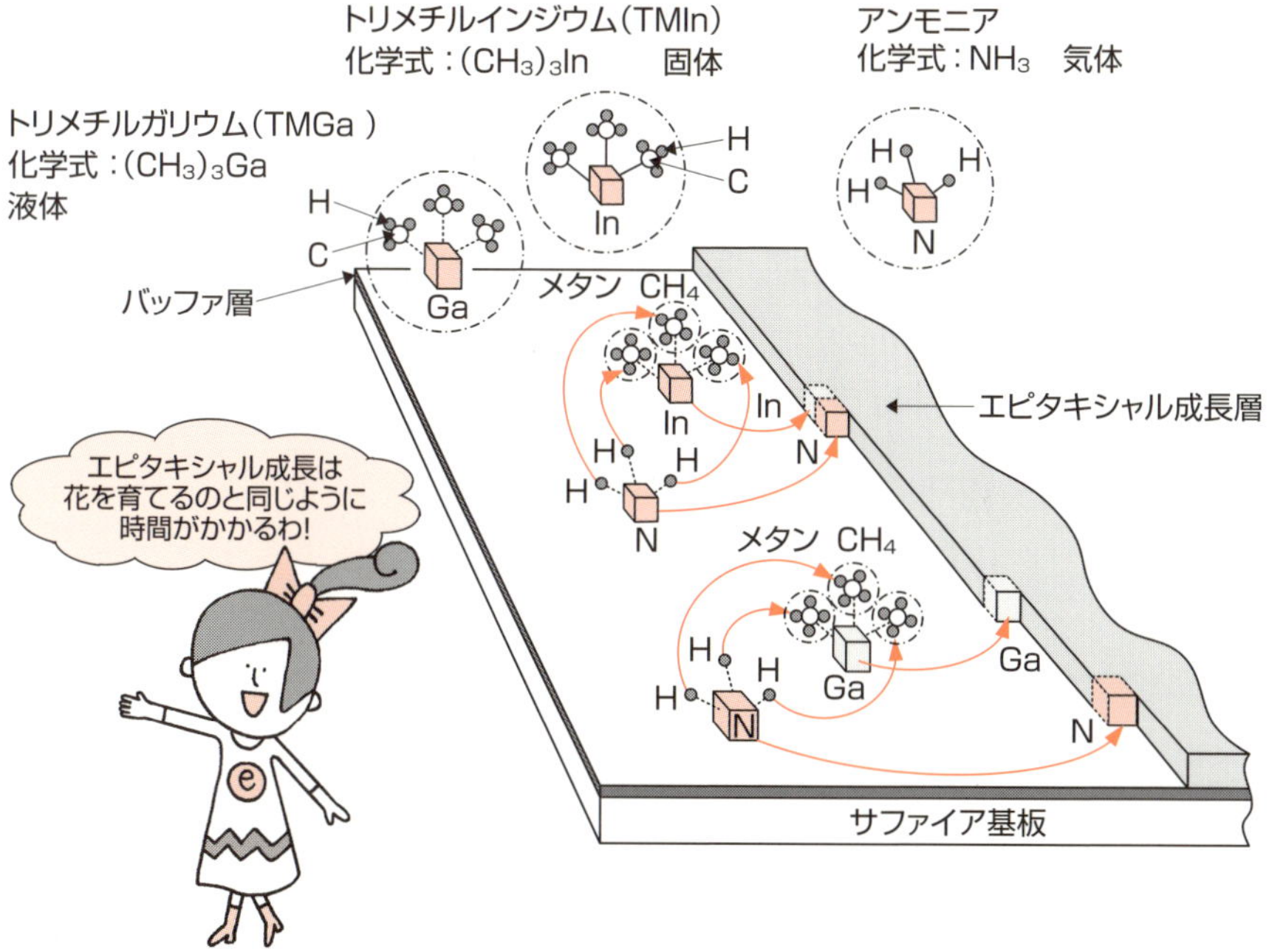
トリメチルインジウム(TMIn)
化学式：$(CH_3)_3In$　固体
アンモニア
化学式：NH_3　気体
トリメチルガリウム(TMGa)
化学式：$(CH_3)_3Ga$
液体
H
C
In
H
C
H
H
H
N
Ga
バッファ層
メタン CH_4
In
In
N
H
H
H
N
エピタキシャル成長層
メタン CH_4
H
H
H
N
Ga
Ga
N
サファイア基板
エピタキシャル成長は
花を育てるのと同じように
時間がかかるわ!
e

用語解説

MQW層：Multi Quantum Wellの略で、多重量子井戸と呼ばれ、発光層のことです!

CVD：Chemical Vapor Depositionの略で、化学気相成長法と呼ばれ、薄膜を構成する元素からなる1種、あるいは、数種の化合物ガス、単体ガスを基板上に供給して気相、または、化学反応によって所望の薄膜を形成する方法です!

19 どのようにしてLED照明は自然光に近い光を放つの？

白色化原理

LEDは、赤、緑、青色を発光しますので、それらの三色RGBを混色し、白色化する「マルチチップ方式（RGBによる白色化方式）」があります（左図ⅰ参照）。この方式は、三色のLEDを用いますので各LEDチップのバラツキがありますと白色化した場合、色のバラツキが目立ちます。また、各LEDによって点灯電圧が異なりますのでLEDを駆動する回路が複雑になり、高価になります。しかし、三色混色による白色化ですので演色性Raが85以上と高く、自然光に近い白色を出力します。

　これに対して、青色LEDの光を黄色蛍光体（YAG：RGとの混色）に照射して白色化する「青色LED使用シングルチップ方式」があります（左図ⅱ参照）。この方式は、発光出力が強いために最も明るい照明ランプになり、シングルチップ使用のために比較的安価で、現在のLED照明の主流になっています。しかし、青色LEDのチップバラツキと黄色蛍光体（YAG）のバラツキが重なり、白色のバラツキが生じ、演色性Raが70～80と低く、青味を帯びた白色になりますので、この方式を〝擬似白色方式〟と呼んでいます。

　一方、目に見えない紫外線を発光する近紫外LEDの光をRGB蛍光体に照射して白色化する「近紫外LED使用シングルチップ方式」があります（左図ⅲ参照）。この方式は、三色の蛍光体からの混色光ですので演色性Raが90以上と高く、とても綺麗な自然光に近い白色を出力します。その反面、各蛍光体のバラツキと近紫外LEDのチップバラツキにより白色化が左右され、また、近紫外光を蛍光体に照射して光を取り出すために発光出力が弱く、明るさの向上が課題になっています。

　このように、白色LEDは白色化する方法に一長一短がありますので各メーカによって白色化の方法が異なっています。

要点BOX

●LED照明は、①マルチチップ方式（RGB－LED）、②青色LED使用シングルチップ方式（青色LED＋黄色蛍光体）、③近紫外LED使用シングルチップ方式（近紫外LED＋RGB蛍光体）などがあります！

(a)白色LEDの白色方法

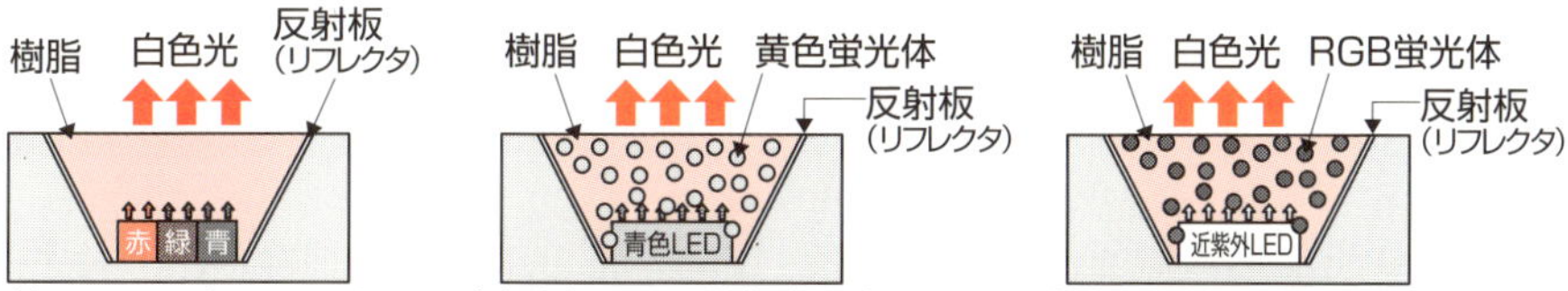

(i)RGB　三色LEDによる白色化　(ii)青色LED+黄色蛍光体による白色化　(iii)近紫外LED+RGB蛍光体による白色化

(b)白色LEDのCIE色度図と光スペクトラム

(i)RGB 三色LEDによる白色化

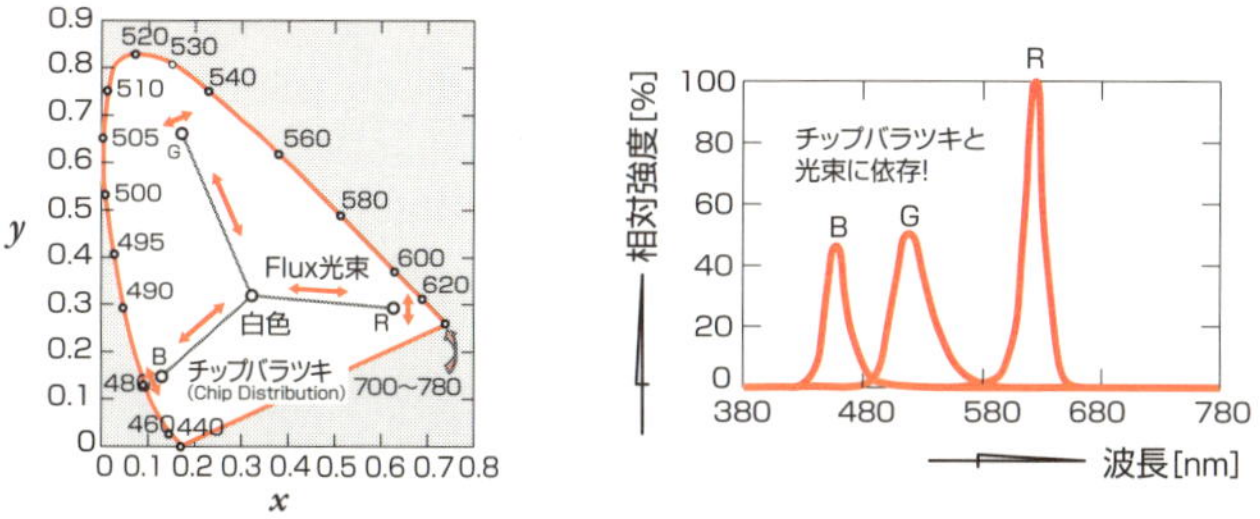

(ii)青色LED+黄色蛍光体(YAG)による白色化

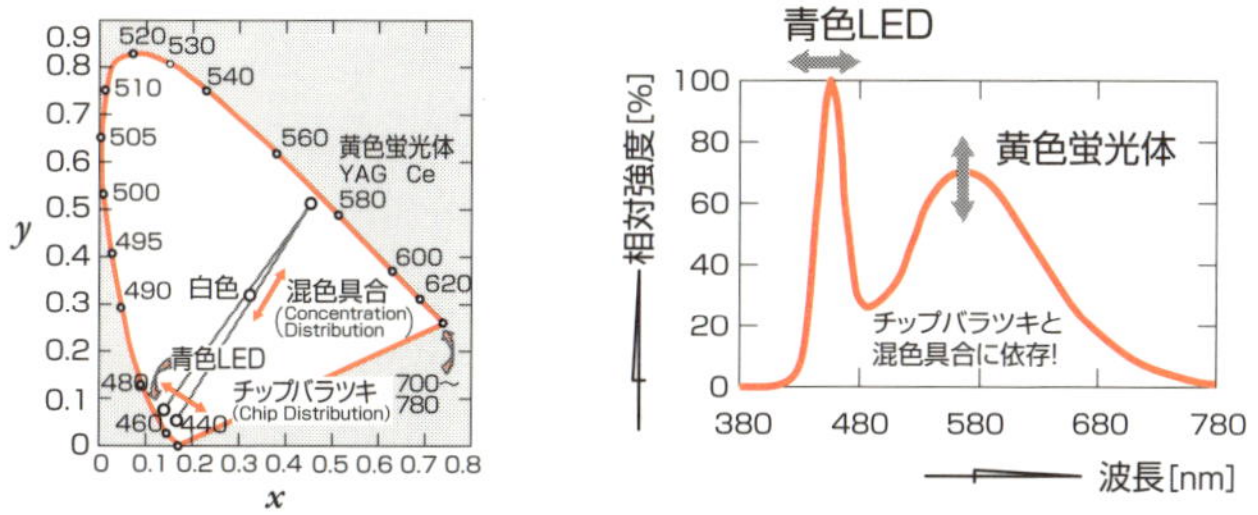

(iii)近紫外LED+三色(RGB)蛍光体による白色化

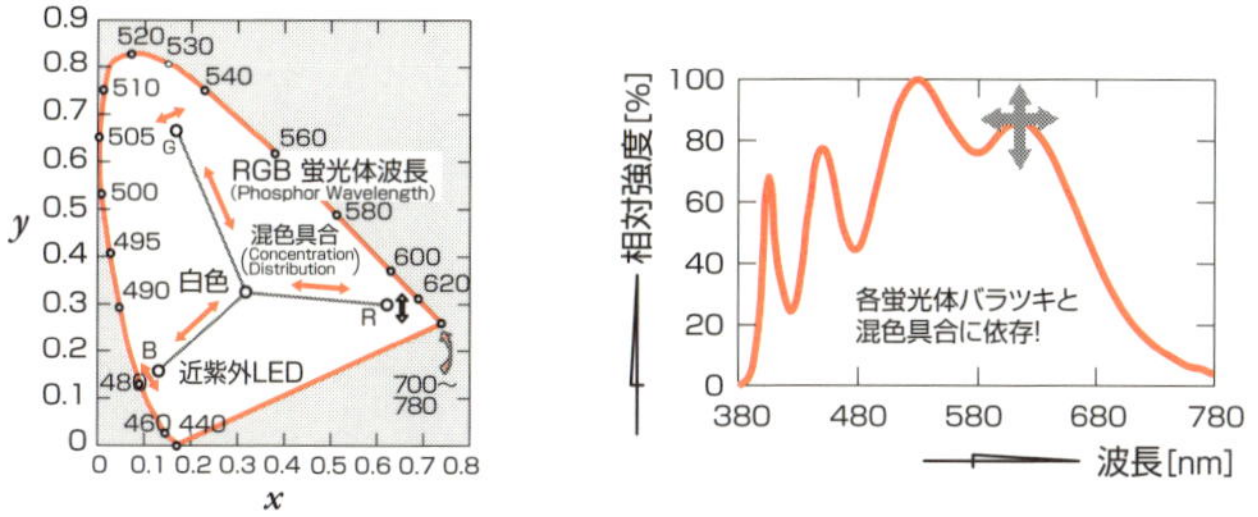

用語解説

YAG：Yttrium Aluminum Garnetの略称で、イットリウムとアルミニウムの複合酸化物からなるガーネット(石榴石、ざくろいし)構造の結晶を指します!

演色性Ra：太陽光の下での見え方を100として、どれだけ色が確かに見えるかを表す数値で、平均演色評価数Raで定義しています!

スペクトラム：光の波長を横軸に、光の強度を縦軸に描いた特性で、光の波長に対する光の強度分布を示すものです!

CIE色度図：人によって色の見え方が異なりますので色の波長を国際照明委員会(CIE)により標準化し、色のレベル統一を取り決めた図表示のものを指します!

20 光には演色性と色温度があるの、知ってる？

演色性と色温度

お肉屋さんの〝お肉〟が黒ずんで見えることがあります。これは、〝お肉〟が古いわけでなく、照明あかりによることが多々あります。例えば、D50蛍光灯（印刷の基準光で色評価用高演色性蛍光灯／色温度5,200K）の下で自然光に近い色での〝お肉〟が、昼白色蛍光灯（色温度5,300K）の下では少し青白く見えます。また、LED電球（色温度5,000K）の下では黒ずんだ色のように見えます。これは、各照明あかりの演色性と色温度の違いからきています。

人は物体の色を比べる時、自然光の下で比較します。この自然光下での見え方を標準値化したのが「演色性」で、演色性によって色の見え方が異なってきます。

LED照明の白色は、可視光線の中の白色（自然光）に近い色が要求されます。ここで、LED照明の白色は、青色＋黄色蛍光体での混色、あるいは、RGB三色の混色などによって白色を得ていますが、混色の仕方によって白色のレベルが異なります。この色合いを〝色温度〟で表し、青味を帯びた白色、赤みの掛かった白色などに分けて表現します。例えば、朝日や夕日の色温度は約2,000K、昼間の太陽光の色温度は5,000～6,000Kなどです。この色温度は、「ある温度での黒体から放出される光の色」と「定義しようとする光の色」とを対応させ、その黒体の温度を〝色温度〟とするもので、CIE色度図に〝色温度曲線〟として表現します（左図ⓐ参照）。この色度図上における色温度曲線は、〝黒体軌跡（Black Body Locus: BBL）〟と呼ばれ、黒体軌跡線上にLED照明の白色が表現されることになり、色温度が低いほど、赤み掛かった白色、色温度が高いほど青味かかった白色になります。この色温度と照明器具との関係を左図ⓑに示します。

このように、寒色系の白色ほど色温度が高く、暖色系の白色ほど色温度が低くなります（人間の感覚とは逆）。

要点BOX

●物体は、照明あかりの演色性と色温度によって色の見え方が異なり、色温度をCIE色度図上に曲線にしたのが“色温度曲線”で、“黒体軌跡（Black Body Locus: BBL）”とも呼ばれます！

(a) CIE色度図（XY色度図）

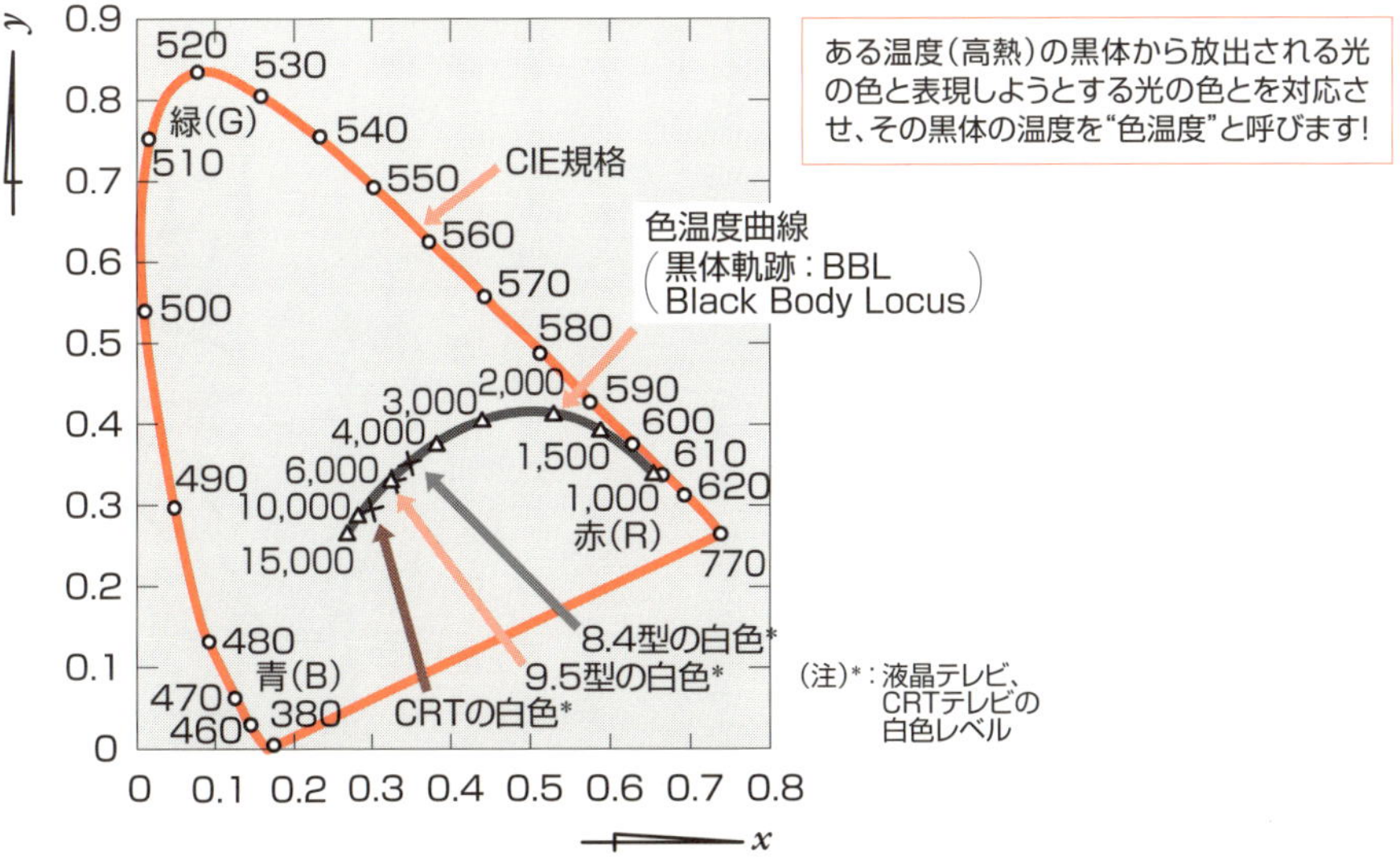

y
0.9
0.8
0.7
0.6
0.5
0.4
0.3
0.2
0.1
0
520
530
540
550
560
570
580
590
600
610
620
770
510
500
490
480
470
460
380
緑(G)
青(B)
赤(R)
CIE規格
色温度曲線
（黒体軌跡：BBL
Black Body Locus）
3,000
2,000
4,000
1,500
6,000
1,000
10,000
15,000
8.4型の白色*
9.5型の白色*
CRTの白色*
0 0.1 0.2 0.3 0.4 0.5 0.6 0.7 0.8
x
ある温度（高熱）の黒体から放出される光の色と表現しようとする光の色とを対応させ、その黒体の温度を“色温度”と呼びます！
（注）*：液晶テレビ、CRTテレビの白色レベル

(b) 色温度と照明用器具

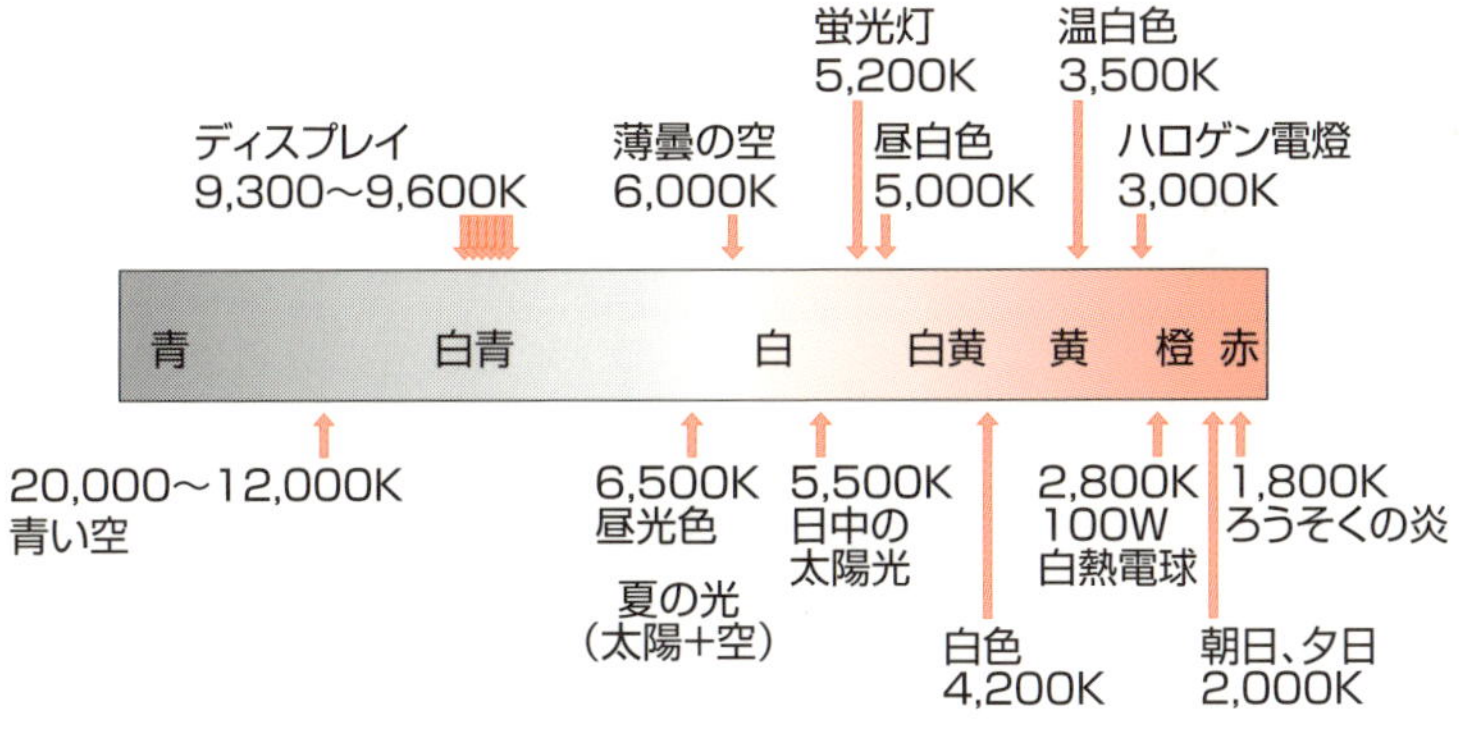

ディスプレイ
9,300～9,600K
薄曇の空
6,000K
蛍光灯
5,200K
昼白色
5,000K
温白色
3,500K
ハロゲン電燈
3,000K
青
白青
白
白黄
黄
橙
赤
20,000～12,000K
青い空
6,500K
昼光色
夏の光
（太陽＋空）
5,500K
日中の
太陽光
白色
4,200K
2,800K
100W
白熱電球
朝日、夕日
2,000K
1,800K
ろうそくの炎

用語解説

D50蛍光灯：印刷の色をモニターする基準光で、色温度5,000Kの色評価用高演色性蛍光灯を指します。この例ですと、色温度が少し高めのD50蛍光灯を用いています！

ケルビンK：ケルビン（kelvin、記号　K）は、熱力学温度（絶対温度）を表す単位で、摂氏温度（せっしおんど、別名：セルシウス度/Celsius、記号　C）との関係は次式になります。　C = K − 273.15

なお温度には、華氏温度（かしおんど、記号　F、別名：ファーレンハイト温度）があり、氷点を32°F，沸点を212°Fとする温度目盛りであり、摂氏温度との関係は次式になります。　C=(5÷9)×(F−32)

21 LED照明の明るさはどの位あるの?

性能比較

LEDが出始めた頃（2000年頃）にLEDの明るさは、白熱電球の発光効率約13［lm／W］とほぼ同じ明るさでした。その後、改良が加えられ、2010年頃に蛍光灯の発光効率約103［lm／W］と同じ明るさになり、LEDによる照明時代を迎えるに至ったのです（左図ⓐ参照）。

このLED照明の性能（明るさ）を他の照明ランプと比較してみますと、60W型白熱電球の発光効率が13［lm／W］、10～31W型蛍光灯の発光効率が70～103［lm／W］に対して、5W型LED電球の発光効率が71［lm／W］、パケージに入れた3W型LED電球の発光効率が107［lm／W］ですので、発光強度にしますと60W型白熱電球が780［lm］、10～31W型蛍光灯が700～3200［lm］、5W型LED電球が360［lm］、パケージに入れた3W型LED電球が320［lm］になります。つまり、LED照明は電球型、パケージ型ともに白熱電球や電球型蛍光灯に比べて明るさは半分ですが、消費電力が約1／2～1／20に低減していますので省エネルギーのランプになるのです。逆に、消費電力を少し上げれば、白熱電球や電球型蛍光灯の明るさになります。

この各照明ランプの演色性を見てみます。白熱電球を100として、蛍光灯、LED照明ともに演色性（平均演色評価数：Ra）は75程度と白熱電球の演色性には到達しませんが、ある程度の色具合であることがわかります。また、寿命時間で見ますと、白熱電球が1,500時間に対して、蛍光灯が11,000～12,500時間、それに対して、LED照明が40,000時間と驚異的な長寿命をもっています（左図ⓑ参照）。

参考に15W型有機ELを見てみますと、発光強度400［lm］とLEDとほぼ同じレベルですが、発光効率がLEDの約1／3程度であり、寿命時間が12,000時間と蛍光灯のそれと同じレベルです。したがって、今後、有機ELの性能改善が必要なのでしょう！

要点BOX

●LED照明は2000年頃、白熱電球の発光効率（約13 [lm/W]）に、2010年頃、蛍光灯の発光効率（約103 [lm/W]）になり、LED照明時代を迎えました!

(a)照明用ランプの発光効率比較

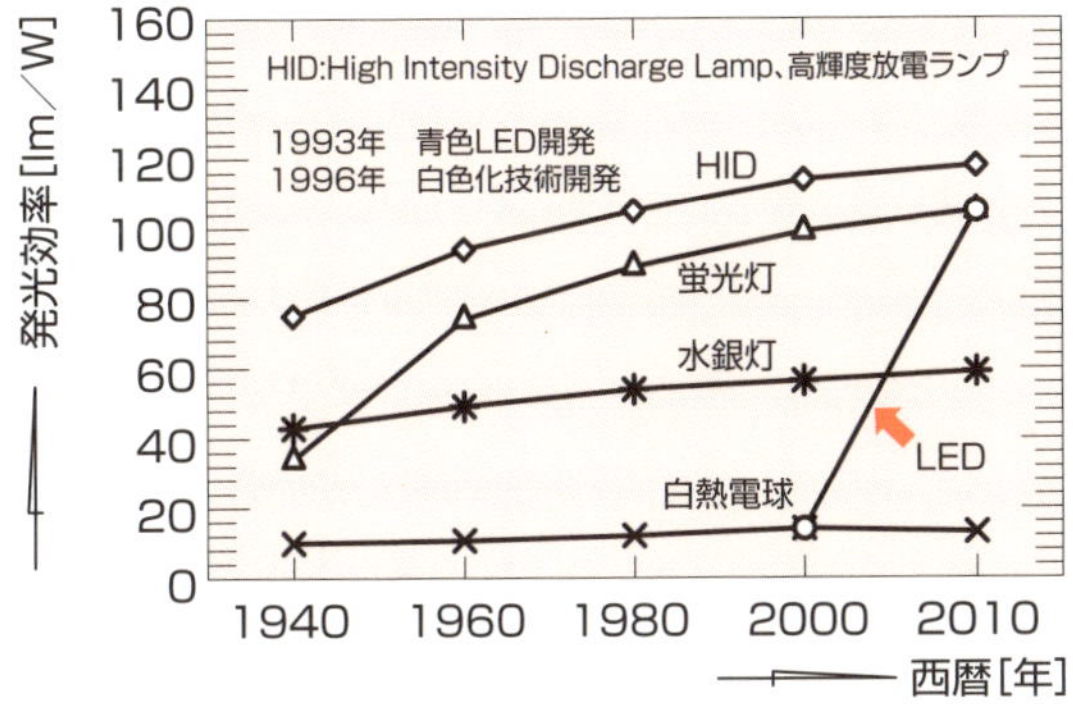

発光効率[lm／W]
160
140
120
100
80
60
40
20
0
1940
1960
1980
2000
2010
西暦[年]
HID:High Intensity Discharge Lamp、高輝度放電ランプ
1993年　青色LED開発
1996年　白色化技術開発
HID
蛍光灯
水銀灯
LED
白熱電球

出典:太田　健吾、"LED照明市場の最新動向" —文系ビジネス人のための「白色LED照明」の世界を学ぶ—、半導体産業新聞社主催セミナー、2010年9月27日(月)、(Techno Systems Research Co.,Ltd)

(b)照明用ランプの性能比較

項目	直管蛍光灯	電球型蛍光灯	白熱電球	LED電球	照明用LEDパッケージ	有機EL
発光効率[lm／W]	103	70	13	71	107	27
定格消費電力[W]	31	10	60	5	3	15
発光強度(全光束)[lm]	3,200	700	780	360	320	400
平均演色評価数(Ra)	76	73	100	75	75	80
定格寿命[hr]	12,500	11,000	1,500	40,000	40,000	12,000
長所	高発光効率 低価格		低価格	高発光効率 長寿命 水銀レス		面発光 高演色性 水銀レス
短所	含水銀		低発光効率 短寿命	指向配光	低演色性 指向配光	低発光効率 高価格

出典:太田　健吾、"LED照明市場の最新動向" —文系ビジネス人のための「白色LED照明」の世界を学ぶ—、半導体産業新聞社主催セミナー、2010年9月27日(月)、(Techno Systems Research Co.,Ltd)

用語解説

発光効率：消費電力あたりの明るさを定義したもので、発光強度(全光束)を消費電力で割った値です!

演色性Ra：太陽光の下での見え方を100として、どれだけ色が確かに見えるかを表す数値で、平均演色評価数Raで定義しています!

寿命時間：明るさが70%に低下した時間を寿命時間と定義しています!

22 LED照明は明るさを自由にコントロールできるの？

電流・光度特性からの制御

LEDは、p側（アノード：Anode、記号A）電極にプラス電圧、n側（カソード：Cathode、記号K）電極にマイナス電圧（これを〝順方向バイアス〟と呼び、印加する電圧をV_F）をかけますと、電流I_F（これを〝順方向電流〟と呼ぶ）が流れます。また逆に、p側（A）電極にマイナス電圧、n側（K）電極にプラス電圧（これを〝逆方向バイアス〟と呼び、印加する電圧をV_R）をかけますと、リーク電流が流れ、電圧を増加していきますと過大電流が流れてLEDの破壊につながります。したがって、LEDの電圧印加には、十分な注意が必要です（左図ⓐ参照）。

LEDを発光させるには、順方向バイアス電圧V_Fを適当な値で印加しますと順方向電流I_Fが流れますので、その順方向電流I_Fに応じた発光光度（強度）が決まります（左図ⓑ参照）。例えば、左図ⓑにおいて、電圧V_Fを3・6V程度にしますと電流I_Fが20 mA程度流れますので光の相対光度（強度）は、基準1になり、発光します。ここで、注意したいのは電流I_Fを2倍にしても光度は2倍にならず約1・7倍になることで、その分、熱エネルギーとして損失します。つまり、むやみに電流I_Fを上げてもメリットがないので明るくしたい場合には、電流を抑えながらLEDをいくつも使うことになります（23項、図ⓒ参照）。順方向電流I_Fを抑える方法は、左図ⓒのように電流制限用抵抗（V_R＋R_P）を可変して得ます（電流制御法）。

一般に、LEDの明るさを制御する駆動回路は、パルス変調方式を用いますが、商用電気（100V交流）を使用する場合には、リニア電源（第1章7項参照）、あるいは、スイッチング電源（第1章8項参照）を使用します。また、電池などを使用する場合には、前述した電流制御法の駆動回路、あるいは、DC-DCコンバータ（第1章9項参照）などを使用します。

以上のように、LED照明の明るさは、簡単な駆動回路で自由にコントロールできるのです。

要点BOX

●LEDには、順方向バイアスと逆方向バイアスがあり、LEDを発光させるには、順方向バイアス電圧V_Fを適当な値で印加し、順方向電流I_Fを流し、その順方向電流I_Fを制御して希望の発光光度（強度）を得ます！

(a) LEDのバイアスと代表的なV_F−I_F特性

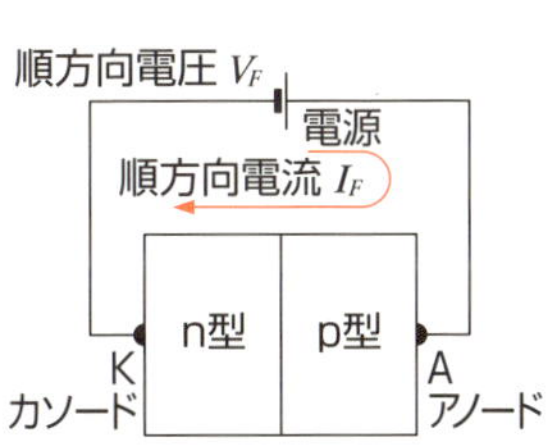

（i）順方向バイアス

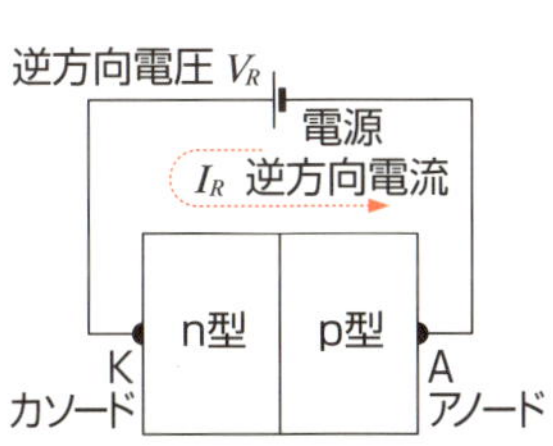

（ii）逆方向バイアス

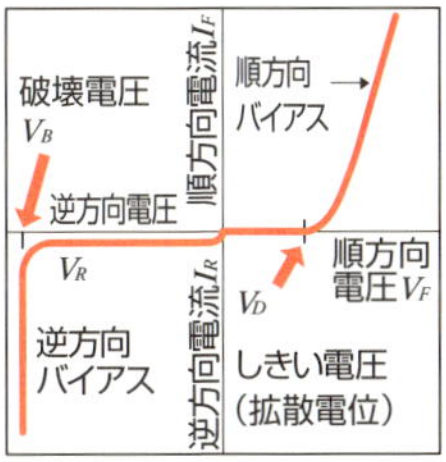

（iii）ダイオード特性

(b) 代表的なLED特性

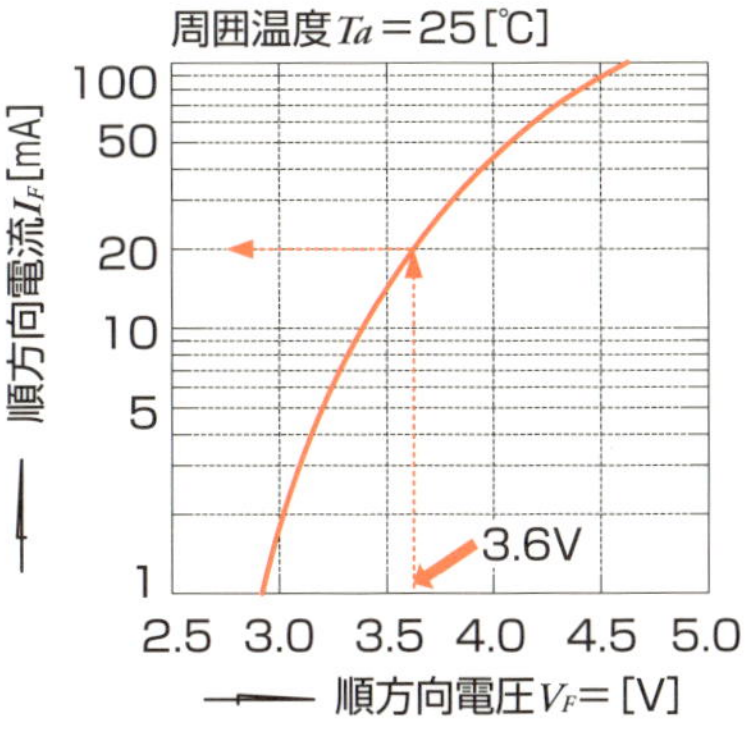

（i）V_F−I_F特性

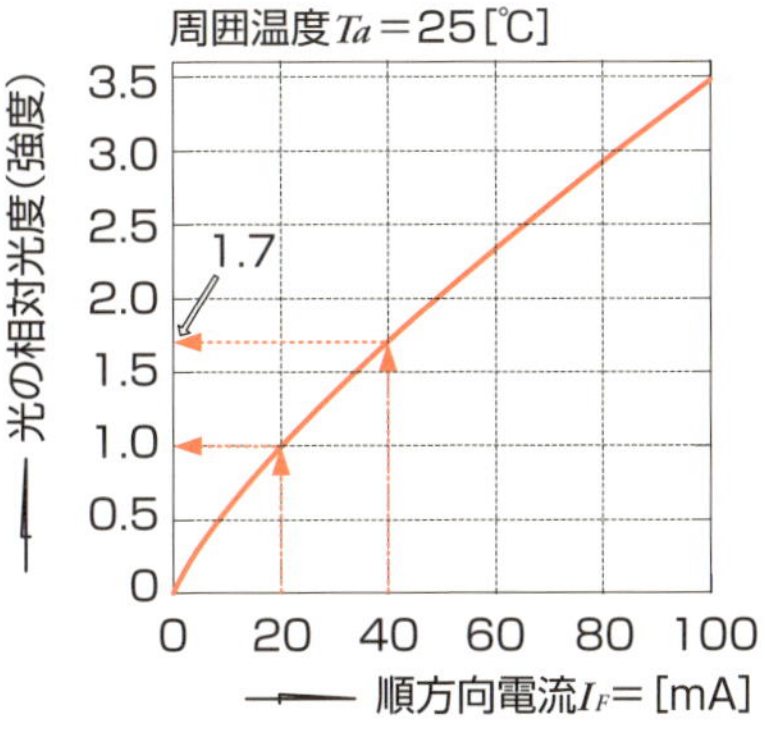

（ii）I_F−光度特性

(c) LED駆動回路（電流制御法）

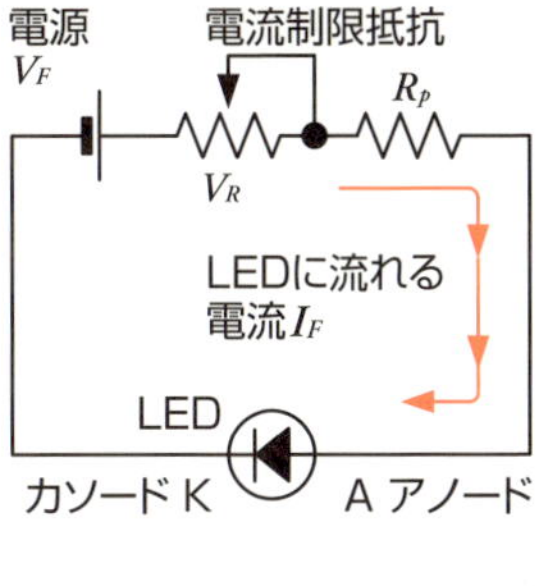

用語解説

光度（発光強度）：光源からある方向にどれだけの光の量が出ているかを表すもので光の強さ（発光強度）を表します。単位はカンデラ[candela、記号cd]です!

23 LED照明の放つ光には方向性がある！

指向性をもつLED

LED照明の放つ光には方向性があり、これを〝LEDの指向性〟と呼んでいますが、何故、指向性をもつのでしょうか?

白熱電球は、発光する部分がフィラメントで、このフィラメントがステム（支柱）に支えられ、ガラス球の中に宙に浮いた形になっています。したがって、口金部分を除けば全方向に光を放つことができます。これに対して、LEDチップは半導体からなり、発光部分がサファイア、あるいは、SiC基板上に平面的に作られており、チップを載せるリードフレームが光を通しませんのでLEDチップの上面（半分）方向のみに光を放つことになります（左図ⓐ参照）。このように、発光部分の構造の違いにより光を放つ放射角（指向性）が異なってくるのです。

指向性は、発光の放射角（θ）として定義され、左図ⓑのように光源を円の中心におき、光軸上のB点の角度をゼロ度とし、B点の光度（照度）計を左右に移動させて光軸との角度（θ／2）と光度（照度）とを測った値をプロットしたものが「指向特性」になります（左図ⓑ参照）。この左図ⓑを見てみますと、光度が約半分になる角度（θ／2）は光軸上から25度ですので放射角（指向角θ）は50度になります。

LED照明においては、消費電力をある程度に抑えますと光量が少なくなり暗くなります。そこで、LED照明の砲弾型外囲器にレンズ等の機能をもたせて指向性をもたせ、光量を増加させて明るくします。また、表面実装型（SMD型）では、LEDチップをいくつか並べて実装しますと光量が増加し、指向性が改善されます（左図ⓒ参照）。

このように指向特性は、LEDチップの実装形態によって変わりますのでLED照明の使われ方によってバリエーション製品が各種あることになります。

要点BOX

●LEDチップは、発光部分がシリコン（珪素）基板上に平面的に作られ、チップを載せるリードフレームが光を通しませんのでLEDチップの上面（半分）方向のみに光を放つことになります（指向性）。

(a)発光部分の構造の違いによる光の放射角

タングステンに電流が流れます
と高温になり、光が放出します!
フィラメント
ステム(支柱)
口金
レンズ
蛍光体+樹脂
ボンディング
ワイア
リード
フレーム
LEDチップ
A
アノード
K カソード

(i)白熱電球　(ii)砲弾型LED

(b)指向特性(放射角特性)

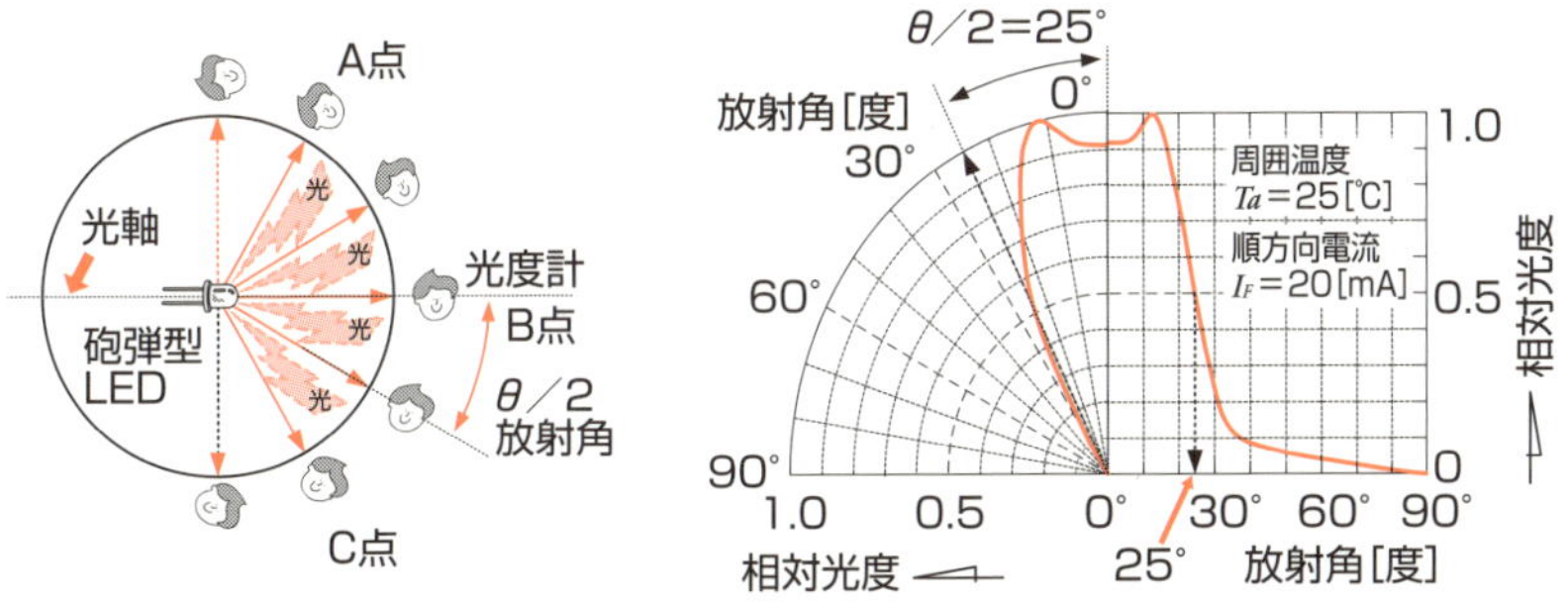
A点
光軸
光度計
B点
砲弾型
LED
θ／2
放射角
C点
θ／2=25°
0°
放射角[度]
30°
60°
90°
1.0
0.5
0
周囲温度
Ta=25[℃]
順方向電流
IF=20[mA]
相対光度
1.0 0.5 0° 30° 60° 90°
25°
相対光度
放射角[度]

(i)指向特性測定方法　(ii)放射／指向特性

(c)明るさと指向性を改善したLED実装構造一例

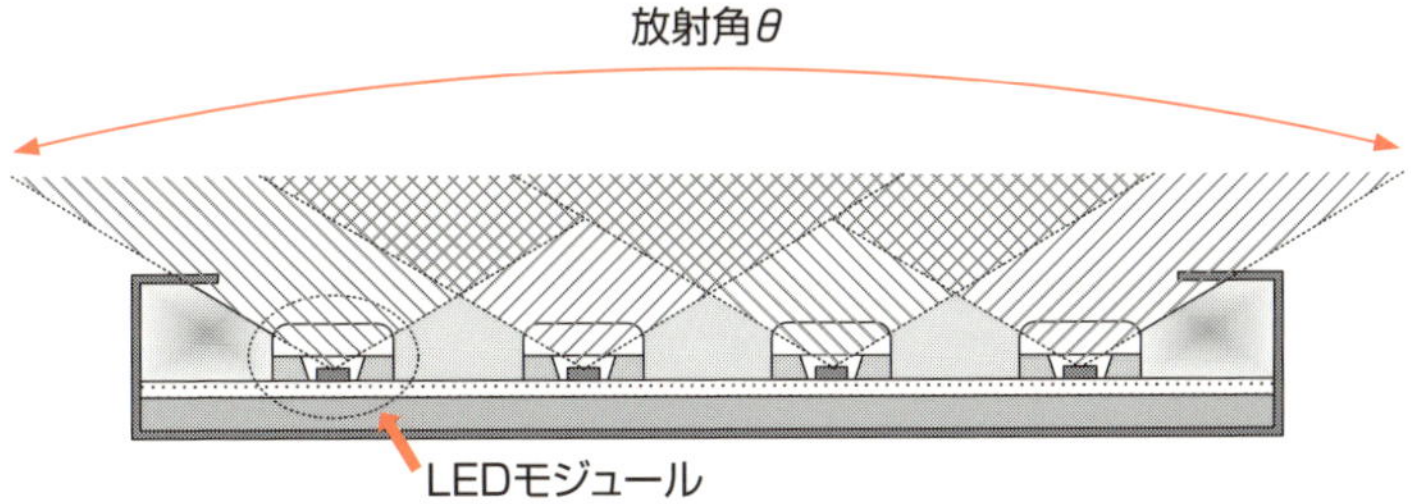
放射角θ
LEDモジュール

用語解説

SiC：SiCとは、Silicon Carbideの略で、炭化珪素のことです。14項をご参照下さい!

24 どんな材料がLED照明に用いられているの？

LED照明の主な材料

LED照明に用いられる材料には、どんなものがあるのでしょうか？

LEDは半導体ですから基板が必要です。青色LEDは、有機金属のチッ化ガリウム（GaN）を発光層に使用することによって始めて実現しました。したがって、チッ化ガリウム（GaN）を基板上に成長させなければなりませんので、チッ化ガリウム（GaN）の格子定数に近い基板が必要になります。その基板には、炭化珪素（シリコン・カーバイト、SiC）が最も近い格子定数をもっていますが、高価なために一部、使用されているにすぎず、主にサファイア基板（Al_2O_3）が用いられています（左図ⓐ参照）。なお最近、チッ化ガリウム（GaN）そのものを基板化した製品が発表され始め、今後の性能向上が期待されます。

また、赤色や黄色等の基板としては、ガリウムリン（GaP）やガリウム砒素（GaAs）などが用いられます。

発光層を形成する有機金属には、チッ化インジウム・ガリウム（InGaN）の他にガリウムリン（GaP）、アルミニウム・インジウム・ガリウムリン（AlInGaP）、ガリウム・アルミニウム砒素（GaAlAs）などがあります。この有機金属の結晶組成比、および、用いる基板の種類によって発光色が決まります。例えば、ガリウムリン（GaP）基板にガリウム砒素リン（GaAsP）の組成比Ga：As：P＝1：0.35：0.65の割合で用いますと黄～赤色になります（左図ⓑ参照）。

基板、発光層の材料が決まりますと白色化するための蛍光体が重要になります。この蛍光体には、①酸化物蛍光体、②チッ化物蛍光体があります。また、LEDチップを保護する役目として透明エポキシ樹脂を封止材として用いますが、最近では、性能向上に期待のできるシリコーン樹脂に代わりつつあります。

この他LED照明は、明るさとの関係で発熱しますので放熱板が必要であり、また、光量を多く取り出すために反射板やレンズ等が必要になります。

要点BOX

●LED照明には、主にサファイア（Al_2O_3）、ガリウムリン（GaP）、ガリウム砒素（GaAs）などの基板、発光層の材料、蛍光体、透明エポキシ樹脂などの封止材、放熱板、反射板、および、レンズなどが必要です！

(a)各基板の格子定数

物質	格子定数[Å]
チッ化ガリウム(GaN)	3.18
炭化珪素(6H-SiC)	3.08
炭化珪素(4H-SiC)	3.07
炭化珪素(3C-SiC)	4.36
サファイア(Al_2O_3)	4.785
シリコン(Si)	5.43
ガリウム砒素(GaAs)	5.653

出典:津村　明宏、"LEDチップの製造プロセスフローと必要な装置・材料"、
半導体産業新聞主催、―文系ビジネス人のための「白色LED照明」の世界を学ぶ―、2010年9月27日(月)

(b)LED照明の材料、発光色、構造、発光効率の関係

素材	GaAsP系	GaP系	AlGaAs系	AlInGaP系	InGaN系
発光色	黄～赤色	黄緑色	赤色	黄～赤色	青～緑色 (YAGと組み合せて白色)
構造	A:アノード p-GaAsP n-GaAsP n-GaP K:カソード	A:アノード p-GaP n-GaP n-GaP K:カソード	A:アノード n-AlGaAs p-AlGaAs p-GaAs K:カソード	A:アノード p-AlGaN AlInGaP n-AlGaAs n-GaAs K:カソード	A:アノード p-GaN / p-GaN (A) InGaN / InGaN (K) n-GaN / n-GaN n-SiC / Al_2O_3 K:カソード
発光効率	0.2～1.0[lm/W]	2～3[lm/W]	6～12[lm/W]	10～40[lm/W]	10～50[lm/W]

(c)エポキシ樹脂からシリコーン樹脂へ!

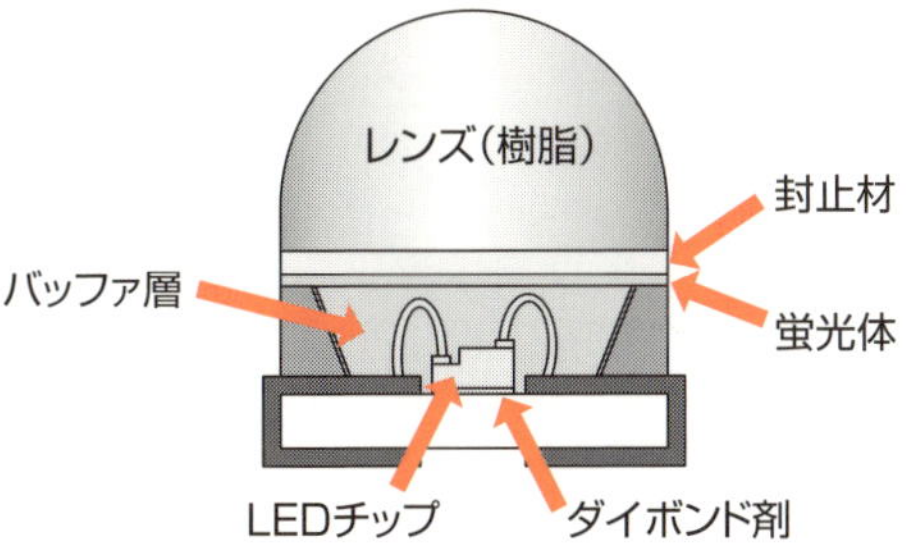

用語解説

蛍光体:蛍光体とは、紫外線や可視光線を蛍光体に照射しますと蛍光体内部の電子が励起され、エネルギーを高い状態から安定した状態に移動し、その折にエネルギーを光にして放出する役目のものです!

有機金属:有機金属(Organometallic)とは金属と炭素(C)との化学結合を含む化合物を指します!

格子定数(lattice constant):格子定数とは、結晶軸の長さや軸間の角度を表す数値のことで、軸の長さの単位はオングストローム($Å = 10^{-10}$m)を用いますが、数値のみで表記することが多々あります!

25 LED照明ができるまで!

LED照明は、①ウェハー工程、②チップ工程、③パッケージング工程、④モジュール工程、⑤ユニット・モジュール工程からなります(左図参照)。

①ウェハー工程…ウェハー工程とは、半導体のLEDウェハーを作り込む工程、つまり、サファイア基板上にn型チッ化半導体層、発光層、p型チッ化半導体層、アノード電極、カソード電極を形成する工程で、主にMOCVD(Metal Organic Chemical Vapor Deposition)法を用いて作られます(18項、図ⓑ参照)。

②チップ工程…チップ工程とは、ウェハー工程で出来上がったウェハーをダイアモンドカッタ、パルスレーザ、あるいは、ブレード(切削刃)等を用いて個々のLEDに切り離してチップを作る工程です。

③パッケージング工程…パッケージング工程とは、切り離された個々のLEDを外囲器に組み込む工程です。つまり、熱硬化性の銀ペースト等を用いてチップを外囲器の骨枠(リードフレーム)に接着します。その後、金ワイア等で電極をボンディングして取り出し、チップ保護のために樹脂か、蛍光体入り樹脂でチップを覆いかぶせます。出来上がったものを「LEDパッケージ品」と呼びます。

④モジュール工程…モジュール工程とは、出来上がったLEDパッケージ品を必要に応じてレンズなどの各種光学部品と組み合わせてLEDモジュールを作る工程です。

⑤ユニット・モジュール工程…ユニット・モジュール工程とは、用途に合わせて複数個のLEDパッケージ品をメイン基板(プリント基板)などに実装してLEDユニット・モジュールを作る工程です。特に、明るいLED照明の実現には、チップそのものの明るさとモジュール工程やユニット・モジュール工程の〝実装工程〟に大きく依存します(23項、図ⓒ参照)。

なお、ウェハー工程を前工程、チップ工程～ユニット・モジュール工程までを後工程と呼びます。

要点BOX

●LED照明は、①ウェハー工程、②チップ工程、③パッケージング工程、④モジュール工程、⑤ユニット・モジュール工程からなります!

LED照明ができるまで!

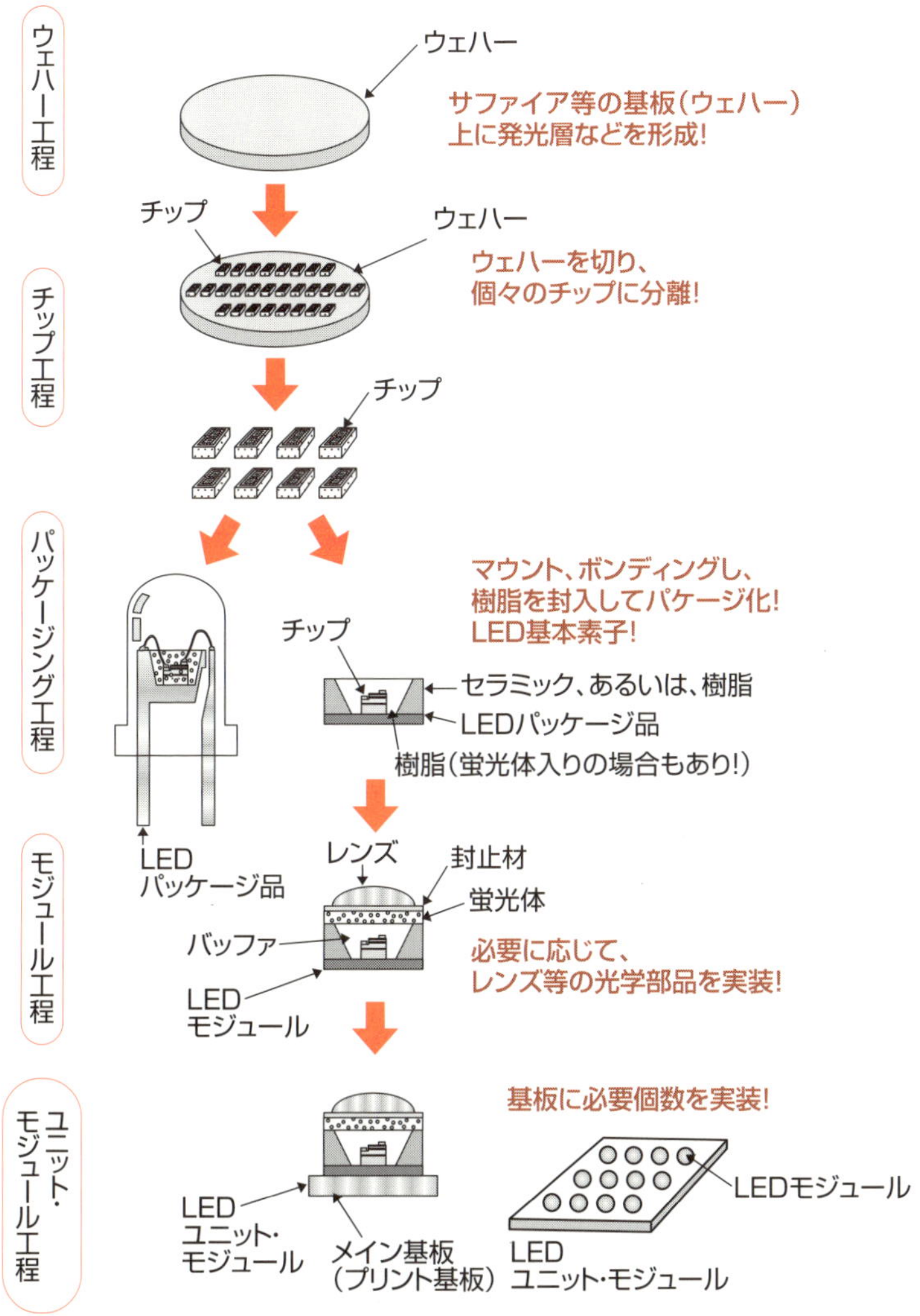

ウェハー工程
ウェハー
サファイア等の基板（ウェハー）
上に発光層などを形成!
チップ工程
チップ
ウェハー
ウェハーを切り、
個々のチップに分離!
チップ
パッケージング工程
マウント、ボンディングし、
樹脂を封入してパケージ化!
LED基本素子!
チップ
セラミック、あるいは、樹脂
LEDパッケージ品
樹脂（蛍光体入りの場合もあり!）
LED
パッケージ品
モジュール工程
レンズ
封止材
蛍光体
バッファ
必要に応じて、
レンズ等の光学部品を実装!
LED
モジュール
ユニット・モジュール工程
基板に必要個数を実装!
LEDモジュール
LED
ユニット・
モジュール
メイン基板
（プリント基板）
LED
ユニット・モジュール

用語解説

リードフレーム：インターポーザと呼ばれ、半導体素子の外囲器の中で半導体チップをマザー基板につなぐ役目をするもので銅などの金属を使ったものをはじめ、TAB（Tape Automated Bonding：テープ状の外囲器）、樹脂基板、有機基板、セラミック基板等があります!

MOCVD：Metal Organic Chemical Vapor Depositionの略で、有機金属化学気相成長法と呼ばれ、薄膜を構成する元素からなる1種、あるいは、数種の化合物ガス、単体ガスを基板上に供給して気相、または、化学反応によって所望の有機金属の薄膜を形成する方法です!

26 ウェハー工程は半導体と同じ!

LEDのウェハー工程は、サファイア基板上にLEDチップを作り込む工程で、半導体の製造工程と同じように作られます。この製造工程を大まかに見てみましょう（左図ⓐ参照）!

まず、サファイア基板の上にバッファ層を形成、その上に有機金属であるn型半導体層（n-GaN+n-AlGaN）をMOCVD（Metal Organic Chemical Vapor Deposition：18項、図ⓑ参照）を用いて成長させ（左図ⓑ①参照）、その上に発光層（MQW層、あるいは、活性層と呼ばれる）を堆積させ、さらにp型半導体層（p-AlGaN+ p-GaN）を成長させます（左図ⓑ②参照）。この上に感光剤（ポジレジスト）を塗布し、写真蝕刻技術（PEP）を用いてマスクを介して光を照射しますと（左図ⓑ③参照）、光の照射された箇所が除去され、LED素子間の分離のための溝が形成されます（左図ⓑ④参照）。次に、透明電極を蒸着し、また、PEPを用い（左図ⓑ⑤参照）、光の照射された箇所を除去し、透明電極を形成します（左図ⓑ⑥参照）。次に、全面にパッド電極（外部へ取り出す電極）を蒸着し、また、PEPを用い（左図ⓑ⑦参照）、光の照射された箇所を除去し、パッド電極（外部へ取り出す電極）を形成します（左図ⓑ⑧参照）。さらに全面に保護膜を堆積させ、また、PEPを用い（左図ⓑ⑨参照）、光の照射された箇所の一部分を除去し、保護膜を形成します。つまり、外部への電極の取り出しが可能になります（左図ⓑ⑩参照）。

このように4マスク、および、写真蝕刻技術（PEP）を用いてLEDウェハーを作り上げます。ここまでの製造工程を〝ウェハー工程（前工程）〟と呼んでいます。

このようにして出来上がった照明用LED外観を左図ⓒに示します。

要点BOX

●LEDのウェハー工程は、サファイア基板上に写真蝕刻技術（PEP）を用いてLEDチップを作り込む工程で、半導体の製造工程と同じです!

(a) LEDウェハー工程の流れ!

〈単結晶基板製造工程〉

単結晶サファイア基板製造

↓

〈LEDウェハー製造工程(前工程)〉

バッファ層形成

↓

n型半導体層成長
発光層成長
p型半導体層成長
} エピタキシャル成長(MO-CVD[1*]成長)

↓

素子分離溝形成(1st-PEP[2*])

↓

透明電極形成(2nd-PEP)
(光の取り出し方により反射電極)

↓

パッド電極形成(3rd-PEP)

↓

保護膜形成(4th-PEP)

LEDウェハー完成

〈注〉
1* MO-CVD:Metal Organic Chemical Vapor Deposition
(有機金属化学気相成長)
2* PEP:Photo Engraving Process(写真蝕刻技術)

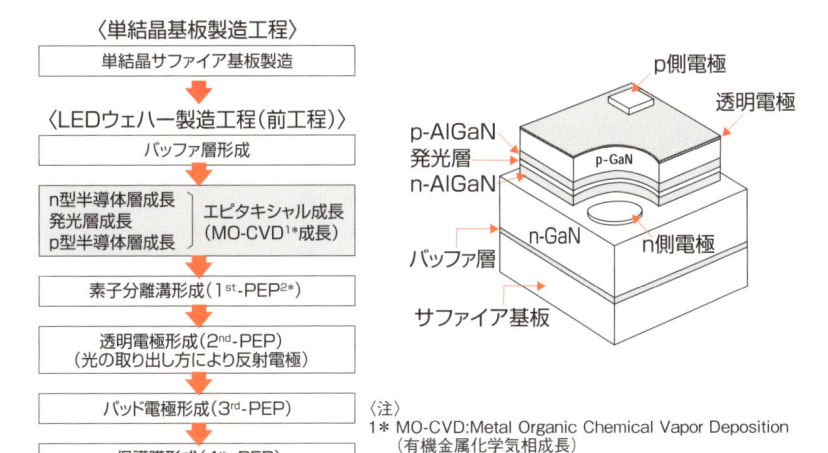

(c) 照明用LED外観

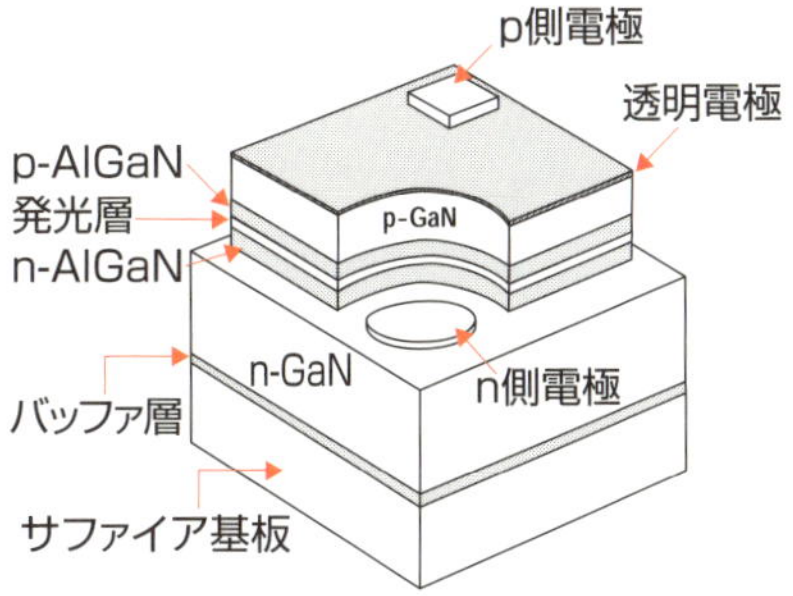

p側電極
透明電極
p-AlGaN
発光層
n-AlGaN
p-GaN
n-GaN
n側電極
バッファ層
サファイア基板

(b) LED照明ウェハー工程(前工程)

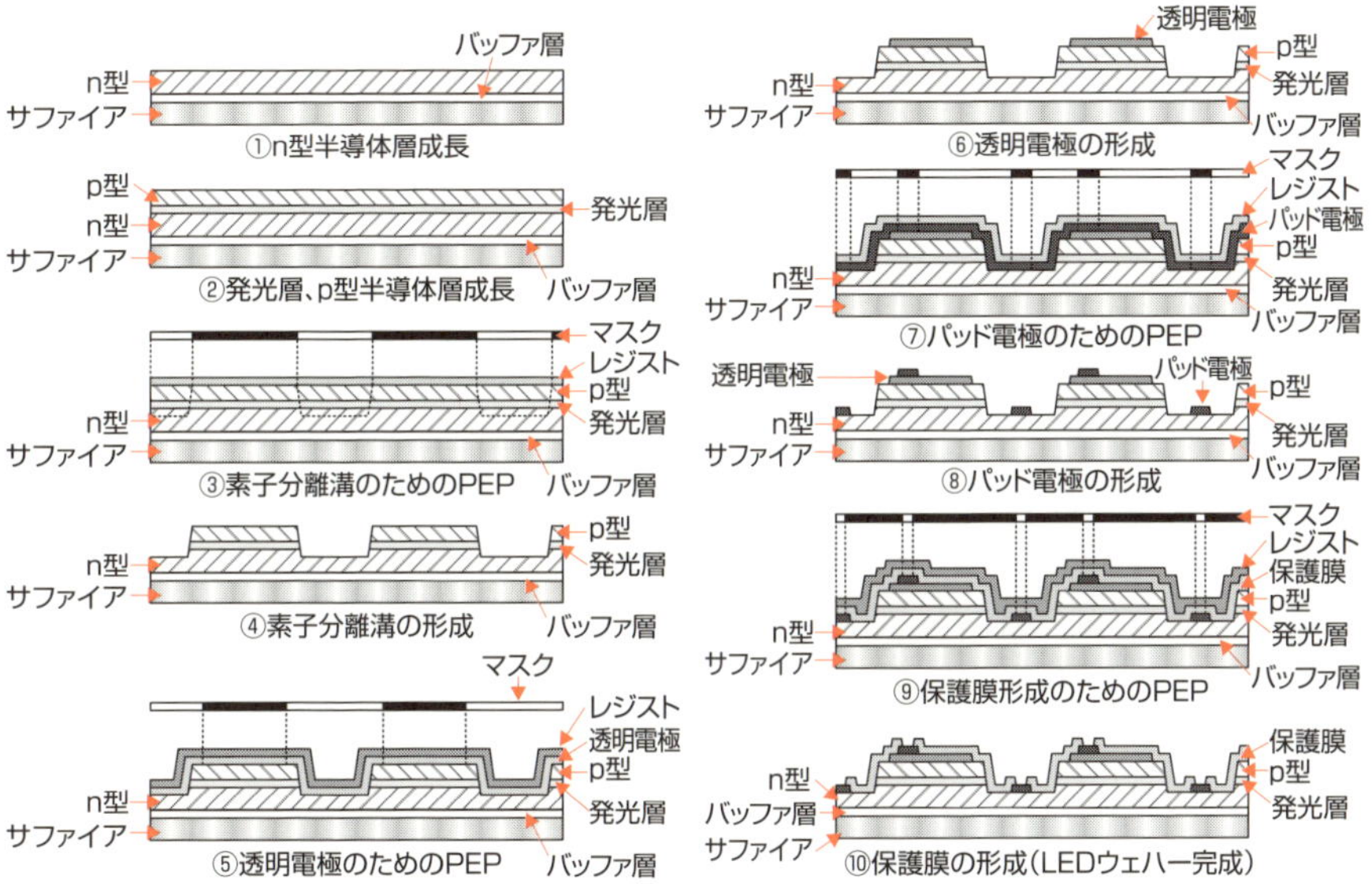

バッファ層
n型
サファイア
①n型半導体層成長
p型
n型
サファイア
発光層
②発光層、p型半導体層成長
バッファ層
マスク
レジスト
p型
n型
発光層
サファイア
③素子分離溝のためのPEP
バッファ層
p型
n型
発光層
サファイア
④素子分離溝の形成
バッファ層
マスク
レジスト
透明電極
p型
n型
発光層
サファイア
⑤透明電極のためのPEP
バッファ層
透明電極
p型
n型
発光層
サファイア
バッファ層
⑥透明電極の形成
マスク
レジスト
パッド電極
p型
n型
発光層
サファイア
バッファ層
⑦パッド電極のためのPEP
透明電極
パッド電極
p型
n型
発光層
サファイア
バッファ層
⑧パッド電極の形成
マスク
レジスト
保護膜
p型
n型
発光層
サファイア
バッファ層
⑨保護膜形成のためのPEP
保護膜
p型
n型
発光層
バッファ層
サファイア
⑩保護膜の形成(LEDウェハー完成)

用語解説

写真蝕刻技術(PEP:Photo Engraving Process):写真蝕刻技術はLEDチップの素子パターンを基板上に転写する工程で、"フォトリソグラフィ(Photo-lithography)"、あるいは、"リソグラフィ(Lithography)"と呼ばれています!

有機金属:有機金属(Organometallic)とは金属と炭素(C)との化学結合を含む化合物を指します!

27 チップ工程、モジュール工程でLED照明が出来上がる！

後工程

チップ工程（後工程）には、「チップ工程」そのものの他に、「パッケージング工程」、「モジュール工程（素子実装工程）」、「ユニット・モジュール工程」があります。では、各工程を簡単に見ていきましょう（左図ⓐ参照）！

LEDから発生する熱の放散等からウェハーの裏面を研磨します（バックグラインド）。次に、チップ（ダイ）がバラバラにならないように保護用シートを基板の裏面に貼ります（シート貼付）。その後、ダイアモンドカッタ、パルスレーザ、あるいは、ブレード（切削刃）等を用いてウェハーをチップ毎に切り離します（ダイシング）。この後、ダイシングによってできた割れ目に沿って板状の刃などを押し当ててチップを完全に分断します（ブレーキング）。ブレーキング後、ウェハーは個々のチップになります。ここで、LEDチップが0・3㎜角程度と小さいためにマウント（ダイボンディング）がしやすいようにチップ裏面に貼った保護用シートを伸ばし、チップ間を広げます（エキスパンダ：延伸機、左図ⓑ参照）。

次にチップをピックアップし、その後、合金（厚さ80～125μm程度）等で金メッキされたリードフレームなどの外囲器の骨枠に熱硬化性の銀ペースト等を用いてチップを接着し（マウント）、金ワイア等で電極を取り出します（ワイアボンディング）。その後、蛍光体を入れるためとチップ保護のために蛍光体を含む樹脂によりチップを覆いかぶせます（樹脂封止）。ここで、砲弾型の場合、レンズを兼ねた外囲器等をかぶせ、リードフレームが連続したものであれば個々に切り離し（ダイバーカット、左図ⓒ参照）、検査工程を経てLED照明が出来上がります。一方、表面実装（SMD）型の場合、トランスファーモールド（Transfer Mold）か、コンプレッションモールド（Compression Mold）を用いて一括封止を行い（モールディング）、ダイバーカットし、ヒートサイクル、エージング試験等の検査工程を経て、LED素子が完成します（LEDパッケージ品）。

要点BOX

●チップ工程（後工程）には、“チップ工程”の他に、“パッケージング工程”、“モジュール工程（素子実装工程）”、“ユニット・モジュール工程”があります！

(a)LEDチップ工程(後工程)の流れ

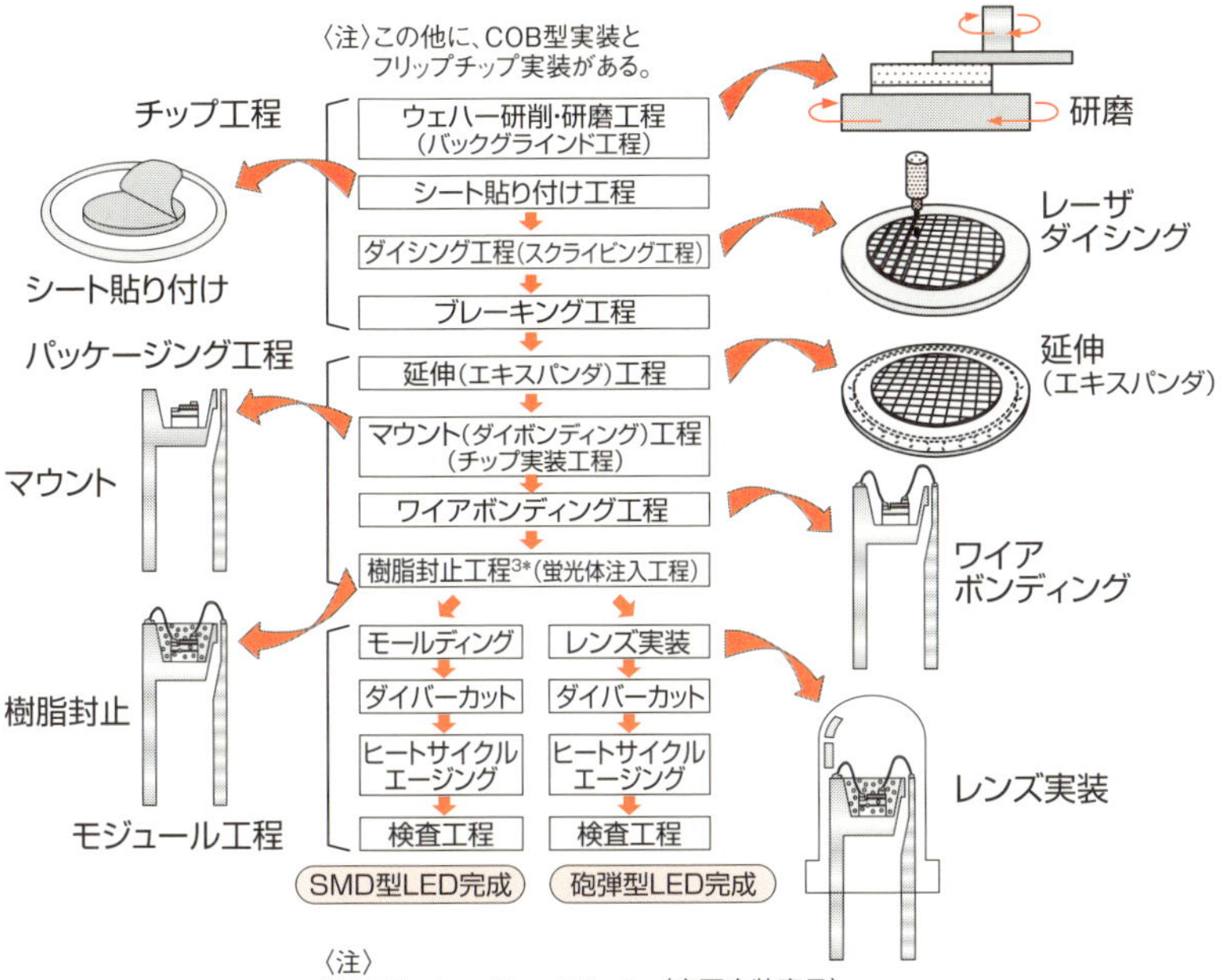
〈注〉この他に、COB型実装と
フリップチップ実装がある。
チップ工程
ウェハー研削・研磨工程
(バックグラインド工程)
シート貼り付け工程
ダイシング工程(スクライビング工程)
ブレーキング工程
研磨
レーザ
ダイシング
シート貼り付け
パッケージング工程
延伸(エキスパンダ)工程
マウント(ダイボンディング)工程
(チップ実装工程)
ワイアボンディング工程
樹脂封止工程3*(蛍光体注入工程)
延伸
(エキスパンダ)
マウント
ワイア
ボンディング
樹脂封止
モールディング
ダイバーカット
ヒートサイクル
エージング
検査工程
レンズ実装
ダイバーカット
ヒートサイクル
エージング
検査工程
モジュール工程
SMD型LED完成
砲弾型LED完成
レンズ実装

〈注〉
SMD:Surface Mount Device(表面実装素子)
COB:Chip on Board チップを外囲器に入れずに直接、
基板等に実装する実装形態

(b)自動延伸装置(エキスパンダ)

(注)装置写真は正和エンジニアリング社提供

(c)ダイバーカット

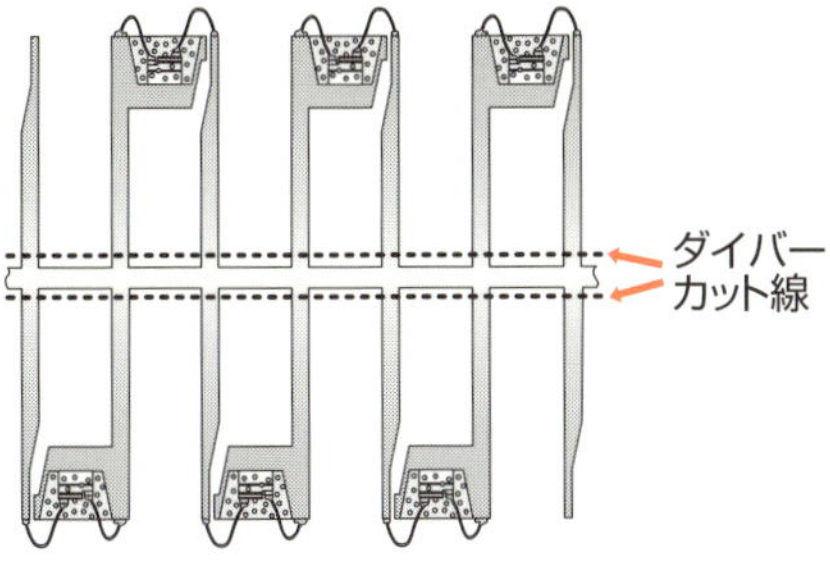
ダイバー
カット線

用語解説

ヒートサイクル試験:素子を高温・低温の環境下に繰り返しさらすことで、温度変化に対する素子の機械的・物理的特性の変化を観測する試験を指します!

エージング試験:バーインとほぼ同じ意味で使われ、素子内の材料等のなじみの向上、特性の安定化、初期不良や欠陥の検出等のために温度、電圧等を印加して一定時間動作させる試験を行うことをエージング試験と呼び、スクリーニングの一種と考えることができます!

28 何年くらいまでLED照明は光を放つの？

LED照明の寿命

LED照明は、何年くらいまで光を放つのでしょうか？

LEDは、半導体ですので半導体と同じような寿命をもっています。LEDチップメーカは、製品に応じて信頼性試験と呼ばれる加速試験を行って製品の品質や寿命年数などの保証を行っています。例えば、4年サイクルで新しくなる製品は4年間、故障しないという仮定の下に加速試験を行い、その加速試験に合格すれば、その設計開発は良いということで製品を出荷します。

では実際、LEDの寿命はどの位あるのか？ 見てみましょう！

LEDの寿命時間は、相対光度（光の強さ）が70％に低下した時の時間と定義されており、温度、湿度などの環境条件、および、駆動条件（電源条件）や蛍光体、封止材などの劣化に依存しております。常温（＋25℃）における寿命試験のデータを左図ⓐに示します。この図より相対光度（光の強さ）が70％に達する時間は実測値からの推定で約40,000時間になります。

この相対光度（光の強さ）が低下する要因としては、発光する時の熱が第一要因です。この他に、駆動方法（電源条件）に依存し、また、湿気等による電極酸化、樹脂膨張などが原因になります。ここで、周囲温度（*Ta*）の変化に対する各色LEDの相対光度（光の強さ）変化を見てみますと、赤色LEDが左図ⓑのように数倍変化しています。また、白色LEDの白色は左図ⓒのように、温度が上がりますと青味かかった白に、温度が下がりますと黄緑みかかった白になります。

このように白色LEDは、温度変化に対して色具合が変わりますのでLEDの放熱などの対策が長寿命化に重要なアイテムになります。また、LEDチップのpn接合温度は、規定値（最大接合温度）を超えますと破壊しますので注意が必要です。

要点BOX

- LEDチップは、半導体ですので半導体と同じような寿命をもちます！
- LEDの寿命時間は、相対光度（光の強さ）が70 ％に低下した時の時間と定義され、実測値からの推定で約40,000時間になります！

(a)照明用LEDの寿命時間の実測値と予測値

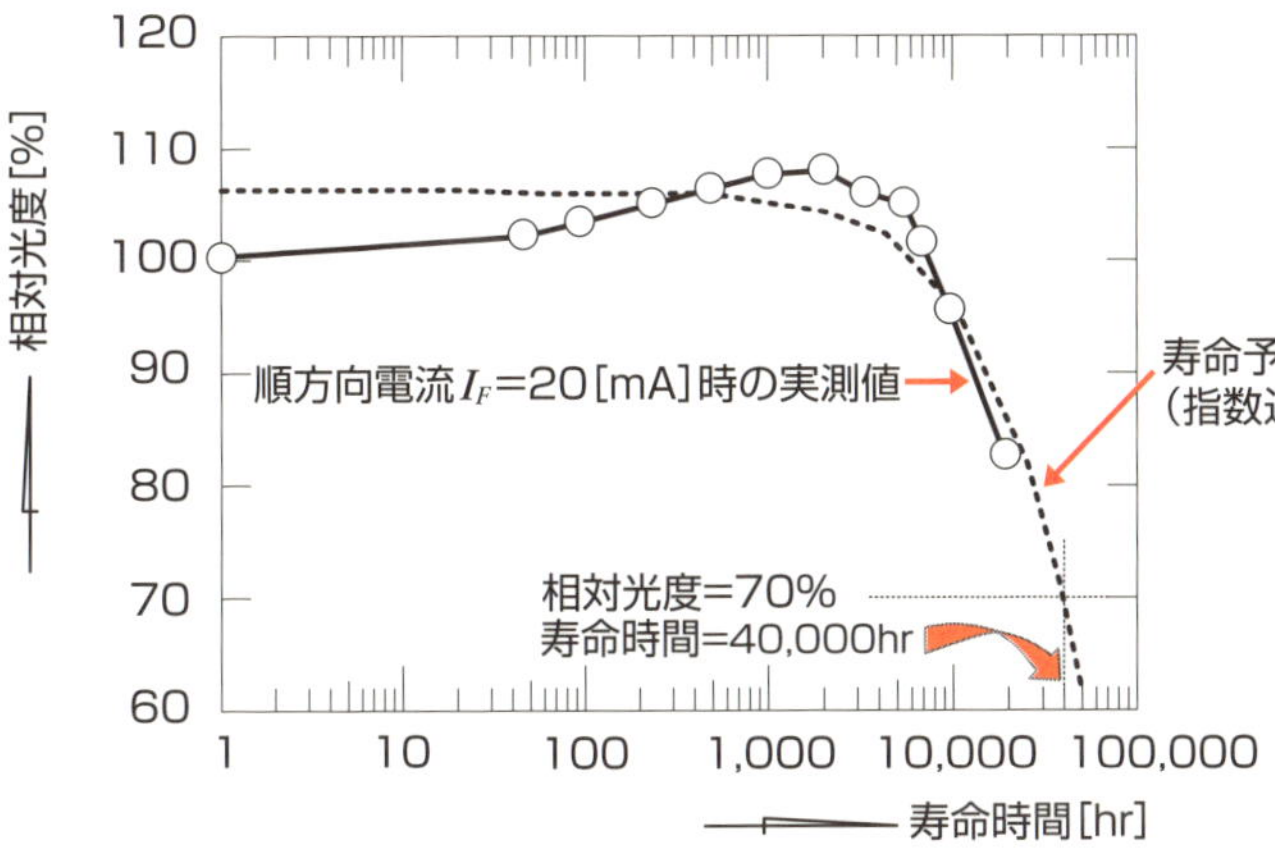

120
110
100
90
80
70
60
相対光度[%]
1
10
100
1,000
10,000
100,000
寿命時間[hr]
順方向電流I_F=20[mA]時の実測値
寿命予測曲線
(指数近似曲線)
相対光度=70%
寿命時間=40,000hr

(b)周囲温度変化による各色LEDの光度変化

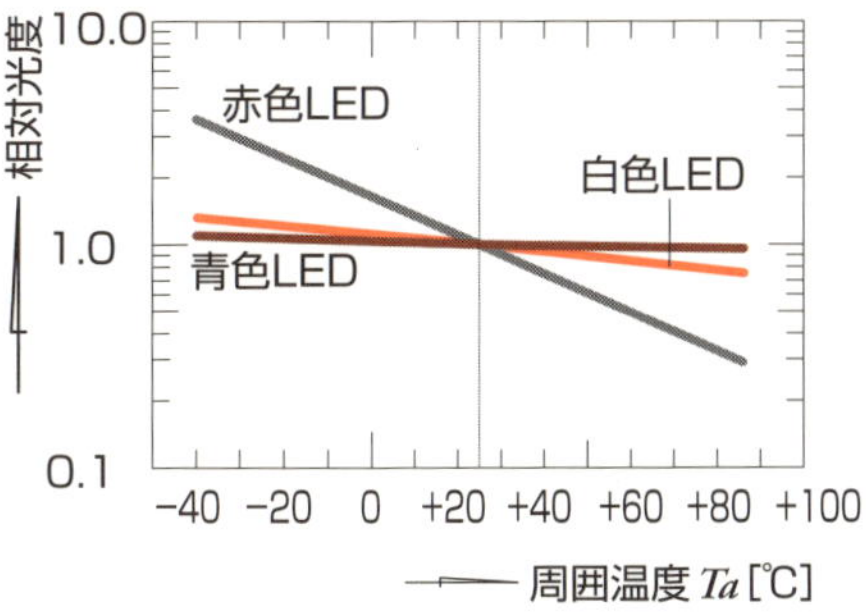

10.0
1.0
0.1
相対光度
赤色LED
白色LED
青色LED
−40
−20
0
+20
+40
+60
+80
+100
周囲温度 Ta[℃]

(c)周囲温度変化による白色LEDの色変化

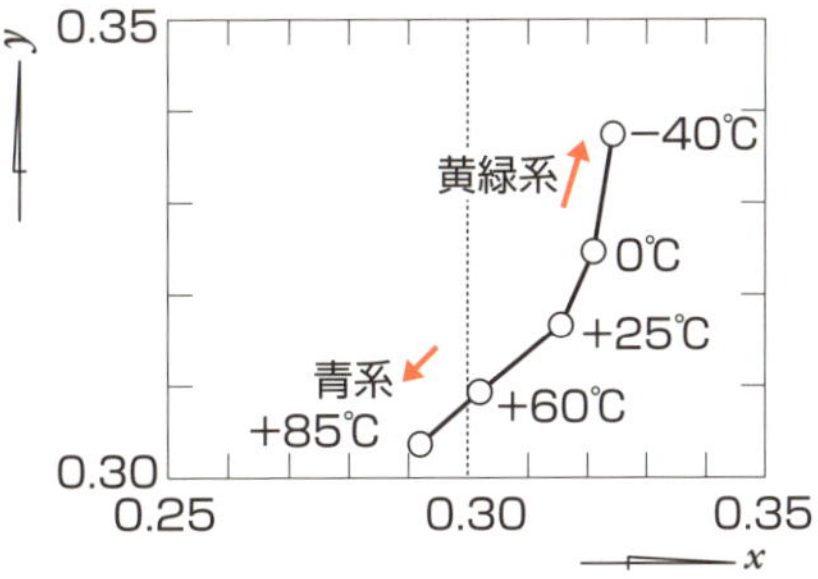

0.35
0.30
y
0.25
0.30
0.35
x
黄緑系
−40℃
0℃
+25℃
青系
+60℃
+85℃

用語解説

寿命時間の定義：液晶ディスプレイ等の表示装置の寿命時間は、輝度が50 %に達した時間と定義されております。これに対して、照明用器具の寿命時間は、相対光度（光の強さ）が70 %に低下した時の時間と定義しており、定義が異なります。今後、整合が必要になるかもしれません!

相対光度（光の強さ）と輝度：相対光度（光の強さ）は、光源からある方向にどれだけの光の量が出ているかを表すもので光の強さ（発光強度）を表し、単位は[cd]です。一方、輝度は“ある点（見る点）から、どれだけの光が見られるか?”を表します。つまり、物体に反射した光の量を指し、単位は[cd/m^2]です!

Column ❷

LEDランプを用いると年間あたり“どの位の節電になるの？”（LEDランプの経済性）

LEDランプを用いると年間、どの位の節電になるのでしょうか？

LEDランプの寿命時間は四万時間ですので、四万時間のランプ代は、LEDランプ：3,000円、白熱電球：3,200円、電球型蛍光灯：3,500円になります。これを一時間あたりのランプ代にしますと、LEDランプ：0・075￥／hr、白熱電球：0・080￥／hr、電球型蛍光灯：0・0875￥／hrとあまり変わりません。つまり、四万時間までのランプ代はあまり変わらないことになります。しかし、消費電力においてはどうなのでしょうか？

今、一日あたり5・5時間使用しますと一年間で約2,000時間使用したことになります。年間あたりの消費電力は、LEDランプ：13kWh、白熱電球：108kWh、電球型蛍光灯：26kWhとなり、LEDランプは白熱電球より約90％の節電、電球型蛍光灯より約50％の節電になります。また、電気代を22￥／kWhとして年間の電気代を算出しますと、LEDランプ：286￥／Y、白熱電球：2,376￥／Y、電球型蛍光灯：572￥／Yとなり、LEDランプを用いますと白熱電球に比べて約88％の節約、電球型蛍光灯に比べて約50％の節約になります。

なお、下表からみますと、LED電球の明るさは520ルーメンですので、若干暗い感じがしますね！

(a)○×電気量販店における電球の性能比較

	LED 電球	白熱電球
消費電力	6.5W	54W
電気代（1年）	￥286	￥2,376
寿命	約 40,000時間（10年）	約 1,000時間（0.5年）

(b)最近のランプの性能比較

項目	LED電球	白熱電球	電球型蛍光灯
発光強度（全光束）[lm]	520	780	810
定格消費電力[W]	6.5	54	13
発光効率[lm／W]	80.0	14.4	62.3
寿命時間[hr]	40,000	1,000	6,000
単価[円]	3,000	80	500
4万時間のランプ代[円]	3,000(=3,000円×1個)	3,200(=80円×40個)	3,500(=500円×7個)
1時間あたりのランプ代	0.075￥/hr	0.080￥/hr	0.0875￥/hr
1年間の消費電力[kWh]	13(=6.5W×2khr)	108(=54W×2khr)	26(=13W×2khr)
1年間の電気代[円／年]	286 (=22円/kWh×13kWh)	2,376 (=22円/kWh×108kWh)	572 (=22円/kWh×26kWh)

(注)1日あたり5.5時間使用するとして、1年間で約2,000時間（=2khr）使用すると仮定!

第3章

照明用有機EL

29 有機ELってなあーに？ その1

東日本大震災以来、「省エネルギー」、「節電」という言葉が社会的に最も重要なキーワードの一つとなってきています。本章の有機ELは、発光ダイオード（LED）と同様に自発光デバイスで新しい省エネルギーな照明用光源として注目されています。

ところで有機ELは、一部の携帯電話のディスプレイとして応用されている技術ですが、ディスプレイとしては主流ではなく、ほとんどの消費者の方は「ディスプレイは液晶」と思っているようです。大手メーカより有機ELテレビが発売されたこともありましたが、高額であること、先行技術の液晶テレビとの差別化、つまり、性能や機能の決定的な優位性が乏しいために液晶を超えてディスプレイの世界で主流になり難い状況です。

しかしながら、有機ELディスプレイは自発光デバイスであるため、液晶ディスプレイに使われているバックライトが不要ですので、液晶ディスプレイに比べて明るい場所における視認性が良い、薄くすることが容易である等の特徴を持つディスプレイです。近い将来、超薄型やフレキシブルなディスプレイの技術として応用が期待されます。

ところで、有機ELはLEDと発光原理が似ているために低消費電力の光源としての期待があります。現在、国内外で製造装置などの関連技術も含め、有機ELを応用した照明の開発が進められています。

LEDと比較した場合、LEDは異方性が強い光源で発光が一方向に鋭く強い光ですが、有機ELの発光は等方性で広く照らすことができる光です。また、LEDは点で発光しますが、有機ELは面で発光するために広い発光面積の光源にすることができます。

このように両光源は、それぞれ独自の特徴がありますので将来は、白熱電球や蛍光灯の置き換わりになり、場所や用途に応じてどちらかを選択することが可能になるでしょう。

要点BOX

- 有機ELは、LEDと同様に自ら光を発する自発光デバイスです！
- 有機ELは面発光の素子ですので、薄い面光源として期待されます。

各光源の発光の違い

☆電球や蛍光灯の光はいろいろな方向に
放出されます（等方性）！

（a）電球の光

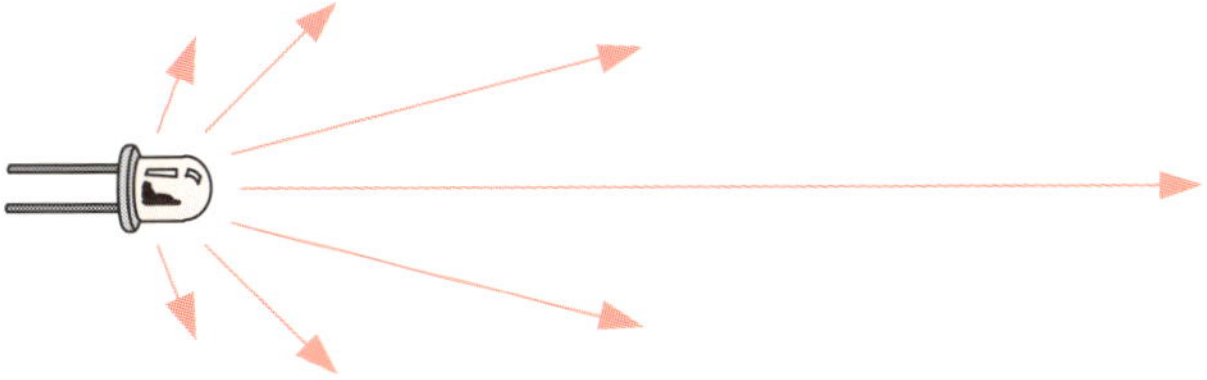

☆LEDは一方向に鋭く光を放出します（異方性）！
☆ 点で発光します（点発光）！

（b）LEDの光

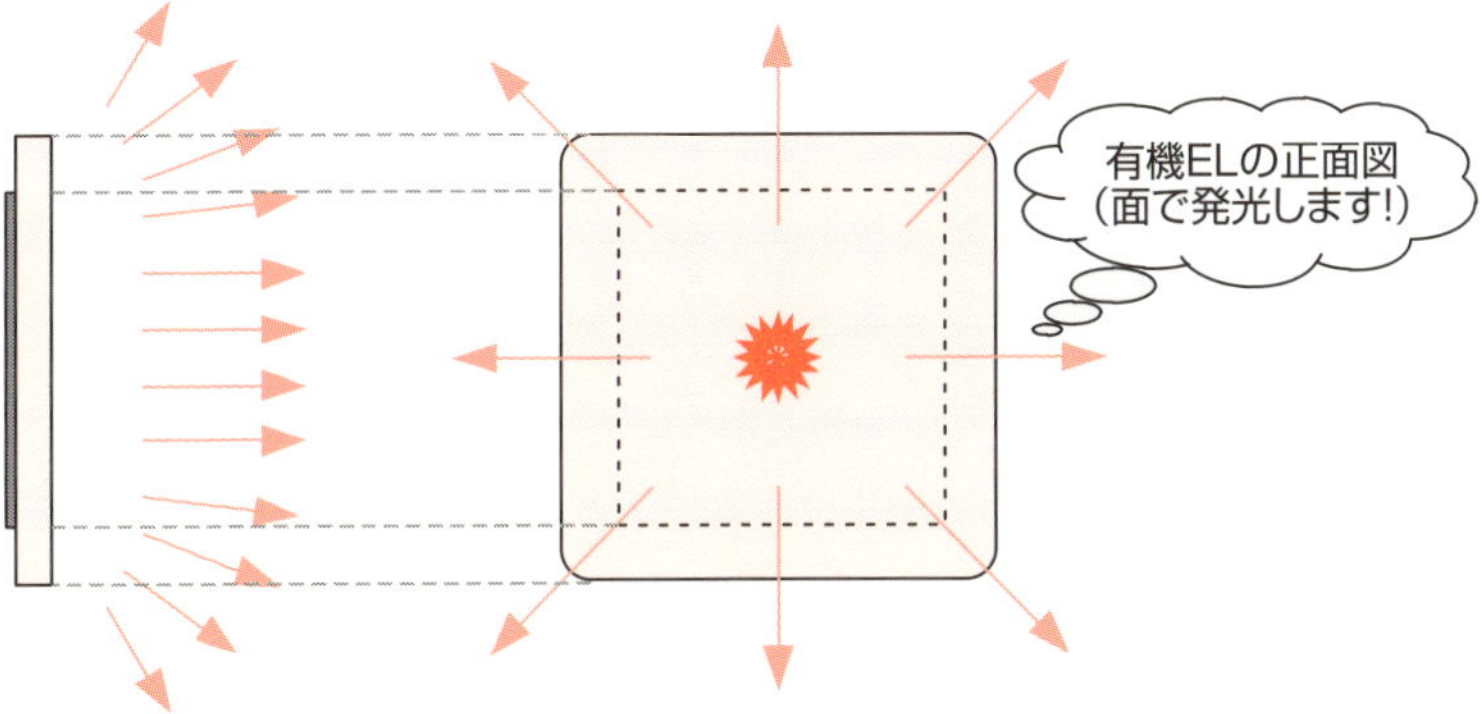
有機ELの正面図
（面で発光します！）

☆有機ELの光は、いろいろな方向に光を放出します（等方性）！
☆有機EL照明は、面で発光します（面発光）！
☆有機EL照明の素子は、薄い板状の形をしています！

（c）有機ELの光

用語解説

●有機EL：有機物からなり、電気のエネルギーを物質に与えた時に発生する光を利用した発光素子を指します。ここで、ELはElectro Luminescence（ルミネッセンス）の略称です！
●LED：Light Emitting Diodeの略で、無機物からなる半導体の一つで、発光ダイオードのことです！

30 有機ELってなあーに？ その2

EL現象と歴史

ELは、エレクトロルミネッセンス（Electro Luminescence:EL）という言葉の略称です。ELは、電気のエネルギーを物質に与えた時に出てくる光やその現象を指します。従いまして、ELは、電気のエネルギーを与えた時に出てくる光、あるいは、その発光現象になります。余談ですが、光が当たって光る場合（反射ではなくてあくまで発光）は、フォトルミネッセンス（Photo Luminescence）と呼ばれ、略称はPLになります。今日では、ELの性質をもつ有機化合物を応用した発光デバイス、ディスプレイ装置、照明装置を有機ELと呼んでいます。

歴史的には、1960年代の研究で、アントラセンの結晶に電気エネルギーを与えた時、微弱な発光が観察されたのが有機ELの始まりとされています。このようにかなり古くから有機ELは知られていましたが、実用的な視点ではほとんど着目されていませんでした。実用を目指した本格的な研究や技術開発が始まったのは、1987年、コダック社によって積層構造の有機ELが発表されてからです。緑色の光を出すアルミキノリノール錯体（Alq_3）という有機材料を発光材料として使用し、10V以下の電圧でも輝度が1,000カンデラ（cd/m^2）以上の明るいもので衝撃的な発光素子でした。これは、透明電極付きのガラス基板にTAPC（芳香族アミンの1つ）と呼ばれる有機材料とアルミキノリノール錯体（Alq_3）、電極用のマグネシウムと銀の合金を順番に真空蒸着法で積層し、作製された素子でした。この報告は一躍脚光を浴び、この年より世界中で有機ELの研究・開発が活発化しました。

その後、1990年にはケンブリッジ大学のグループが導電性をもつPPV（p-phenylenevinylene）といわれる高分子材料を用いた有機ELを初めて報告しています。

要点BOX

●有機ELは、1960年代の研究から始まり、1987年コダック社により積層構造の1,000 cd/m^2の輝度をもつ有機ELが学会発表され世界中で有機ELの研究・開発が活発化しました!

基本的な有機EL素子

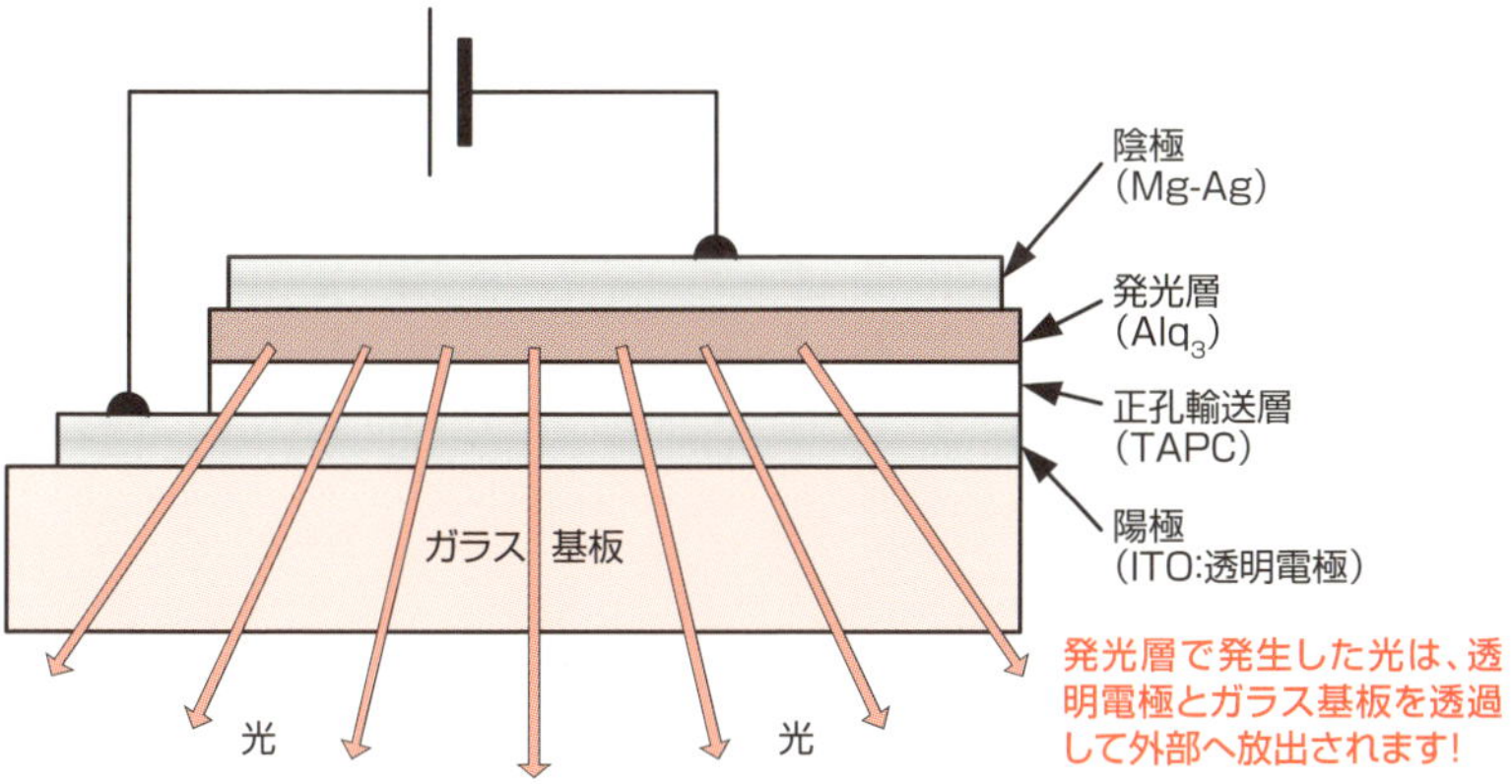
陰極
(Mg-Ag)
発光層
(Alq$_3$)
正孔輸送層
(TAPC)
陽極
(ITO:透明電極)
ガラス 基板
光
光
発光層で発生した光は、透明電極とガラス基板を透過して外部へ放出されます!

(a)コダック社のC.W.Tangらにより世界で初めて製作された有機EL素子の構造

(b)有機EL素子の発光の様子

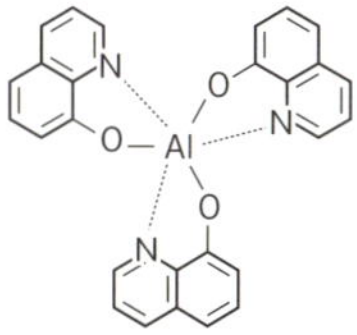
N
O
Al
O
N
O
N

発光層:Alq$_3$

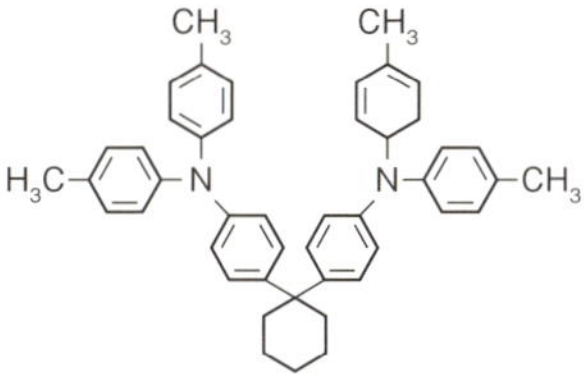
CH$_3$
CH$_3$
H$_3$C
N
N
CH$_3$

正孔輸送層:TAPC

(c)代表的な有機EL材料の化学構造

用語解説

●真空蒸着法:成膜する材料を真空中で加熱して蒸発させ、目的物の表面にその材料を数百nmの厚さで均一に積層させる製造方法のことです!

31 有機ＥＬにはどんな種類があるの？

低分子と高分子

有機ＥＬを使用する材料で分類しますと、「低分子有機ＥＬ」と「高分子有機ＥＬ」があります。１９８７年にコダック社が報告したものは低分子有機ＥＬで、１９９０年に報告されたケンブリッジ大学のものは高分子有機ＥＬになります。

低分子と高分子では分子量が違いますので取り扱い方が異なり、有機ＥＬ素子の製造方法が全く異なってきます。前者の低分子有機ＥＬは、真空蒸着法により製造されます。つまり、あらかじめ表面に透明電極をスパッタリング法により成膜したガラス基板の上に有機ＥＬ材と電極材を順番に蒸着法によって成膜していきます。この真空蒸着法による製造は、多額の経費が必要な真空装置を使用することが難点ですが、逆に、真空中であるために表面が汚染され難く、積層構造の界面を清浄に作れることや膜厚の管理が比較的容易な製造方法です。

一方、後者の高分子有機ＥＬは一般的に塗布法で製造されます。この塗布法では、材料を透明電極付き基板にスピンコート法等により材料を塗布していく方法で、高価な真空装置が必要ないのでコスト的に有利とされていますが、膜厚の調整・管理等には蒸着法と比較して技術や技能が必要になります。また、有機ＥＬ材料は、低分子も高分子も水と酸素をきわめて嫌う材料のために大気（酸素、水分）にさらされるとすぐに劣化してしまいます。従いまして、塗布法で高分子材を成膜する場合、水分量と酸素量が管理された不活性ガスに満たされた容器やグローブボックス内で成膜をする必要があります。材料の塗布法はスピンコート法の他、インクジェット法、スリットコート法等があります。

ここでは、低分子と高分子で分類しましたが、「蒸着型有機ＥＬ」、「塗布型有機ＥＬ」という分け方もあり、その方がわかりやすいかもしれません。

要点BOX

- ●有機ELには、低分子有機ELと高分子有機ELがあります！
- ●低分子有機ELは真空蒸着法により製造され、高分子有機ELは一般的に塗布法で製造されます！

低分子有機ELと高分子有機EL

蒸着法による成膜

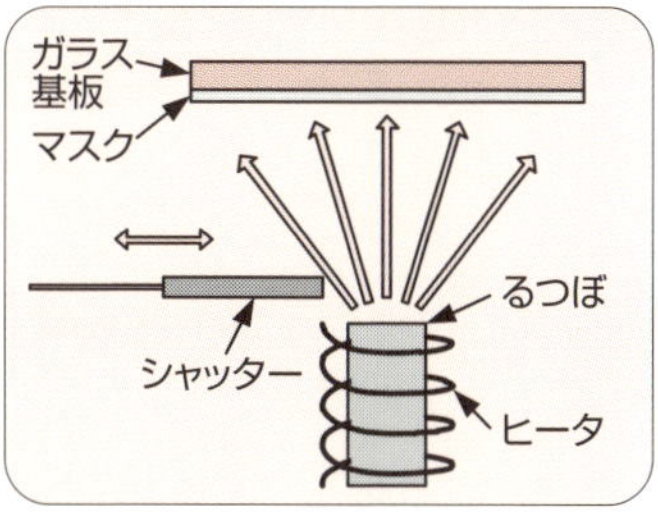

●るつぼに入れた材料をヒータで加熱し、蒸発させます。
●蒸発した材料は、基板の表面に付着し、膜になります。

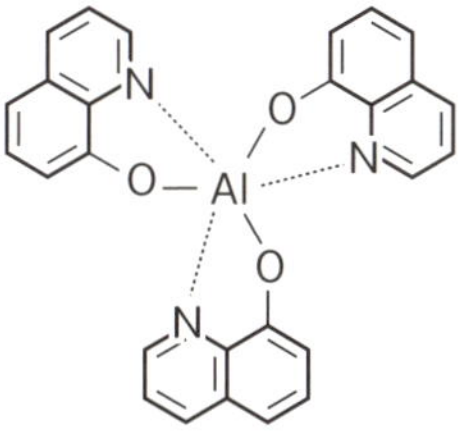

低分子材料:Alq_3
(トリス(8-ヒドロキシキノリノラト)アルミニウム)

(a)蒸着法と低分子材の一例

スピンコート法による成膜

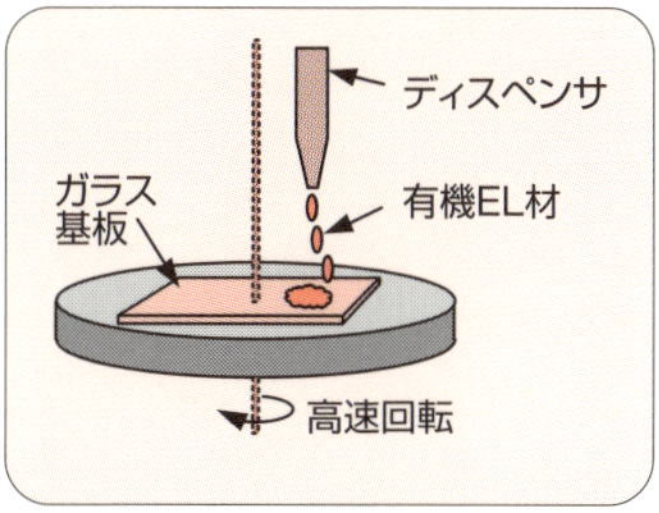

●溶剤に溶かした材料を高速スピンで塗布し、成膜します。

スリットコート法による成膜

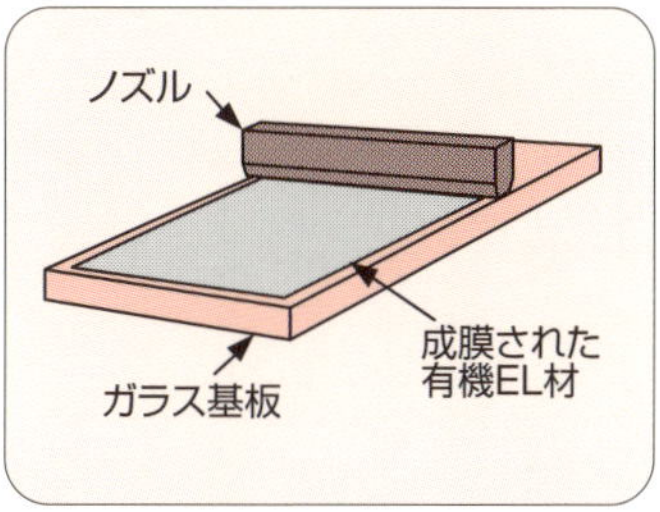

●ノズルから溶剤に溶かした材料を吐き出し、ガラス面上に薄く成膜します。

インクジェット法による成膜

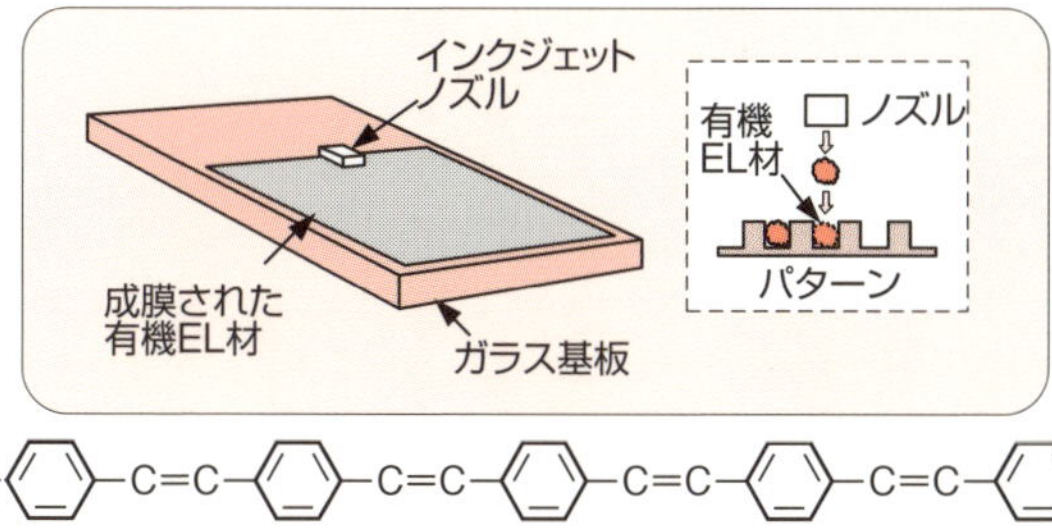

●溶剤に溶かした材料を弾丸のように決められたパターンの中に精度よく着弾させ、成膜します(ディスプレイ用)。

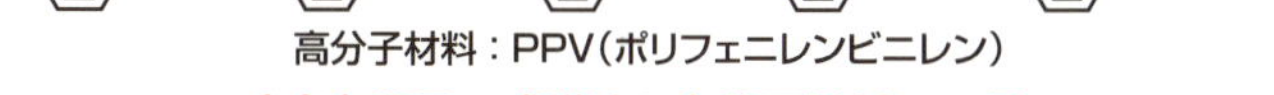

高分子材料:PPV(ポリフェニレンビニレン)

(b)高分子の成膜法と高分子材料の一例

用語解説

●**低分子、高分子**:大まかに低分子は分子量1,000以下、高分子は分子量10,000以上とされています!
●**グローブボックス**:空気(主に酸素、水分)に敏感な素材を加工する際、アルゴンガスなどの不活性ガスで満たされた作業用の箱を"グローブボックス"と呼びます!

32 照明用有機ELを作るのはどれくらい難しいの？

有機ELの技術進化

有機ELディスプレイのパネルは、薄膜トランジスタをガラス基板上に形成し、その上に有機EL層を成膜した構造です。これは、かなり複雑で技術的にも難しいものですが、日本では十年以上前、この高度な技術を確立しています。残念ながら、製造コストが高く、液晶パネルの市場に対抗できないために各メーカは撤退しました。

一方、照明用有機ELは、画素やその制御が必要ないのにもかかわらず技術がなかなか立ち上がりませんでした。その理由として、ディスプレイでは輝度が500～1,000カンデラ(cd/m^2)あれば十分でしたが、照明では輝度が最低でも5,000～10,000カンデラ(cd/m^2)必要なために照明用有機ELが立ち上がらなかったのです。

明るいものが必要であれば電圧を上げてエネルギーをたくさん供給すれば良いと考えられますが、有機ELの場合、発光する材料が有機物であるために高い電圧をかけて電流を多く流しますと発熱し、劣化が極めて早く進行して壊れるために有機ELに与える電気エネルギーに限界がありました。

この難題を解決する方法としては、①高い電圧、電流をかけても壊れなく、輝度が得られる構造を開発すること。②高い電圧、電流をかける必要がない材料を開発すること。つまり、発光効率の高い材料を開発して適用すること等が挙げられます。

①の代表的な技術としては、多層の発光層をもつマルチフォトン型有機EL素子があります(35項参照)。多層構造ですので結果的に高電圧の駆動ですが、高輝度が得られます。②の代表的な技術としては、燐光材料の適用になります。2011年、国内の企業より燐光材料(41項参照)を使用し、45ルーメン/ワット(lm/W)以上の照明用有機ELが発表されました。この有機ELは、蛍光灯の発光効率に近づいた明るさで実用に近い光源といわれています。

要点BOX

●有機ELは、照明用光源として5,000～10,000cd/m^2の輝度を得るには、ディスプレイとは異なる特別な技術が必要です。

有機ELディスプレイと有機EL照明

☆有機ELディスプレイの製品化に必要な要素技術はきわめて多く、かなり難しい!
☆LCD技術の経験を応用して、ディスプレイの製品化は照明より早期に実現しました!
☆輝度：500〜1,000 cd/m^2

静止画や動画を美しく
映し出す必要がある

☆有機ELディスプレイの製品化に必要な要素技術(キーワード)

- 有機EL材料
- 透明電極
- 金属電極
- 画素パターニング
- 封止
- 輝度
- 画面サイズ
- 精細度
- 薄膜トランジスタ(TFT)
- 電源回路
- ドライバIC
- 駆動回路
  - 動画
  - コントラスト
  - 階調
  - 色再現性
  - 輝度
- 寿命(信頼性)
- その他　光学フィルター等

(a)有機ELディスプレイ

☆照明の製品化に必要な要素技術は、ディスプレイと比較してかなり少なく、一見、技術的に簡単!
☆高輝度が重要で、素子の基本特性の向上が必要であるために、技術的に極めて難しく、ディスプレイより製品化が遅くなりました!
☆ 輝度：ディスプレイの10倍以上

光らせるだけである

☆有機EL照明の製品化に必要な要素技術(キーワード)

- 有機EL材料
- 透明電極
- 金属電極
- 封止
- 輝度(高効率化、高輝度化)
- 発光面のサイズ
- 電源回路
- 輝度
- 光取り出し
- 寿命(信頼性)等

有機EL照明は光るだけなのに
なぜ難しい技術なのだろう?
→高輝度が必要!!

(b)有機EL照明(有機EL照明は高輝度化がキーポイント)

用語解説

●輝度：光源の単位面積あたりの明るさ(cd/m^2)をいいます!
●薄膜トランジスタ：主に液晶ディスプレイに応用されるトランジスタです。トランジスタの半導体層は、アモルファスシリコン、あるいは多結晶シリコンの薄膜が使用されます!

33 有機ELの構造はどうなっているの？

積層構造の考え方

有機ELの最も簡単な構造は、ガラス基板上に光を透過させるための透明電極（陽極）、発光層（発光材料）、光の反射板も兼ねている金属電極（陰極）からなるもので、〝単層構造〟と呼ばれ基本的な構造のものです。

有機EL素子に電圧を加えますと、電流が流れて発光します。この発光メカニズムは、素子のマイナス電極から電子が、プラス電極から正孔が素子に注入され、注入された電子と正孔が発光層に移動し、発光層内で電子と正孔が出会い発光するのです（42項参照）。この基本的な考え方を踏まえて、有機ELを光らせるために、あるいは、発光効率の向上のために層構造が工夫されています。

単層構造に正孔輸送層を加えた構造があり、これを〝二層構造〟と呼んでいます。コダック社により報告された有機EL素子は、この二層構造の素子でした。この二層構造で特別な役割をしているのが正孔輸送層です。この正孔輸送層は、発光層に正孔を効率よく移動させるための層であり、また、電子が発光層内になるべく留まるように電子をブロックする役割を担っています。この場合、発光層と正孔輸送層との界面近傍においては、電子と正孔の再結合の確率が高まることになり、明るく光るようになります。

同じような理屈で電子輸送層をさらに設けて、電子の輸送性と正孔のブロック能力を高めた〝三層構造〟があります。

電子の注入をよくするという考え方で電子注入層を設けることが多くあり、これを〝四層構造〟と呼んでいます。さらに、四層構造に正孔注入層を加えて〝五層構造〟も提案されています。

これらの構造は、電荷の注入をよくし、発光層へ効果的に電荷を導き、発光層内における電子と正孔の再結合の確率を高めて明るく発光させようとする考え方が基本になっています。

要点BOX

●有機ELの構造は、電子と正孔を発光層の中に効果的に送り込み、再結合の確率を高めて明るく光らせることを目的として工夫・設計されます。

有機ELの素子構造一例

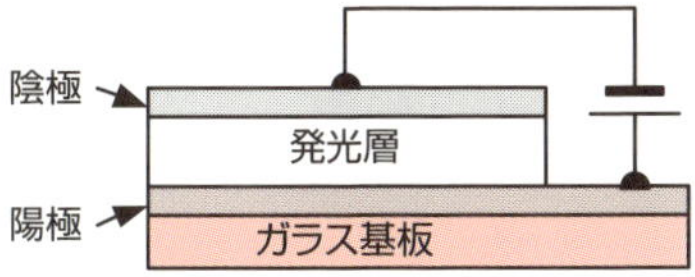

陰極
発光層
陽極
ガラス基板

(i)単層構造

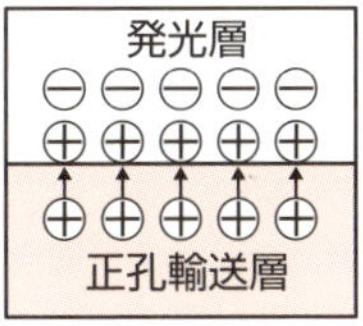

発光層
正孔輸送層

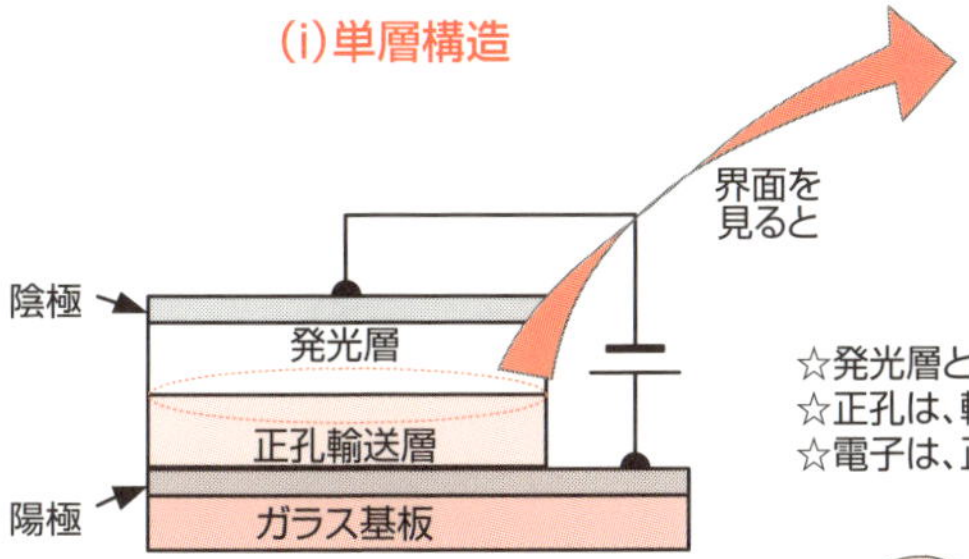

界面を
見ると
陰極
発光層
正孔輸送層
陽極
ガラス基板

(ii)二層構造

☆発光層と正孔輸送層との界面近傍で光ります。
☆正孔は、輸送層によって効率よく運ばれます。
☆電子は、正孔輸送層によってブロックされます。

有機ELって、
いろいろな形が
あるのね!

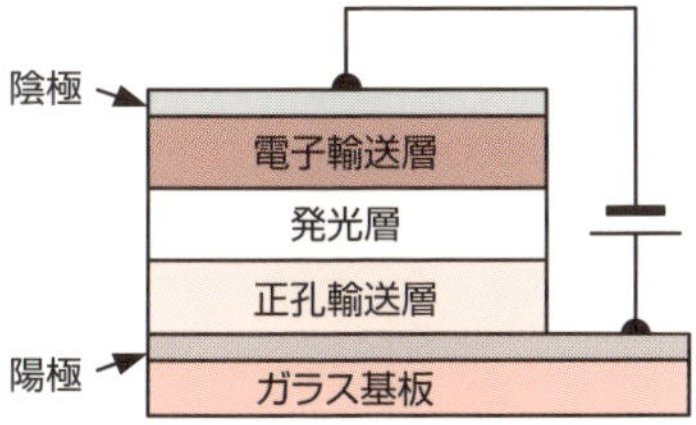

陰極
電子輸送層
発光層
正孔輸送層
陽極
ガラス基板

(iii)三層構造

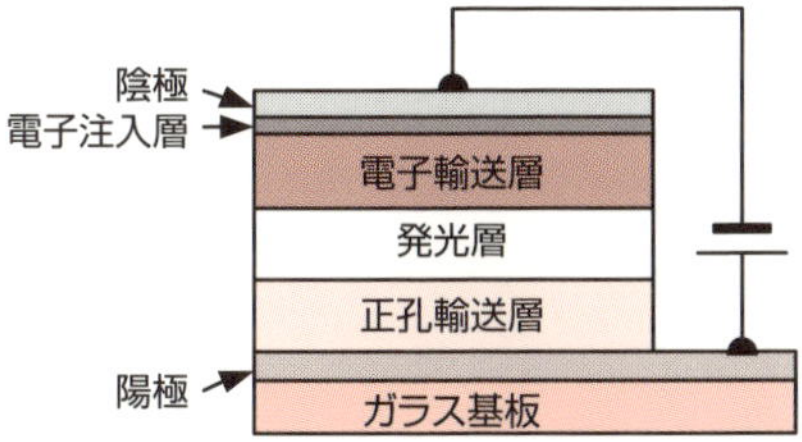

陰極
電子注入層
電子輸送層
発光層
正孔輸送層
陽極
ガラス基板

(iv)四層構造

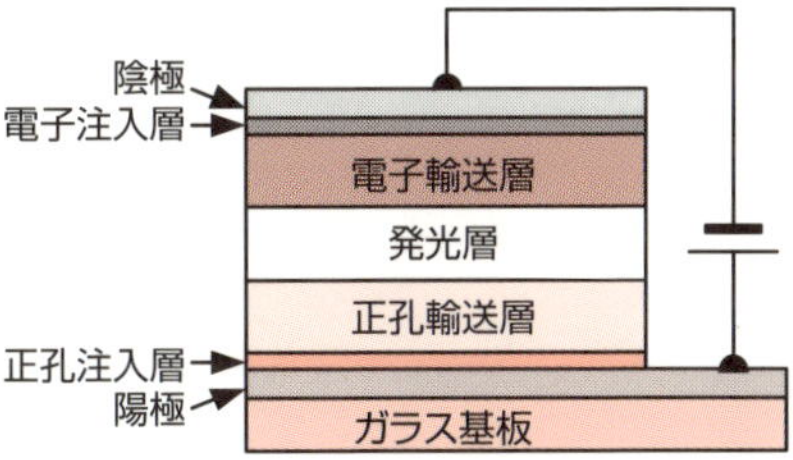

陰極
電子注入層
電子輸送層
発光層
正孔輸送層
正孔注入層
陽極
ガラス基板

(v)五層構造

用語解説

●電子：導電体中で負の電荷をもつ電荷の運び手の役割をします!
●正孔：導電体中で正の電荷をもつ電荷の運び手の役割をします。 電子の抜けた穴と考えることもできます!
●再結合：電子と正孔が結合することを“再結合”と呼びます!

34 白色の有機ELってなあーに？

かつて有機ELは、研究室で緑や赤といった単色を発光させることで精一杯の時代がありました。しかし、1993年に山形大学の城戸淳二教授らによって世界で初めて有機ELの白色発光が実現しました。それは、赤、緑、青の蛍光材料を混ぜた有機ELによる発光でした。この白色発光の有機ELの実現により白色有機ELの実用化を目指した研究開発が企業を中心に始まりました。白色有機ELが最初に製品化されたのは有機ELディスプレイでした。画素を白色発光させ色をカラーフィルタによって再現するというタイプのものでした。またさらに液晶用バックライトに応用する研究開発が展開され、液晶用バックライトとしては実用化には至りませんでしたが、その後省エネルギーの照明用光源として製品開発が進められています。

白色有機ELは、基本的には赤、緑、青の三原色の発光材料を組み合わせて製作するのが基本的な考え方です。また、黄と青の補色の関係を利用して二色の組み合わせによって白色を得る方法もあります。ただし、照明用の光源を考えた場合、検査装置用の光源などの特殊用途は別にして、白色の一般照明用途を考えた場合には演色性の良い光源である必要があります。したがって、演色性を高めるために赤、緑、青の三原色に加えて黄を加えて四原色とする場合もあります。

製造方法としては、低分子の場合、真空蒸着法で三色を順番に積層していく方法が最も簡単です。高分子の場合、スピンコートで成膜するわけですが、積層する際に界面のコントロールが難しいという難点があります。一つの解決策としては三色の材料を混合し、スピンコート法やスプレー法で塗布するという方法も実験室レベルで検討されています。

また、色を種層する方法として、マルチフォトン型と呼ばれる素子が、照明用有機ELとして製品化されています（35項参照）。

要点BOX

●白色有機ELは、基本的には赤、緑、青色の三原色の発光材を組み合わせて製作しますが、黄と青色の補色の関係を利用し、この二色の組み合わせによって白色を得る方法もあります！

白色有機ELの作り方

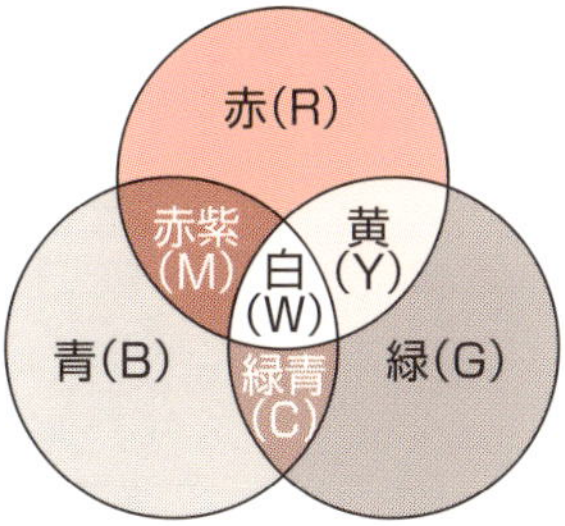

白(W)=赤(R)+緑(G)+青(B)
白(W)=青(B)+黄(Y)
白(W)=赤(R)+緑青(C)
白(W)=緑(G)+赤紫(M)

白色有機ELを作るには、
①赤、緑、青の三原色の混色法、
②補色の関係を用いる方法があります!

(a)白色有機ELを作る方法

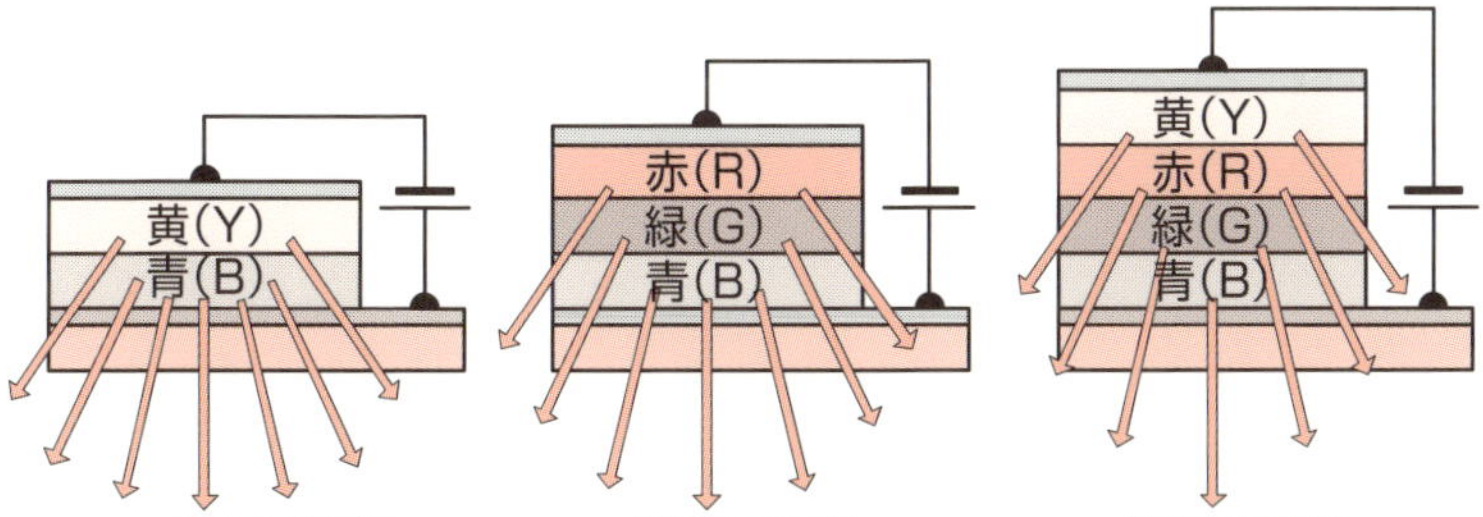

(i)二層構造　(ii)三層構造　(iii)四層構造

☆色の層を重ねて白色の発光を得る方法が有機ELの主流になっています!
☆色の層を重ねる順番は任意で、使用する材料の発光効率のバランスを考えて設計されます!

(b)色の層を重ねて作る方法

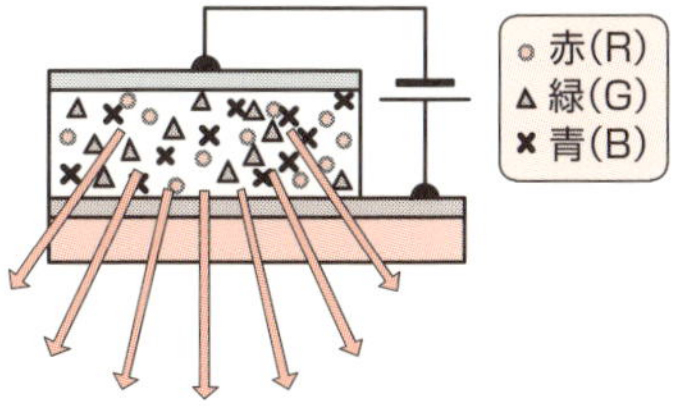

☆製造工程が簡単でコスト的に有利ですが、混ぜ方に技術的な検討が必要で、今後期待される方法です!

(c)材料を混ぜて作る方法

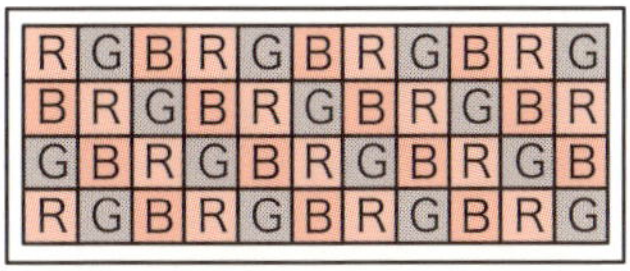

☆ディスプレイの画素を作り込む工程と同じですが、工程が増加することによってコスト増の問題があります!

(d)色を並べて作る方法

用語解説

●演色性：照明器具で物体を照らした時、その物体の色が太陽の光で照らした時に認識される色に近いほど、演色性が良いと表現されます!

35 マルチフォトン型有機ELってなあーに？

多層積層型有機EL

発光層を何層も積層した有機EL素子の一つとしてマルチフォトン型有機ELと呼ばれるものがあります。この有機EL素子は照明用途を目指して山形大学と企業との共同研究で生まれた素子です。

一般の有機EL素子の輝度は、高くても数百カンデラ（cd/m^2）で、電圧を上げて輝度を上げようとしますと破壊に至ることがあります。明るさを得るには多数の素子を点灯すればよいのですが、素子自体の輝度が上がっているわけではありません。そこで考えられたのが、複数の素子（発光層）を縦に積み重ねる技術でした。この積み重ねられた素子は、複数個の発光層が光りますので、多数の素子を点灯したのと同じように明るくなり、素子として輝度が上がります。つまり、n個の層を積めばn倍の輝度が得られることになり、高輝度の有機EL素子になります。このように複数個の層（発光層）を積み上げた構造の素子を〝マルチフォトン型有機EL素子〟と呼んでいます。照明用有機ELでは極めて重要な技術です。

マルチフォトン型は、多層構造により電流効率がよいという特徴をもっています。つまり、発光層が一層の素子と同じ電流量で多数の発光層を光らせることが可能なために輝度が高い素子を構成することができます。つまり、多層にすることによって少ない電流量でも明るく発光し、電流効率が高くなると同時に電圧で輝度を制御し易くなるという大きなメリットがあります。この特徴を利用して、例えば、発光層の一層分の駆動電圧を5Vと仮定した場合、20層の素子では、その駆動電圧が100Vになり、理論的には日本の家庭用の電源にそのまま適用できることになります。また、各層の発光色を変えることによって演色性を高めることが可能になります。さらに、多層構造をもつために異物等による層間ショートの問題に対する耐性が強くなり、信頼性が向上する利点があります。

要点BOX

- マルチフォトン型有機ELは、発光層を何層も積層した素子です！
- マルチフォトン型有機ELは、多層構造により電流効率がよく、高輝度が得られる光源です！

マルチフォトン型により明るい有機ELを得る

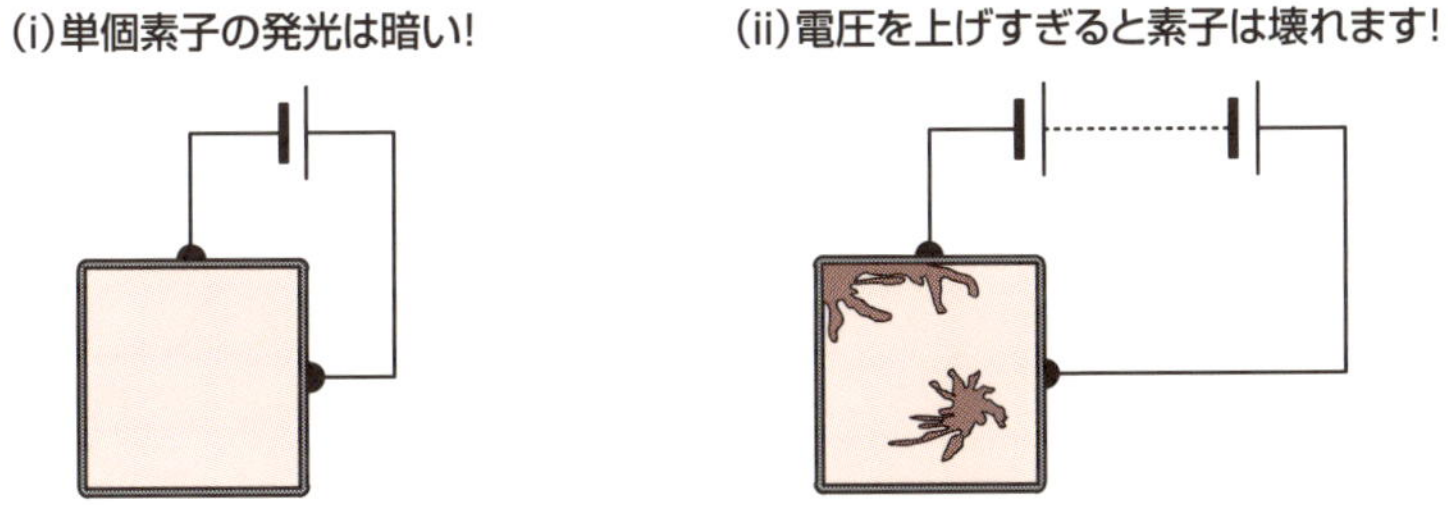
(i)単個素子の発光は暗い!
(ii)電圧を上げすぎると素子は壊れます!

☆有機EL素子一個では数百カンデラと暗くなります。
☆明るくするために電圧を上げますと素子の劣化につながります。

(a)明るさと加える電圧との関係

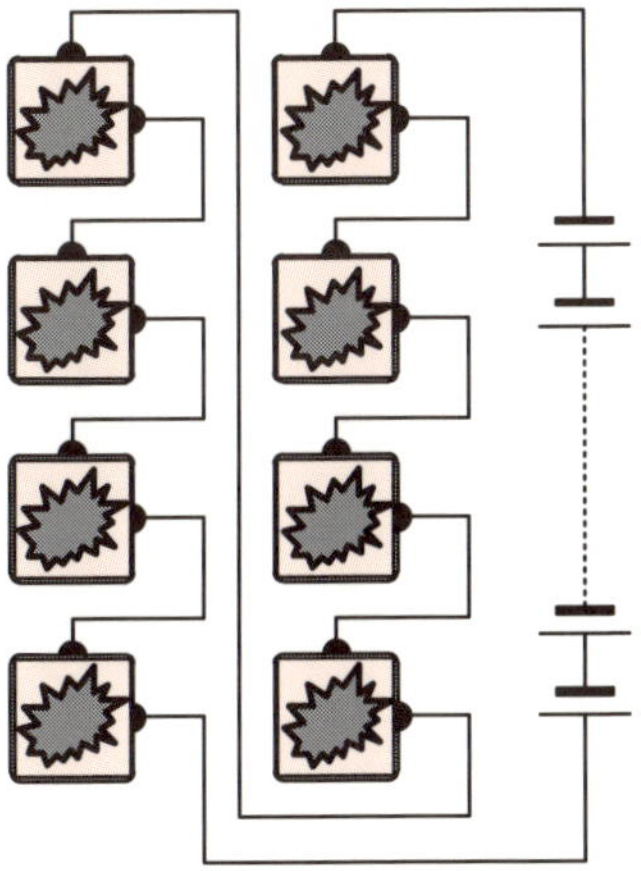

☆有機EL素子を多数並べれば明るくなりますが、単位面積あたりの輝度は向上しません。
☆単体素子自体の輝度向上が必要になります。

(b)明るくする方法-1
(多数の素子をつなぐ方法)

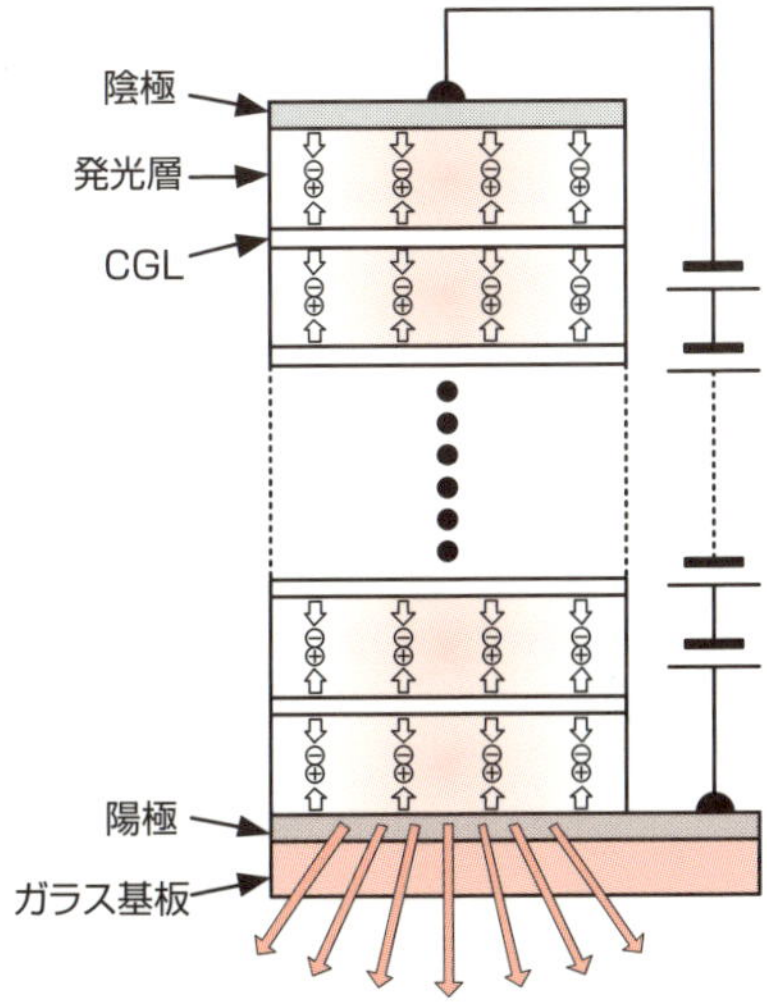
陰極
発光層
CGL
陽極
ガラス基板

☆n個の発光層を直列につなぐと同じ電流値で単個素子の明るさのn倍の明るさが得られます。しかし、加える電圧はn倍の電圧になります。
☆積層素子なのでトータルの膜厚が厚くなり、信頼性が向上します。

(c)明るくする方法-2(マルチフォトン構造)

用語解説

●CGL：Charge Generation Layerの略で、電荷発生層と呼ばれます。この層は、正孔と電子を発生する層で、電荷注入層へ電荷を供給します!

36 低分子有機ELはどのようにして作られるの？

蒸着法

低分子有機ELは、蒸着プロセスで製造されます。まず、ガラス基板に透明電極（ITO）を成膜します。このガラス基板は、液晶用の無アルカリガラスや白板ガラスが使用されますが、照明用有機ELには白板ガラスが使用されます。ここで、ITO基板は目安として平均値（表面粗さ）が30㎚以下である必要があります。ここで、ITO基板は外注製作と内部製作があります。

次に、ITOガラス基板に各層を蒸着します。蒸着前に異物等がありますと、特性が低下しますので洗浄を確実に行います。基板の洗浄後、各層、つまり、正孔注入層、正孔輸送層、発光層、電子注入層（アルカリ金属）、陰極（アルミニウム等）が順番に蒸着されます。蒸着は、真空チャンバー内にて行い、るつぼ（蒸着源）に入れた材料をヒータで加熱し、蒸発させて基板に付着させます。一つの真空容器（チャンバー）内に2～3個の蒸着源を設け、順次、それぞれの蒸着源のシャッター（ふた）の開閉を行うことによって膜の厚さのコントロールを行います。また、多層の膜を一つのチャンバーで成膜することも可能です。実際の工程においては、メインテナンスを含めて効率のよい製造工程にするためにいくつかの蒸着用チャンバーを組み合わせた形式で蒸着工程が行われます。

蒸着工程による成膜後、乾燥剤を入れた封止缶を紫外線硬化性のシール剤（接着剤：エポキシ樹脂）で貼り付けます。この封止缶には、ガラス板をサンドブラストなどで器状に加工したもの、ステンレス板やアルミ板をプレス加工したもの等があります。この乾燥剤、封止缶は、有機EL素子の有機層が水分、酸素で劣化しないために重要な材料です。なお、この工程は、不活性ガスの雰囲気内で行われます。

この封止工程終了後、一枚の基板に複数個の照明用有機ELが製造されますので、単個の素子にカットされて製品になります。

要点BOX

●低分子有機ELは、透明電極（ITO）付きガラス基板に有機層などの各層が順番に蒸着され、乾燥剤、封止缶を接着剤で貼り付け、単個の素子にカットされて製品になります！

低分子有機ELの作り方

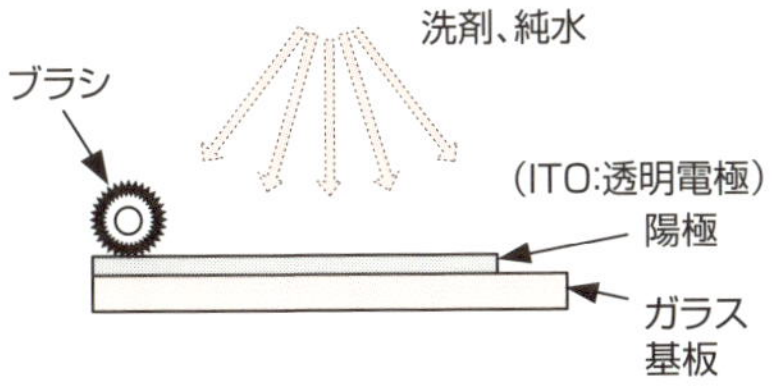

☆ITOが成膜されたガラス基板をブラシで確実に洗浄します!

(i)ITO付きガラス基板の洗浄

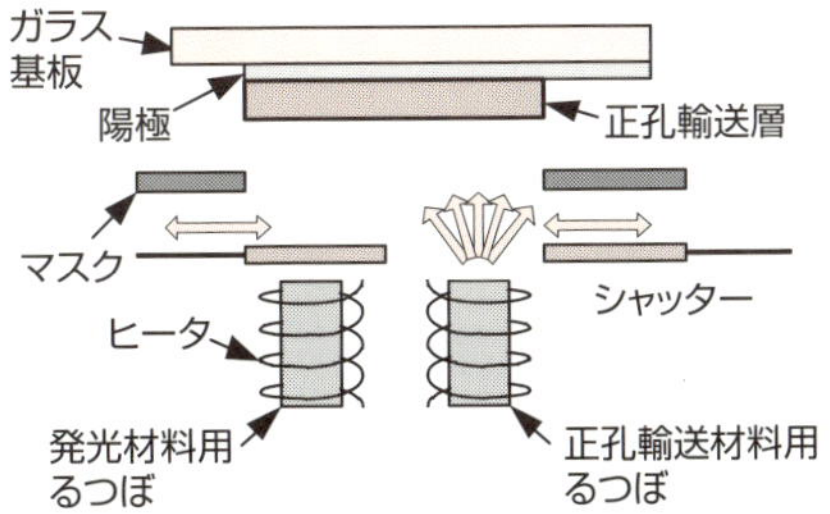

☆正孔輸送層を真空蒸着します。成膜量は、るつぼのシャッターの開閉で制御!

(ii)正孔輸送層の成膜

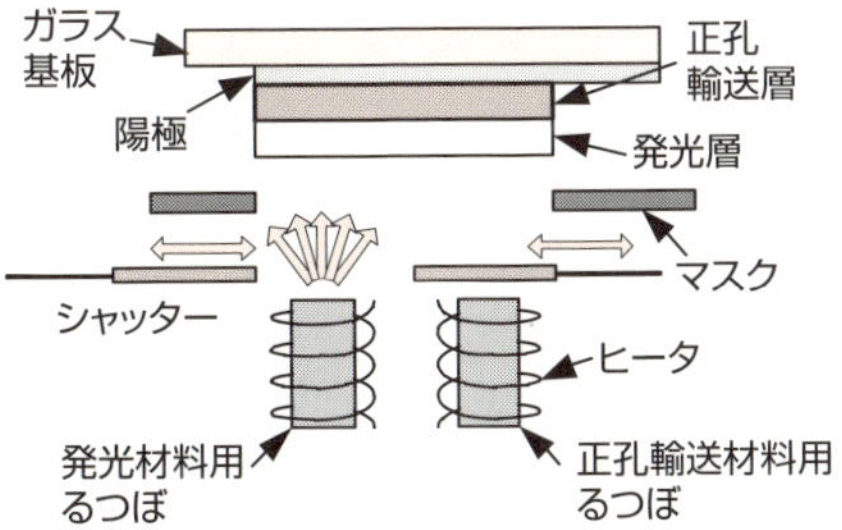

☆発光層を真空蒸発します。成膜量は、るつぼのシャッターの開閉で制御!

(iii)発光層の成膜

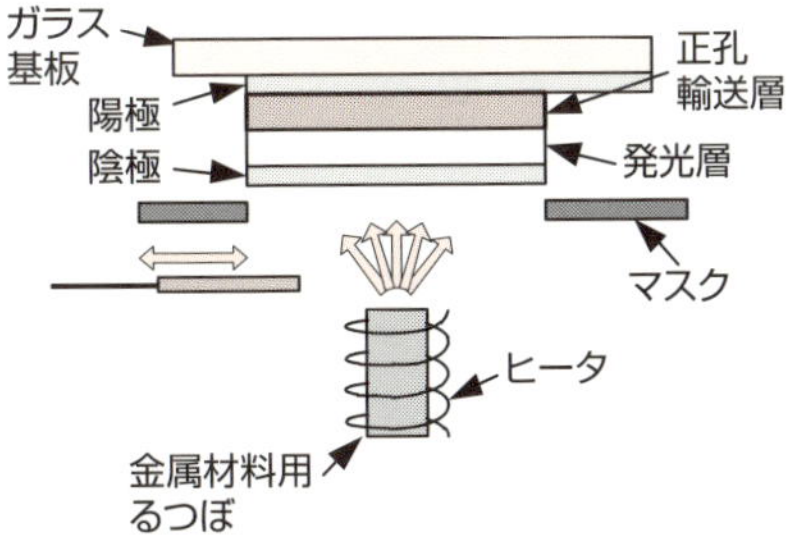

☆金属(陰極)を真空蒸発します。成膜量は、るつぼのシャッターの開閉で制御!

(iv)陰極の成膜

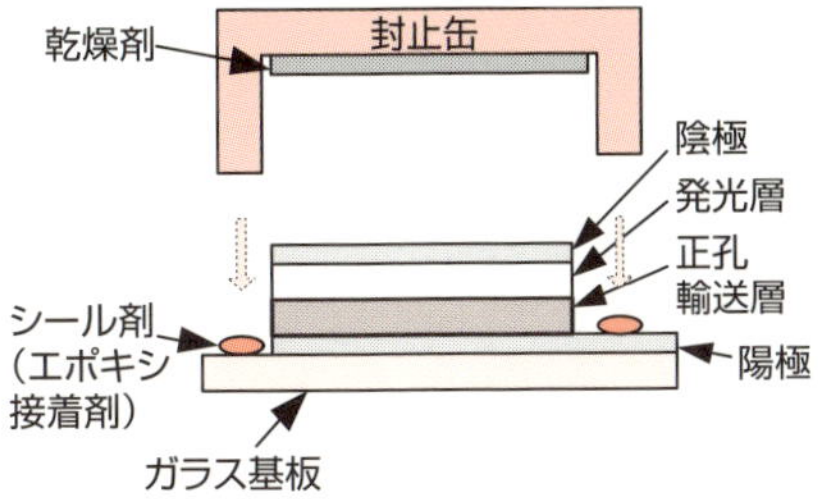

☆乾燥剤の入った封止缶を光硬化性のシール剤(エポキシ樹脂)でつけます!

(v)封止

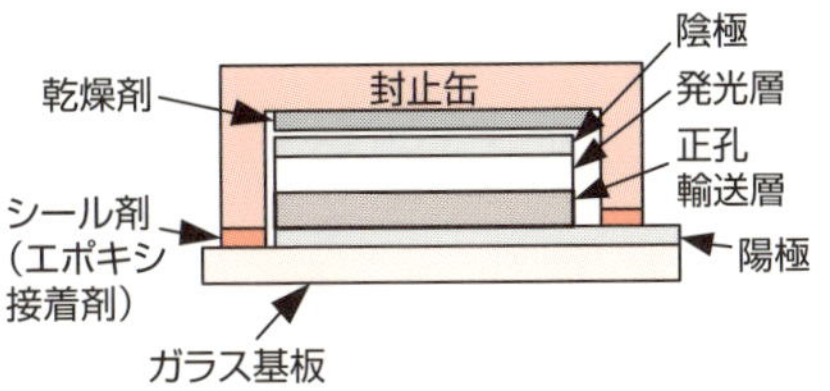

(vi)完成した有機EL素子

用語解説

●**封止缶、乾燥剤**:封止缶、乾燥剤は、有機EL素子を水分、酸素から守る重要な構成部材です。この中の乾燥剤は、フィルム状のものがあり貼り付けることができます!

●**ITO**:ITOはIndium Tin Oxideの略、インジウムとスズの酸化物からなる透明電極のことです!

37 有機ELの寿命はどの位あるの？

有機ELの寿命は、輝度が50％に達した時間で定義され、約一万時間といわれています。LEDの寿命は、輝度が70％に達した時間で定義され、約四万時間といわれています。したがって、寿命の観点では、有機ELは、LEDの寿命にはかないませんが、今後の技術開発で改善されていくものと考えられます。

有機ELの寿命を縮める代表的な劣化モードとしては、大気中の水分、酸素による非発光の黒点や領域ができる〝ダークスポット〟、〝ダークフレーム〟と呼ばれる現象であり、かつては寿命に大きな影響を与える最も大きな不良原因の一つでした。現在では、素子の封止法や乾燥剤が進歩して改善が進んでいます。

また他の劣化モードとしては、電極層表面の凹凸や数十㎚程度の微小異物が問題になっています。この微小異物が存在しますと最初に明るい白点が現れ、数時間後に黒点に変わります。その後、その点を中心に劣化が進みます。これは、異物や突起が原因と考えられ、最初に電流がその部分に集中して輝点になります。一方、電流の集中により輝点部の温度上昇が発生し、破壊が進み、黒点になると考えられています。

照明用有機ELは、5㎝角以上の面積ですので、小さな突起や異物が有機EL面内に存在する確率が高くなります。このような故障原因を少なくして寿命を延ばすには、製造工程での基板洗浄を確実に行い、また、工程内のクリーン度を高く保つこと、蒸着やスパッタリング等のダメージを有機層に与えないプロセスにすること、構造的に突起や異物に強い多層構造（例えば、マルチフォトン型構造）にすること、また、ディスプレイのように細かい画素状のパターンを作ること等の工夫が重要と思われます。さらに、高効率な発光材料を採用して、低電圧、低電流で駆動することにより電流や熱等による劣化を極力抑えることが重要と思われます。

要点BOX

●有機ELの寿命は、輝度が50%に達した時間で定義され、約10,000時間といわれています。これに対して、LEDの寿命は、輝度が70%に達した時間で定義され、約40,000時間といわれています！

有機EL素子の故障の例

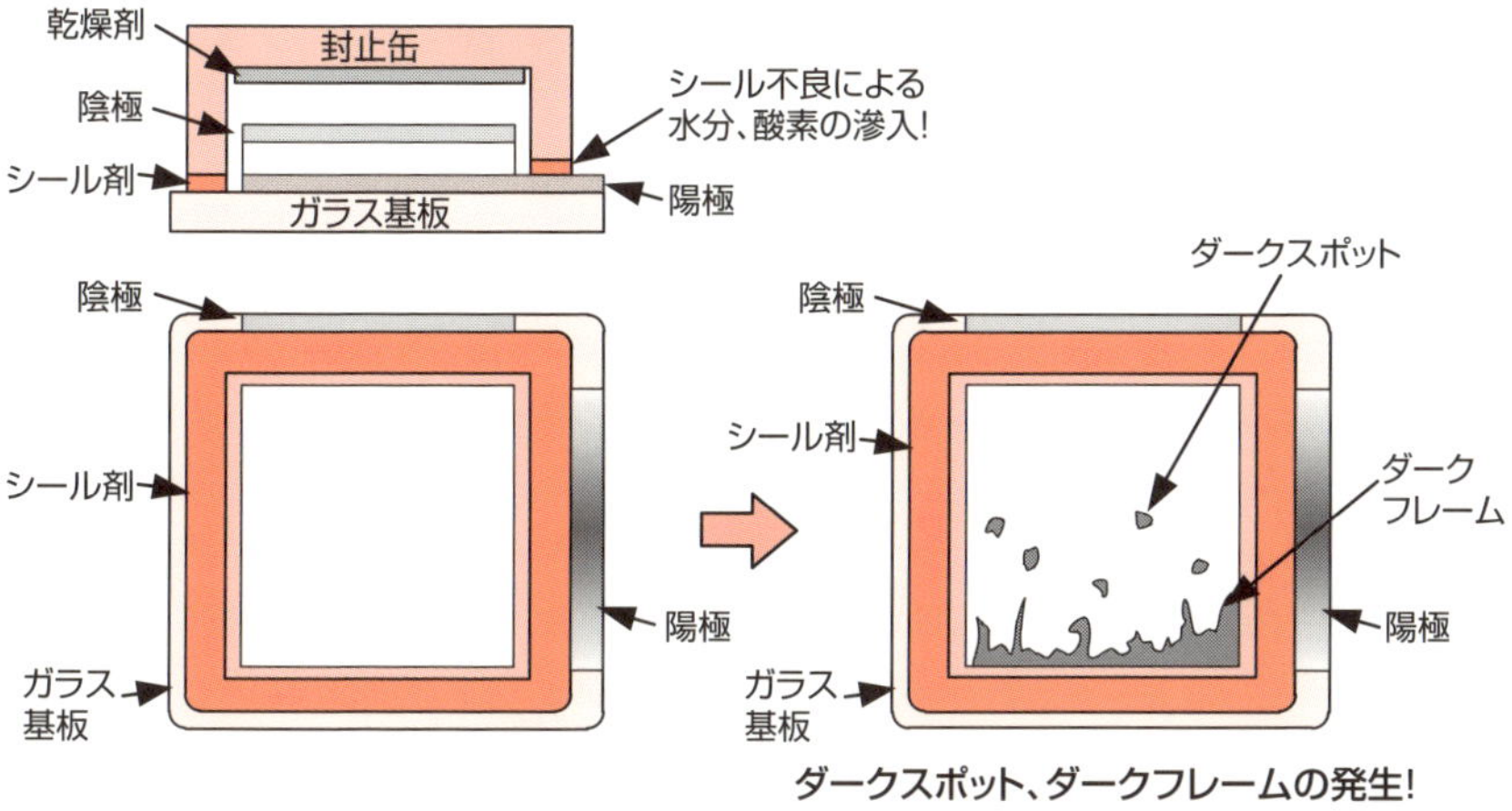

乾燥剤
封止缶
陰極
シール不良による
水分、酸素の滲入!
シール剤
ガラス基板
陽極
ダークスポット
陰極
シール剤
ダーク
フレーム
陽極
ガラス
基板
ダークスポット、ダークフレームの発生!

(a)シール不良による劣化(水分、酸素の滲入による劣化)

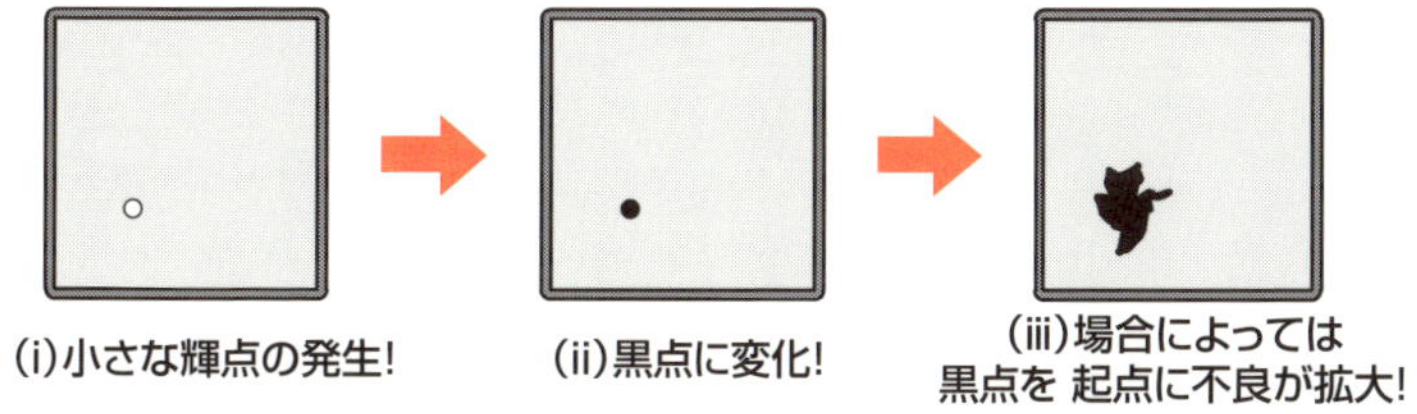

(i)小さな輝点の発生!
(ii)黒点に変化!
(iii)場合によっては
黒点を 起点に不良が拡大!

(b)有機ELの経時変化

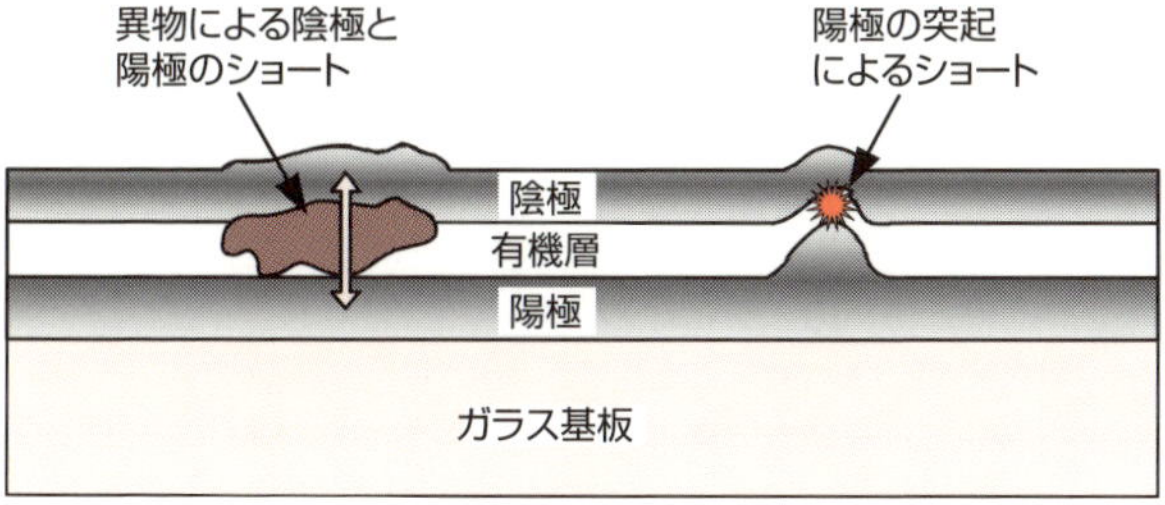

異物による陰極と
陽極のショート
陽極の突起
によるショート
陰極
有機層
陽極
ガラス基板

(c)異物や陽極の凹凸による不良

用語解説

●ダークスポット:発光しない黒点(欠陥)の業界での呼び名です。
●ダークフレーム:有機EL周辺が黒く変色する現象(欠陥)の業界での呼び名です。

38 有機ELの発光特性ってどんなもの？発光効率ってどんなもの？

電流制御型素子

有機ELは、素子に電圧をかけていくとある電圧から発光が始まります。この発光開始電圧を〝しきい電圧（Vth）〟と呼んでいます。この印加電圧をだんだん上げていくと電流が増加して輝度が上がっていきます。この輝度と電流密度の関係は、ほぼ同じ傾向の上がり方（ほぼ比例）を示します。これは、素子中に流れた電子の量が発光に寄与していることを示していますので、有機ELが電流制御型の素子であることがわかります。

有機ELを発光させた場合、素子に加えられた電気エネルギーと外部に光として放出されたエネルギーの比率を「エネルギー効率」と呼びます。この「エネルギー効率」は、lm/Wで表され、実用上重要な素子の性能を示す指標です。

別の効率の定義として「電流効率」があります。これは、注入された電流がどれだけ発光に使われるかを示すもので、cd/Aという単位で表現されます。さらに、発光メカニズムを論理的に検討した、「量子効率」という概念があります。これは電圧を印加して発光までのプロセスに従って論理的に考察されます。また、「量子効率」には「内部量子効率」と「外部量子効率」の二つの定義があります。前者の「内部量子効率」は電子と正孔が出合って生成されたフォトン（光）の量と、その際に注入された電荷の量との比率になります。

一方、生成されたフォトン（光）は、有機層とガラス界面、あるいは、ガラスと空気界面などで反射され、すべて外に出ることができません。この外に放出されたフォトンの量と注入された電荷の量の比率が「外部量子効率」と定義されます。この外に出る光の割合、つまり、「光取り出し効率」は約20%と低く、発生した光の80%が損失します。したがって、材料や素子構造の工夫によって外部量子効率を上げる試みが研究されています。

要点BOX

●有機ELは、電流制御型の素子です！
●有機ELの発光効率は、“エネルギー効率[lm/W]”、“電流効率[cd/A]”、“量子効率”があります！

発光特性と発光効率

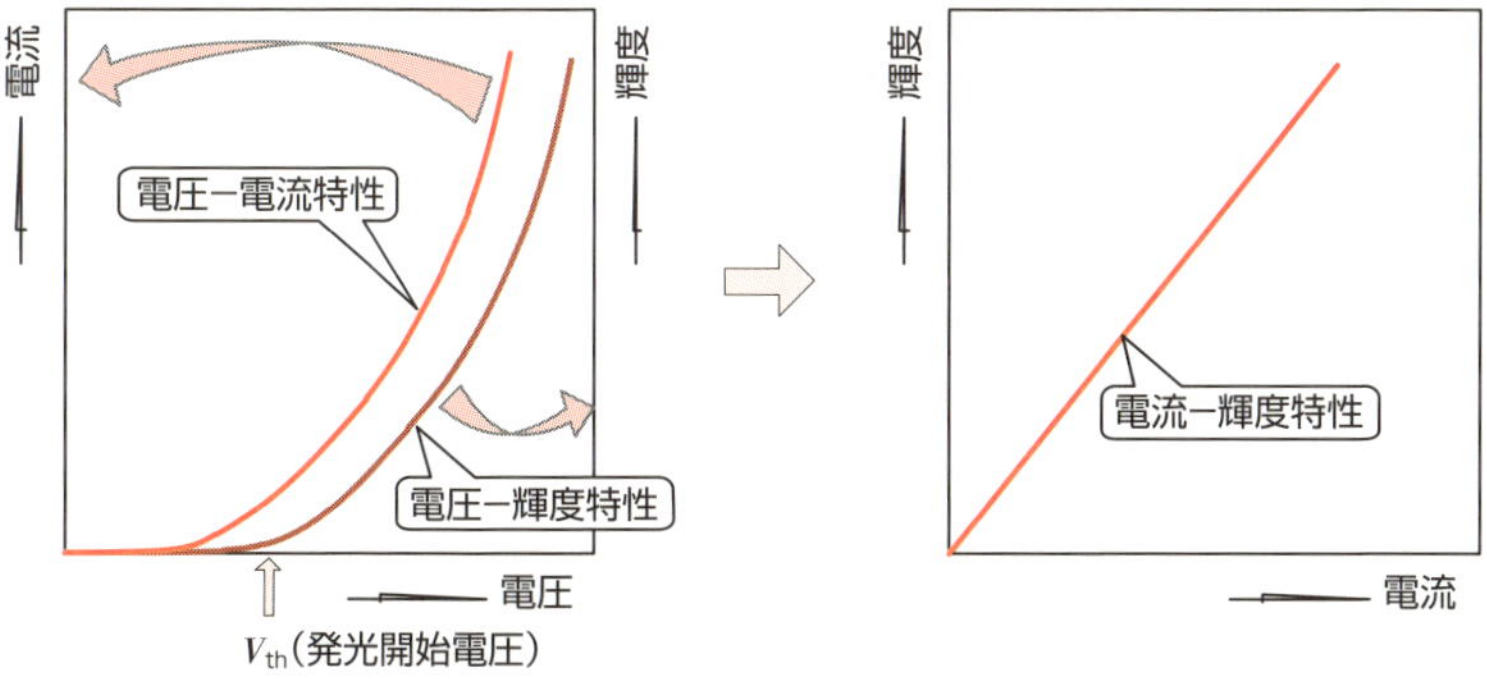

電流
輝度
電圧−電流特性
電圧−輝度特性
電圧
V_{th}(発光開始電圧)
輝度
電流−輝度特性
電流

(i)電圧−電流・輝度特性　　(ii)電流−輝度特性

☆輝度が電流にほぼ比例しているため、有機ELは電流制御型素子になります!

(a)有機ELの特性

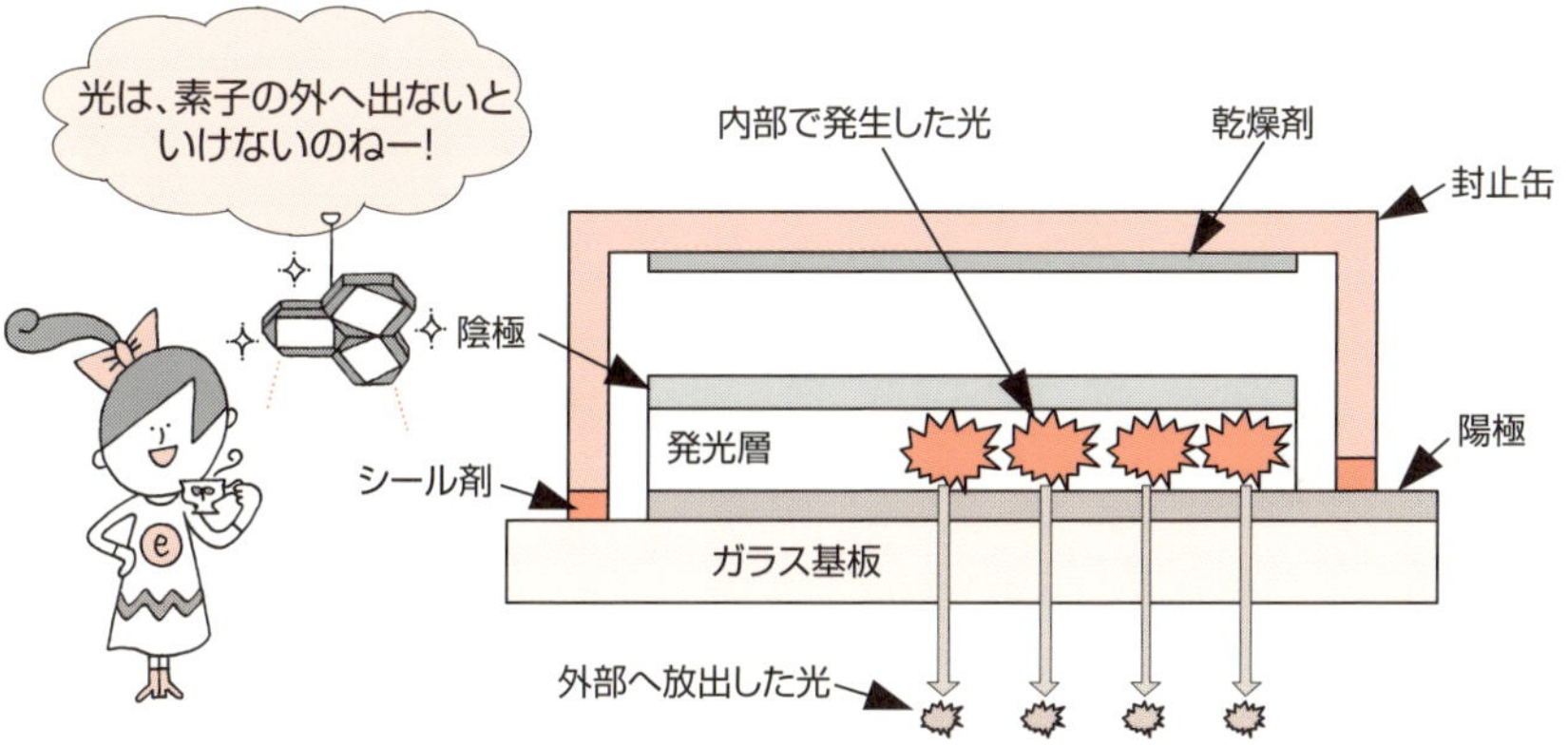

光は、素子の外へ出ないといけないのねー!
内部で発生した光
乾燥剤
封止缶
陰極
発光層
陽極
シール剤
ガラス基板
外部へ放出した光

(b)外部へ放出する光は、約20%!

用語解説

- **エネルギー効率**=(外部に出た光のエネルギー)÷(印加された電気エネルギー)[lm/W]
  例・電球:20[lm/W]、　・蛍光灯:40〜110[lm/W]、　・有機EL:45[lm/W]
- **電流効率**=(発光の光度)÷(注入された電流量)　[cd/A]
- **光取り出し効率**=(外に出た光の量)÷(内部で発生した光の量)…約20%
- **内部量子効率**=(内部で発生した光の量)÷(注入された電荷の量)
- **外部量子効率**=(外部に放出した光の量)÷(注入された電荷の量)=(内部量子効率)×(光取り出し効率)

39 光取り出し効率の問題って何？

スネルの法則

有機EL素子内部で発生した光は、透明電極（ITO）とガラス基板の界面、ガラス基板と空気の界面の二箇所で大きな損失を受けます。この損失は、それぞれの層の屈折率の違いによって光の反射や導波（光が横方向へ逃げる現象）等により発生します。この光の損失は、理論的に〝スネルの法則〟を基本にして計算することができ、外に出ていくことのできる光は約20％程度になります。

スネルの法則では、光の吸収がないと仮定した場合、屈折率が小さい層から大きな層に光が抜けると、層の界面での反射がありません。しかし逆に、屈折率が大きな層から小さな層に光が抜けると、入射角度がある値以上の光が界面で反射し、透過することができません。したがって、発光層で発生した光が効果的に素子の外へ出るためには、各層の屈折率の大きさの順番が、空気の屈折率＞ガラス基板の屈折率＞透明電極（ITO）の屈折率になることが理想です。

ところが実際は、屈折率の順番が透明電極（ITO）の屈折率＞ガラス基板の屈折率＞空気の屈折率と逆になっています。具体的には、空気の屈折率＝1.0、ガラス基板の屈折率＝1.5、ITOの屈折率＝1.8です。したがって、光取り出し効率が小さくなりますので外部量子効率の低い、つまり、エネルギー効率の低い有機EL素子になります。このような理由から、折角発生した光が有効に使われないという現象が有機ELにはあるのです。

この損失現象を解決するために、素子構造に工夫を加える研究開発がなされています。例えば、マイクロレンズをガラス基板表面に付けて光取り出し効率を改善する方法、透明電極とガラス基板の界面にシリカのエアロゲル層を設けて改善する方法、ホトニック結晶のような微細な周期構造をガラス基板表面や透明電極とガラスの界面に設ける方法等が試みられています。

要点BOX

●有機EL内部で生み出された光は空気ーガラス基板、ガラス基板ーITO界面において反射や導波により、約80％が損失する！

スネルの法則と光の取り出し

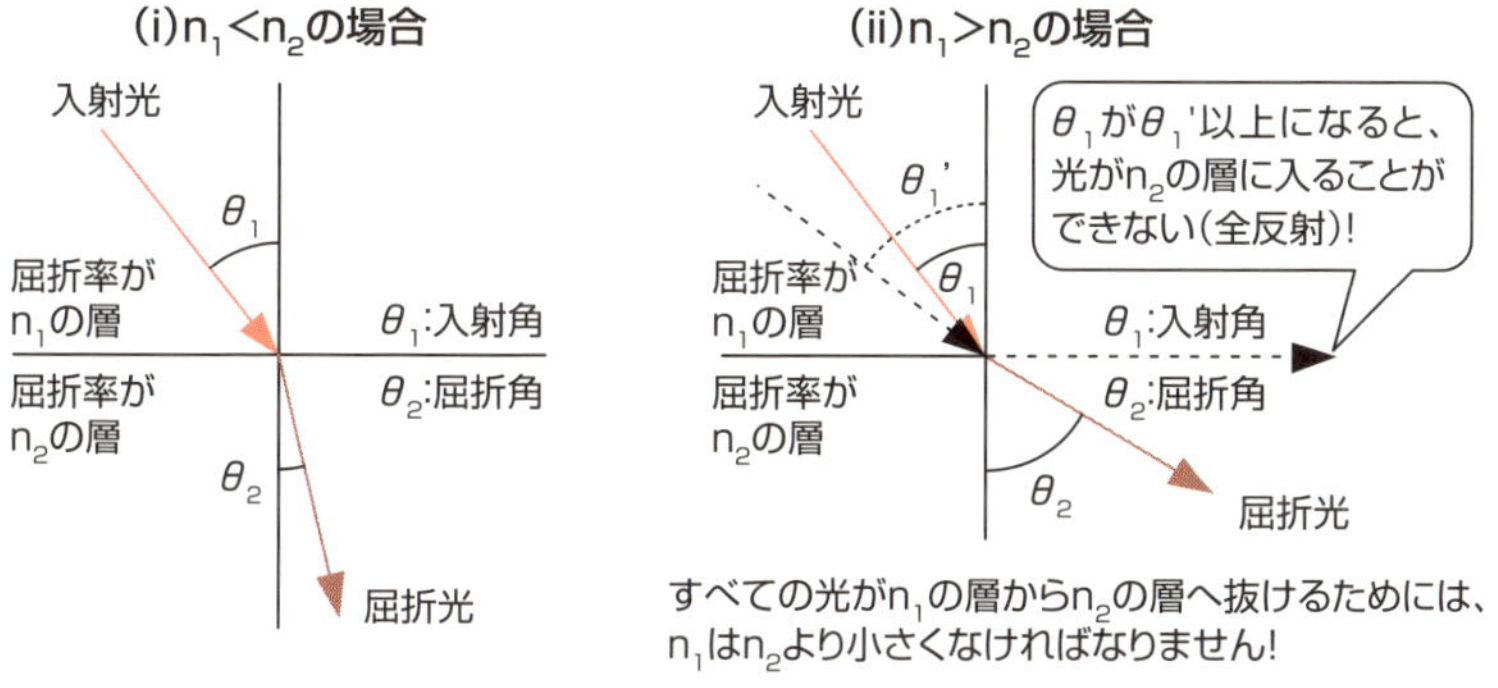
(i)$n_1 < n_2$の場合
入射光
θ_1
屈折率が
n_1の層
θ_1:入射角
屈折率が
n_2の層
θ_2:屈折角
θ_2
屈折光
(ii)$n_1 > n_2$の場合
入射光
θ_1'
θ_1がθ_1'以上になると、光がn_2の層に入ることができない(全反射)!
屈折率が
n_1の層
θ_1
θ_1:入射角
屈折率が
n_2の層
θ_2:屈折角
θ_2
屈折光
すべての光がn_1の層からn_2の層へ抜けるためには、n_1はn_2より小さくなければなりません!

(a)スネルの法則($n_1 \times \sin\theta_1 = n_2 \times \sin\theta_2$)

(i)理想的な屈折率の場合

各層が理想的な屈折率の順番、
$n_{org} < n_{ITO} < n_{glss} < n_{air}$
になっている場合

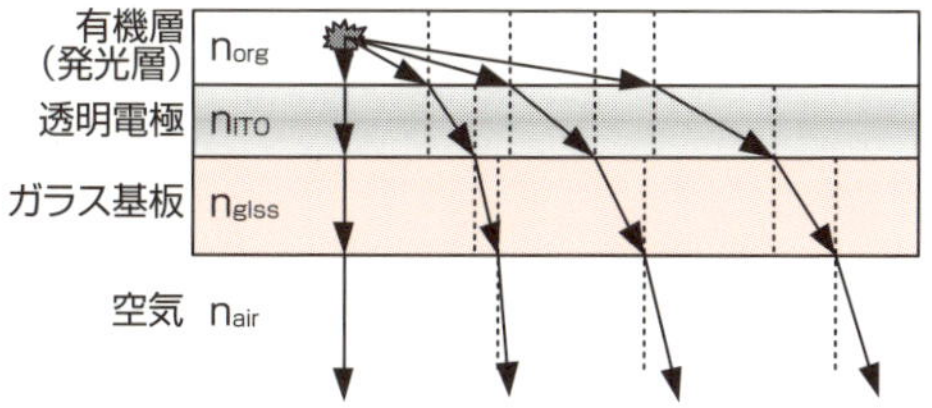
有機層
(発光層)
n_{org}
透明電極
n_{ITO}
ガラス基板
n_{glss}
空気
n_{air}

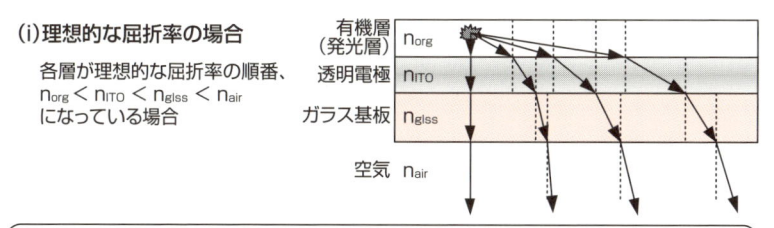

[理想] 発光層で発生した光は、矢印のように透明電極、ガラス基板を抜けて外部へ放出されます。各層による光の吸収など、他の要因を無視した場合、発生した光は理論的にすべて外部へ放出されます。

(ii)現実の屈折率の場合

各層が現実の屈折率の順番、
$n_{org} < n_{ITO} > n_{glss} > n_{air}$
になっている場合

①反射
②導波

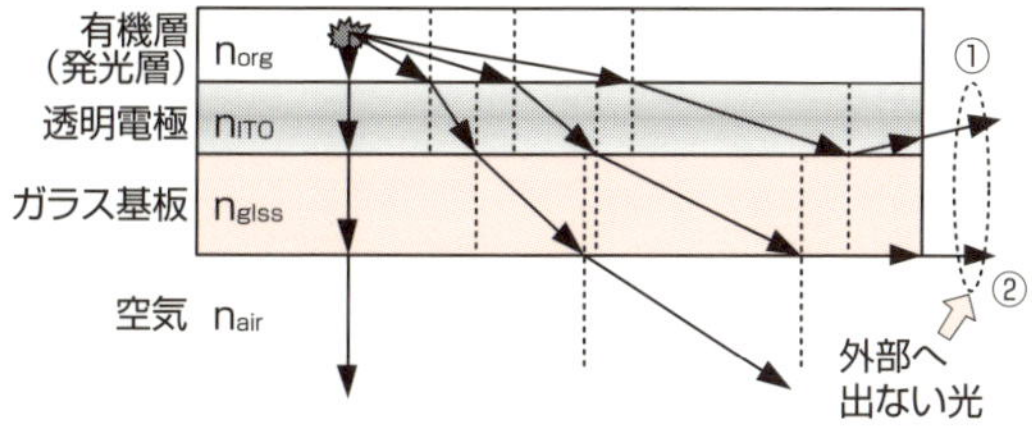
有機層
(発光層)
n_{org}
透明電極
n_{ITO}
ガラス基板
n_{glss}
空気
n_{air}
①
②
外部へ
出ない光

[現実] 発光層で発生した光は、矢印のように透明電極、ガラス基板を抜けて外部へ放出されますが、透明電極とガラス基板の界面とガラス基板と空気の界面で抜け出ることができない光が存在します。この光は 80 % 外部へ出ることが出来ず、光取り出し効率は 20 % に過ぎません。

(b)有機ELの光取り出し効率

用語解説

●**スネルの法則**:二つの物質中の光の波の進む方向において、光の入射角、光の屈折角の関係を表した法則のことで、屈折の法則とも呼ばれます!

40 フレキシブルな有機ELは実現可能なの？

フィルム有機EL

有機ＥＬの魅力の一つとして、フレキシブルな面光源が実現できる可能性があることです。有機ＥＬを柔らかいプラスチックの基板の上に形成すれば、その素子は曲げることができます。非常に魅力的な製品になります。

しかしながら、プラスチック材料は透湿性がありますので薄いプラスチック基板の上にＥＬ素子を作ることができません。水分の浸入によりダークスポットが発生してすぐに劣化につながります。食品用のレトルトパウチのラミネートフィルムは、水分や酸素をブロックして食品の劣化を防ぐ優秀なフィルムですが、１００％のブロックは不可能です。１m^2の面積のフィルムで一日あたり０・１gぐらいの水分を透過させます。

有機ＥＬ用のフィルム基板の条件は厳しく、透湿度が等圧法という最も高感度の分析法の測定限界より極めて小さく、要求値としては一日あたり10^{-6}g/m^2以下になります。

そのためプラスチックフィルムの表面にシリコンオキシナイトライド（SiON）の層と樹脂の層を交互に成膜して多層構造にすることにより水分の浸入を阻止する方法が検討されています。この場合、有機－無機のハイブリッドの多層薄膜を成膜することになり、水分をブロックする効果は出てきますが、曲げた時に無機層に亀裂ができることがあります。したがって、使用法によっては信頼性が検討課題になります。より多層にすればよいのですがコスト高になり、また、フィルムが硬くなったりします。封止は、封止缶の代わりに樹脂モールドの応用やフィルムを貼るなどの方法が考えられます。今後、乾燥剤をどのようにするか等の工夫が必要になってきます。

さらに、０・１㎜以下の厚さのガラス基板も開発されています。この基板の応用もフレキシブルな面光源の実現に貢献する技術として期待されます。

要点BOX

●フレキシブルな有機ELを実現するために、水分や酸素を透過しないフィルム基板や薄いガラス基板の開発が進められています！

プラスチックフィルム基板上の有機EL

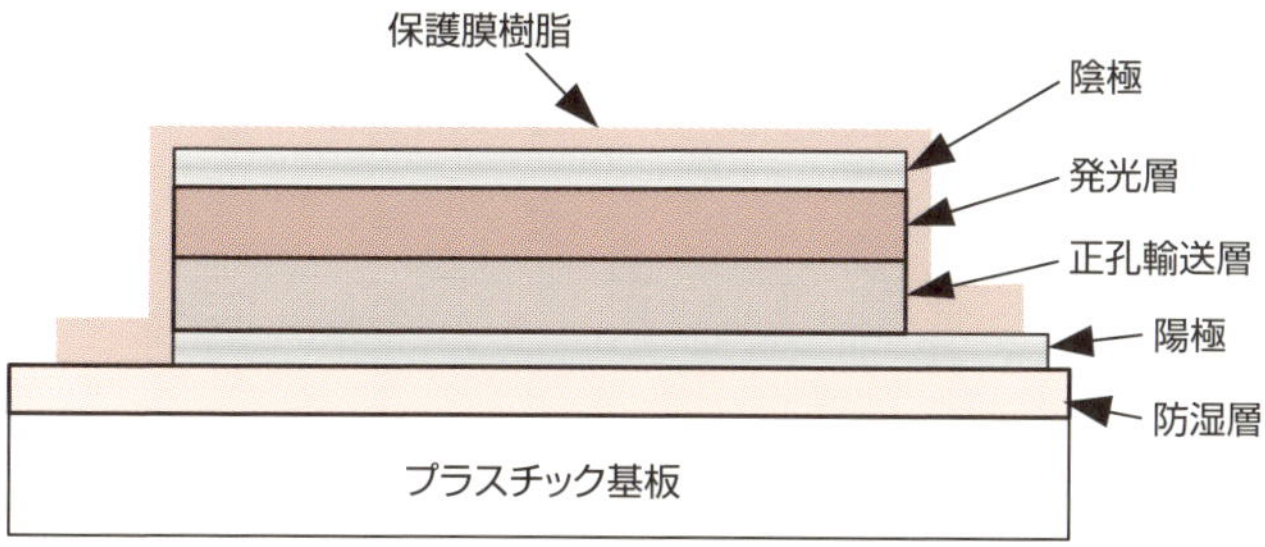

保護膜樹脂
陰極
発光層
正孔輸送層
陽極
防湿層
プラスチック基板

密閉型は、封止缶の代わりに保護膜の樹脂で覆っています!

(a)プラスチックフィルム上に作られた有機EL

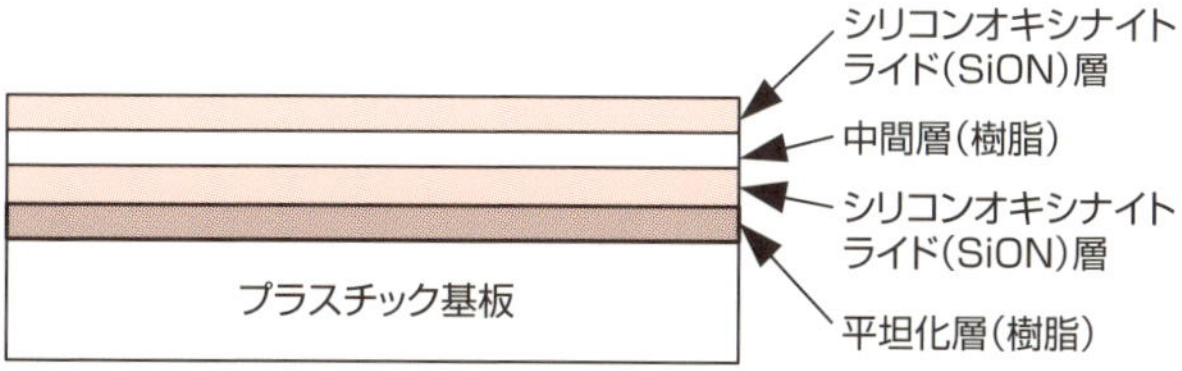

シリコンオキシナイトライド(SiON)層
中間層(樹脂)
シリコンオキシナイトライド(SiON)層
平坦化層(樹脂)
プラスチック基板

有機膜のみでは湿度を通しますので、無機物の層と有機物の層を重ねたハイブリッドな構造が開発されています!

(b)防湿層の構造の例(有機と無機のハイブリッドな積層構造)

☆食品用のラッピングフィルムは、レトルト食品等に使用され、湿度や酸素を通しにくい優秀なフィルムですが、有機ELに対しては透湿性が高すぎて適用ができません。
☆有機ELのプラスチックフィルム基板の要求される透湿度の値は最も感度の高い透湿度測定法の検出限界以下である必要があります。
☆透湿度は、単位面積(1m^2)あたり、24時間に何グラムの水分を透過させたかで示されます(g/m^2·day)。

透湿度

①有機ELが要求する透湿度	:0.000001g/m^2·day以下
②レトルトパウチ用ラミネートフィルム	:0.1g/m^2·day程度
③最も感度の良い分析法(等圧法)の限界	:0.05–0.1g/m^2·day程度

☆定性的な方法ですが10^{-6}g/m^2·day以下の高感度を持つカルシウム法という評価法があります。カルシウムをフィルムに蒸着、封止をしてフィルムから水分が浸入すると酸化し変色する状態を観察して評価します。

(c)各製品別フィルムの透湿度

用語解説

●**透湿度**:フィルムを透過する水分の量を指します。単位は(g/m^2・day)で表現され、代表的な測定条件は例えば温度40℃、湿度90%RHになります。等圧法の場合では試験法の規格としてJIS K7129B、ASTM F1249-90があります!

41 蛍光と燐光って何？

許容遷移と禁制遷移

前項では、「低分子」と「高分子」という分類をしましたが、「蛍光」と「燐光」という発光メカニズムによる分類もあります。

蛍光と燐光は、発光寿命（一時的にエネルギーを与えた時に発光が収まるまでの時間）に違いがあり、発光寿命が短いものを「蛍光」、長いものを「燐光」と簡単に説明する場合があります。

基本的な発光メカニズムとしては、発光材料に電気や光のエネルギーを与えた時、基底状態にあった電子は励起状態（高エネルギー状態）になります。その電子が再び元の基底状態に戻る際にエネルギーを光として放出します。

さらに、励起状態には励起一重項状態と励起三重項状態と呼ばれる二つの状態があります。それらは、確率的に一対三の割合で発生します。励起一重項状態は基底状態へ遷移することができますが、励起三重項状態は基底状態に遷移することができません。前者を「許容遷移」と呼び、発光を伴いますが、後者は「禁制遷移」と呼び、発光を伴わず、エネルギーが熱に変わって基底状態に戻ります。ここで、許容遷移での発光を「蛍光」と呼びます。

一方、ある確率で禁制遷移でも発光することがあります。この場合、励起三重項からのエネルギーの減衰はゆっくりであるために発光が長く続きます。これを「燐光」と呼びます。

蛍光材料の発光効率は、原理的に最大で25%です。一方、燐光材料の発光効率は、残りの75%も発光に寄与しますので理論的に最大で１００%になります。したがいまして、燐光材料の方がより高効率のELを得ることができます。

EL材料の発光効率は、蛍光でも燐光でも電子が励起状態から基底状態に遷移する際、ある確率で光にならずに熱となります。この熱になる確率が少ないほど、よく光る有機EL材料といえるのです。

要点BOX

●有機ELには、蛍光と燐光という分類があります！
●電子が基底状態に遷移する際に熱になる確率が少ないほど、よく光る有機EL材になります！

蛍光と燐光

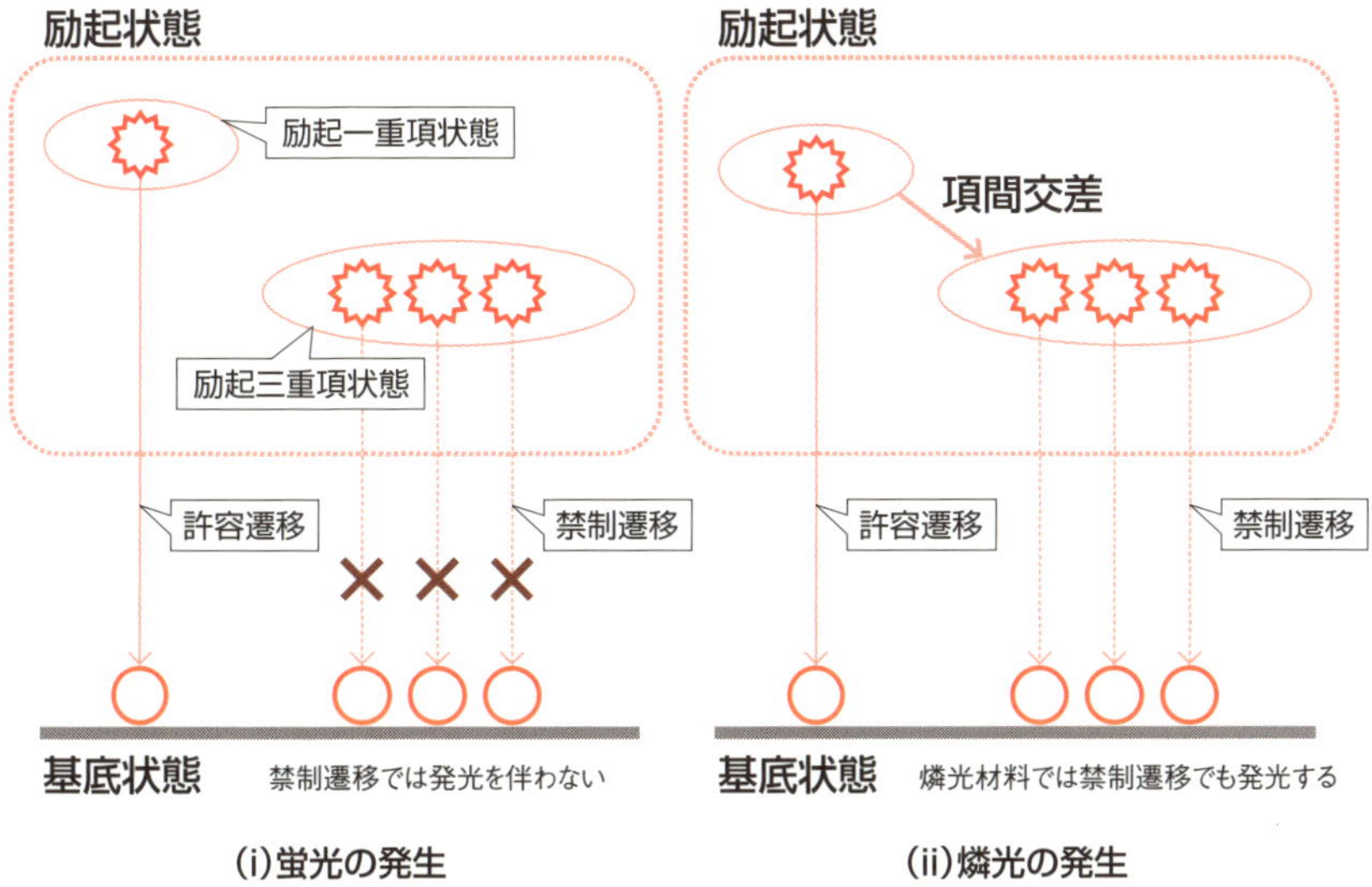

励起状態
励起一重項状態
励起三重項状態
許容遷移
禁制遷移
基底状態
禁制遷移では発光を伴わない
(i)蛍光の発生
励起状態
項間交差
許容遷移
禁制遷移
基底状態
燐光材料では禁制遷移でも発光する
(ii)燐光の発生

(注)図中の電子は、確率を示すために便宜的に許容遷移を電子1個、禁制遷移を電子3個で表現しています。

(a)蛍光の発生と燐光の発生

〈蛍光材料の発光効率〉

蛍光 25%(最大)＋燐光 0%＝25%(最大)

〈燐光材料の発光効率〉

蛍光 25%(最大)＋燐光 75%(最大)＝100%(最大)

(b)蛍光材料と燐光材料の発光効率比較

用語解説

●基底状態：電子のエネルギーが最低状態にある時を“基底状態”と呼びます!
●励起状態：電子のエネルギーが基底状態以外の状態にある時を“励起状態”と呼びます!
●項間交差：燐光において、励起した電子が励起一重項状態から励起三重項状態へ遷移することを“項間交差”と呼びます!
●許容遷移：電子が励起状態から基底状態へ遷移できることを“許容遷移”と呼びます!
●禁制遷移：電子が励起状態から基底状態へ遷移できないことを“禁制遷移”と呼びます!

42 有機ELはどのように発光するの？

有機ELの発光原理

有機ELやLEDでは、電子がエネルギーの高い励起状態から低い基底状態になる時に励起状態と基底状態のエネルギーの差に相当する分を光に変えて発光します。

電位を与えられた有機EL素子内では、伝導帯に電子が注入されて価電子帯に正孔が注入されます。ここで、伝導帯は電子が自由に動き、導電に寄与するエネルギー帯のことをいいます。また、価電子帯は基底状態の電子が存在するエネルギー帯のことをいいます。

いま、発光層に移動した電子と正孔は発光層でペア（正孔と電子の対）を作ります。この時、このペアは有機EL発光の特徴である励起子になり安定します。励起子中の正孔と電子の対において、正孔を基底状態の電子の抜け穴と考えますと、電子と正孔の再結合は励起状態から基底状態への電子の遷移となります。

この場合、励起子は確率的に一重項の励起子と三重項の励起子が一対三の割合で発生します。つまり、すでに述べた蛍光と燐光です。この過程を励起子による発光と呼びます。

ちなみに、伝導帯と価電子帯の間には電子は存在できません。この電子が存在できない領域を〝バンドギャップ〟と呼んでいます。仮に、伝導帯から価電子帯に電子が落ちて発光した場合、そのエネルギー差、つまり、左図では崖の高さ分のエネルギーが発生した光の波長になります。このモデルはLEDの発光原理になります。

有機ELのような励起子の発生による発光では、励起子の安定化（電子と正孔を束縛すること）のために若干のエネルギーが使われるため、バンドギャップより低いエネルギー（波長が若干長い）発光になります。

要点BOX

●有機ELは、電圧を加えますとマイナス電極から電子が、プラス電極から正孔が素子に注入され、電子と正孔が発光層に移動し、励起子が生成されて発光します。

有機ELの発光

①崖の頂上（伝導帯）に電子、地面（価電子帯）に正孔が注入されます。

・この場合崖の高さがバンドギャップになります。
・有機化合物の場合は伝導帯、価電子帯という表現ではなく、本来はそれぞれLUMO、HOMOが正しい（用語解説参照）。

バンドギャップ：
電子が存在できない領域で、図の場合では電子は地面と崖の頂上にしか存在できません。

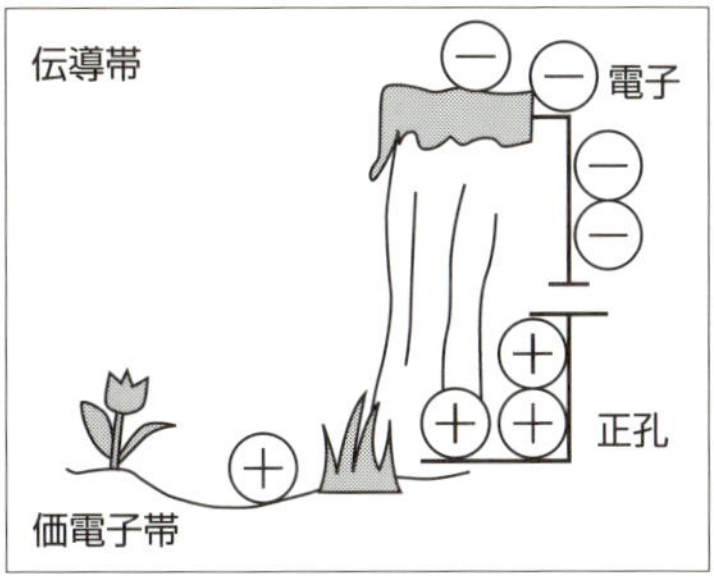

②電子と正孔が対になり、励起子が生成します。

・励起子はエキシトンとも呼ばれます。
・励起子が生成された時、励起子を束縛するためのエネルギーが消費されます（ΔE）。
・したがって、発生する光のエネルギーはバンドギャップのエネルギーより小さくなります（波長で表現すると長くなります）。

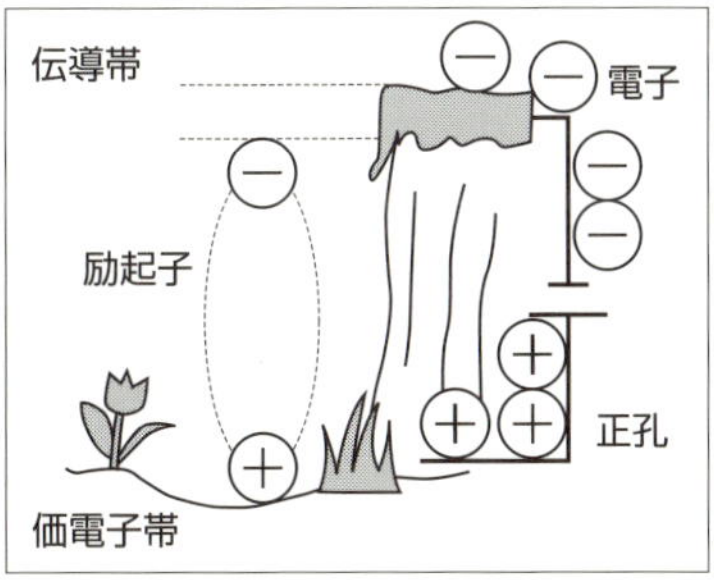

③電子と正孔が再結合し、励起子の消滅と発光が起きます。

・一重項の励起子と三重項の励起子が1:3の割合で発生します。
・一重項の励起子による発光⇒ 蛍光
・三重項の励起子による発光⇒ 燐光

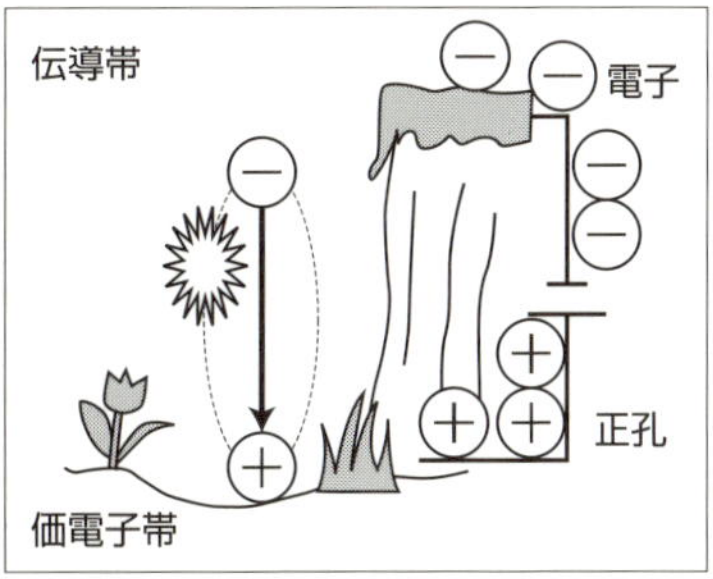

有機ELの発光原理

用語解説

●再結合：電子と正孔が結合することを“再結合”と呼び、発光を伴います!
●励起子：有機EL素子に電圧を加えた時、発光層内で発生する安定した（束縛された）電子と正孔の対のことを“励起子”と呼びます!
●LUMO、HOMO：上記のバンドギャップ図は価電子帯、伝導帯という表現でエネルギー状態を示していますが、本来はLED等の固体素子で使用されます。有機化合物のエネルギー状態は、分子中の電子状態で決まるために若干異なります。有機化合物の場合、伝導帯に相当するのがLUMO（Lowest Unoccupied Molecular Orbital：最低空軌道）、価電子帯に相当するのがHOMO（Highest Occupied Molecular Orbital：最高被占軌道）と表現しています。このLUMOとHOMOは、この本では有機化合物の性質を示す用語として知っていただければよいでしょう!

43 有機ELの材料とはどんなもの？

有機化合物の共役構造

有機ELの材料は、基本的に共役系の構造を分子の中にもっています。共役系の構造は、炭素同士の二重結合（C＝C）と一重結合（C－C）が交互に存在する構造です。

有機材料の共役構造は、有機EL材料ではありませんが、わかりやすいポリアセチレンやベンゼンを例にしますと分子中の電子は左図の雲のようになっています。この結合は、左図ⓐより一重結合も二重結合も等価であるということがわかります。電子がこの領域を自由に動き、材料は導電性を持つことができます。

有機EL材は、この共役系が発達した構造をもっています。共役系の代表がベンゼン環ですが、これがいくつもつながった有機化合物があります。アントラセンは、有機EL研究の初期段階で研究されていた化合物です。また、テトラセンやペンタセンは、半導体特性をもつために有機ELのみならず有機薄膜トランジスタへの応用が研究されています。実際、ペンタセンで製作した薄膜トランジスタを応用してフレキシブルな有機ELディスプレイが試作されています。また、Alq_3や$Ir(ppy)_3$のように共役系が発達した有機構造と金属との錯体を形成している材料も優秀な有機EL材として機能します（左図ⓑ参照）。

ところで、「励起状態」という言葉が発光原理でよく出てきますが、有機化合物の「励起状態」は、左図ⓒに示すベンゼン例のように分子がエネルギーを貰った時に分子中の電子分布の状態が変化した現象（励起により電子分布の状態がエネルギーの高い状態になる現象）を指します。また、有機化合物分子内では基底状態、励起状態が一つずつ決まっているのではなく、いくつかの準位が存在します。そのエネルギー準位の中で有機EL材料を考える時に重要なものが基底状態のHOMOレベルと励起状態のLUMOレベルになります。

要点BOX

●有機EL材料は、共役系の構造が発達した有機化合物です。また、共役系の構造と金属との錯体がよい発光層の材料になります！

有機化合物の共役構造と電子分布

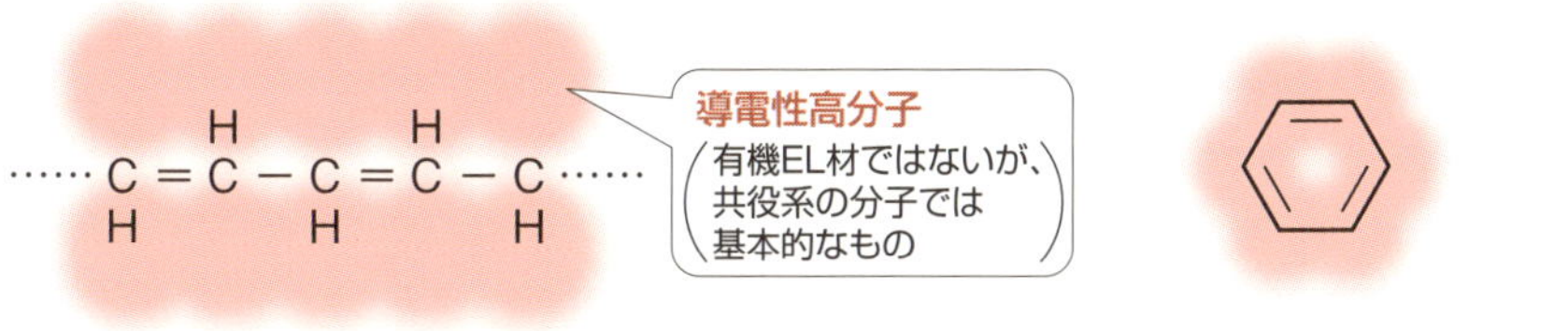
H H
……C = C − C = C − C……
H H H
導電性高分子
有機EL材ではないが、
共役系の分子では
基本的なもの

(i)ポリアセチレン分子の電子分布　(ii)ベンゼン分子の電子分布

☆有機化合物の分子構造の「−C=C−」中には、一重結合と二重結合がありますが、分子中の電子の分布を考えた場合は同じもので、一重と二重の区別は基本的にできません!
☆有機化合物の電気的な性質や発光は、「−C=C−」中に分布する電子が寄与しています!

(a)二重結合をもつ有機化合物分子中の電子分布

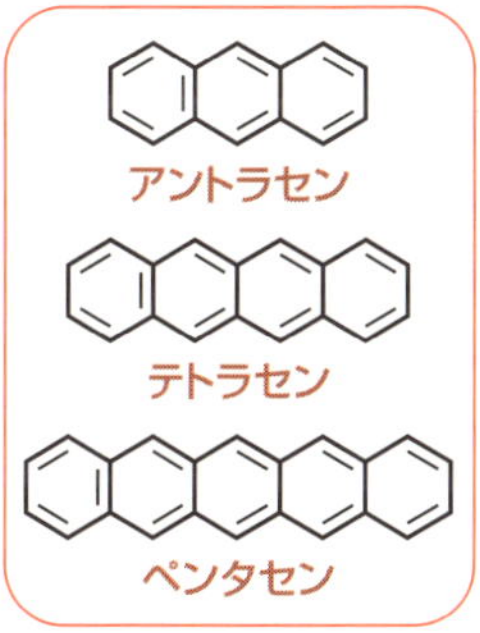
アントラセン
テトラセン
ペンタセン

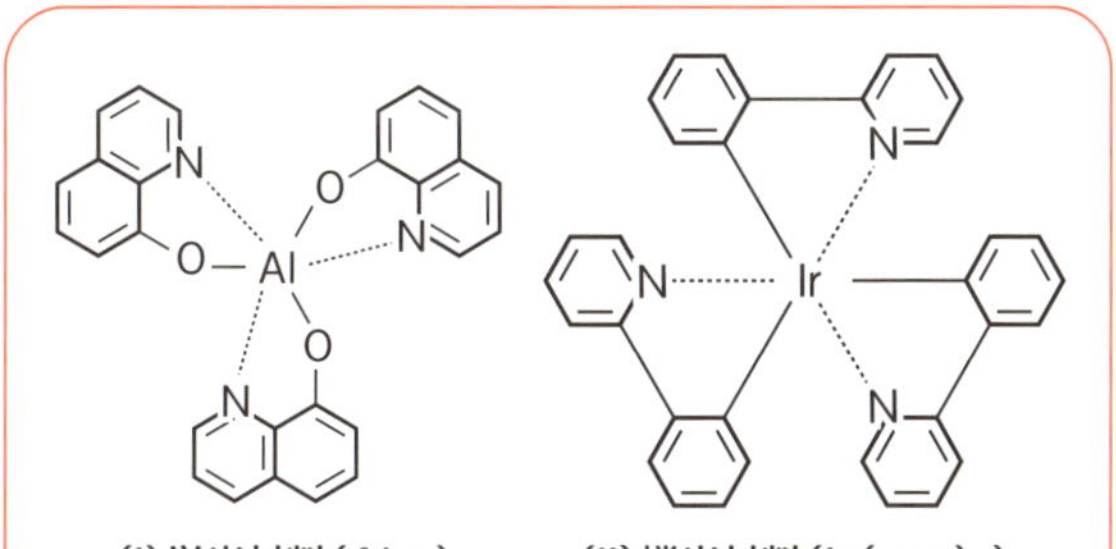
N
O
Al
N
O
O
N
N
N
Ir
N

(i)蛍光材料(Alq_3)　(ii)燐光材料($Ir(ppy)_3$)

(b)有機半導体、有機ELの材料

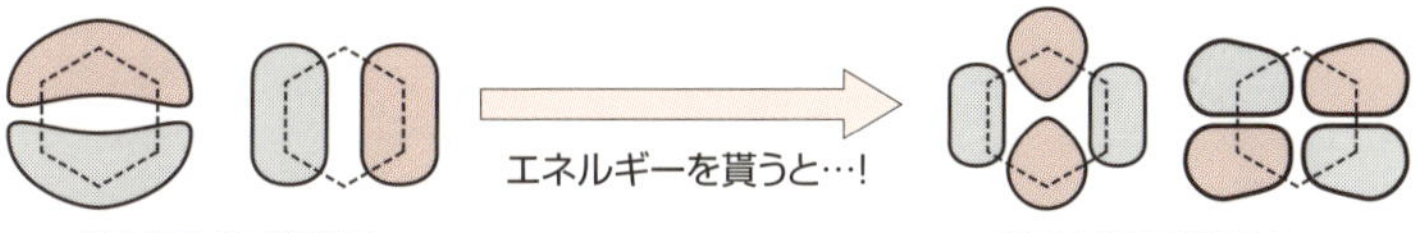
エネルギーを貰うと…!

(i)HOMO状態の電子分布（2種）　(ii)LUMO状態の電子分布（2種）

☆HOMOとLUMOでは電子分布の状態が違います。
☆有機化合物が基底状態から励起状態になると分子中の電子分布の状態が変わります。

(c)ベンゼンのHOMO(基底状態)とLUMO(励起状態)の電子分布

用語解説

●**アントラセン**：アントラセンは、有機ELの研究初期に使われた材料です!
●**テトラセン**：テトラセンは、有機EL材料のドーパントや有機半導体に使われます!
●**ペンタセン**：ペンタセンは、有機半導体材料で、実際にプラスチックフィルム上にペンタセンを用いて有機EL用ディスプレイ用の薄膜トランジスタが試作されました!
●**Alq_3**：Alq_3は、代表的な蛍光の有機EL発光材料です!
●**$Ir(ppy)_3$**：$Ir(ppy)_3$は、代表的な燐光の有機EL発光材料です!
●**ドーパント**：発光材を単体で用いるのではなく、他の材料を混ぜて発光効率を上げたり発光波長を変えたりすることがある。この混ぜる材料のこと!

EL（エレクトロルミネッセンス）の仲間たち！（無機ELも仲間）

ＥＬの仲間には、ＬＥＤや有機ＥＬの他に無機ＥＬがあります。

無機ＥＬは、発光体に「硫化亜鉛」などの無機物を分散して発光させます（分散型無機ＥＬ）。製造は、スクリーン印刷法によって作られ、安いコストでできるメリットがあり、１９８０年代、モノクロ（白黒）液晶のバックライトに用いられてきました。

近年、ＰＥＴ（ポリエチレンテレフタレート）フィルム上に透明電極を成膜し、この透明電極と背面電極（対向電極）との間の発光層に無機物を分散し、１㎜以下の薄く、軽く、かつ、柔軟に曲げることのできる面光源の製品が現れています。この無機ＥＬは、発光駆動がＬＥＤや有機ＥＬのような数ボルトの直流電気を印加するキャリア（電流）注入型と異なり、交流電気で駆動する電界励起型発光を利用していますので発熱が少なく、１ｍ×１・５ｍの大面積を均一に発光させることができます。

しかし、この無機ＥＬは、比較的高い（１００Ｖ以上）交流電気駆動、消費電力の割には数百カンデラ（cd／m²）程度の明るさと発光効率が比較的低いため、まだ十分には普及しておりません。

近年の開発段階では、30 lm／Wの発光効率、10V以下の低い交流電気で駆動する無機ＥＬの報告がありますので、近い将来、ＬＥＤや有機ＥＬにとって思いがけない存在になるかもしれません。

EL（エレクトロルミネッセンス）の仲間たち

第4章

液晶テレビ用バックライト光源

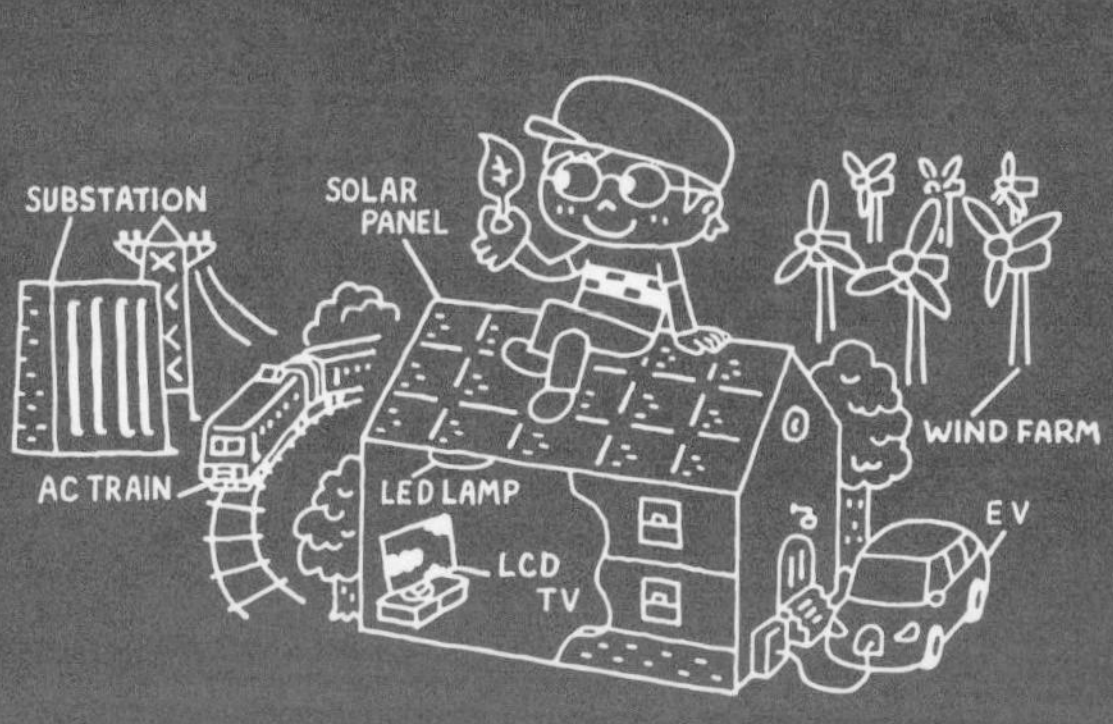

44 液晶パネルとバックライト、どんな関係なの？

バックライトの役目

液晶ディスプレイのパネルは、光を調節するカメラのシャッターのように光がパネル内を通る量（透過量）を制御する表示素子で、パネル自身は光を発することができません。したがって、ディスプレイとして映像を見るようにするには光が必要になり、この光を発する装置が「バックライト」と呼ばれ、液晶パネルの背面に置かれています（左図ⓐ参照）。

液晶パネルは、透明電極が印刷された二枚のガラス基板の間に液晶分子を規則正しく配列するように封じ込めた構造になっています。このような構造において、透明電極間に電圧をかけますと電圧レベル（大きさ）に応じて液晶分子が寝た状態からある角度をもって起き上がる状態、つまり、光の透過がない状態から透過のある状態へ変化して映像が見えるのです。

バックライトは、光源（ランプ）から発した光を液晶パネルに効率よく照射するために反射シート、拡散シート、集光シート、導光板等の光学部材で構成されており、少ない電力で効率よく、明るく、かつ、均一になるように液晶パネルを照射する働きをします。例えば、液晶パネルの画素（ドット）一つ一つに映像の白色、黒色、中間色（灰色）を電圧レベルに置き換えて印加することによってバックライトの光が液晶パネルを介して映像として見えます。また、液晶パネル画素の前面に、赤色（R）、緑色（G）、青色（B）のカラーフィルタを置き、そのカラーフィルタの透過光を組合せることによって映像にさまざまな色を付けて見えるようにしています。このように、液晶ディスプレイはバックライトの光をシャッターとして動作する液晶パネルの光源として用いて映像を映し出します（左図ⓑ参照）。

このバックライトには、各種方式があり、また、各種の発光源（ランプ）がありますので、それらの選択によって液晶ディスプレイの消費電力、形状（厚さ）などが決まることになります。

要点BOX

●液晶ディスプレイのパネルは、光を調節するカメラのシャッターの働きをし、映像を見るようにするには光が必要になります！

(a)液晶ディスプレイの中は、どうなっているの?

どうして絵が見えるのか、
考えてみるとふしぎだねぇ〜!
光学シート
導光板
光源
回路
基板
バックライト
液晶パネル
画素(ドット)

(b)液晶パネルとバックライト、どんな関係なの?

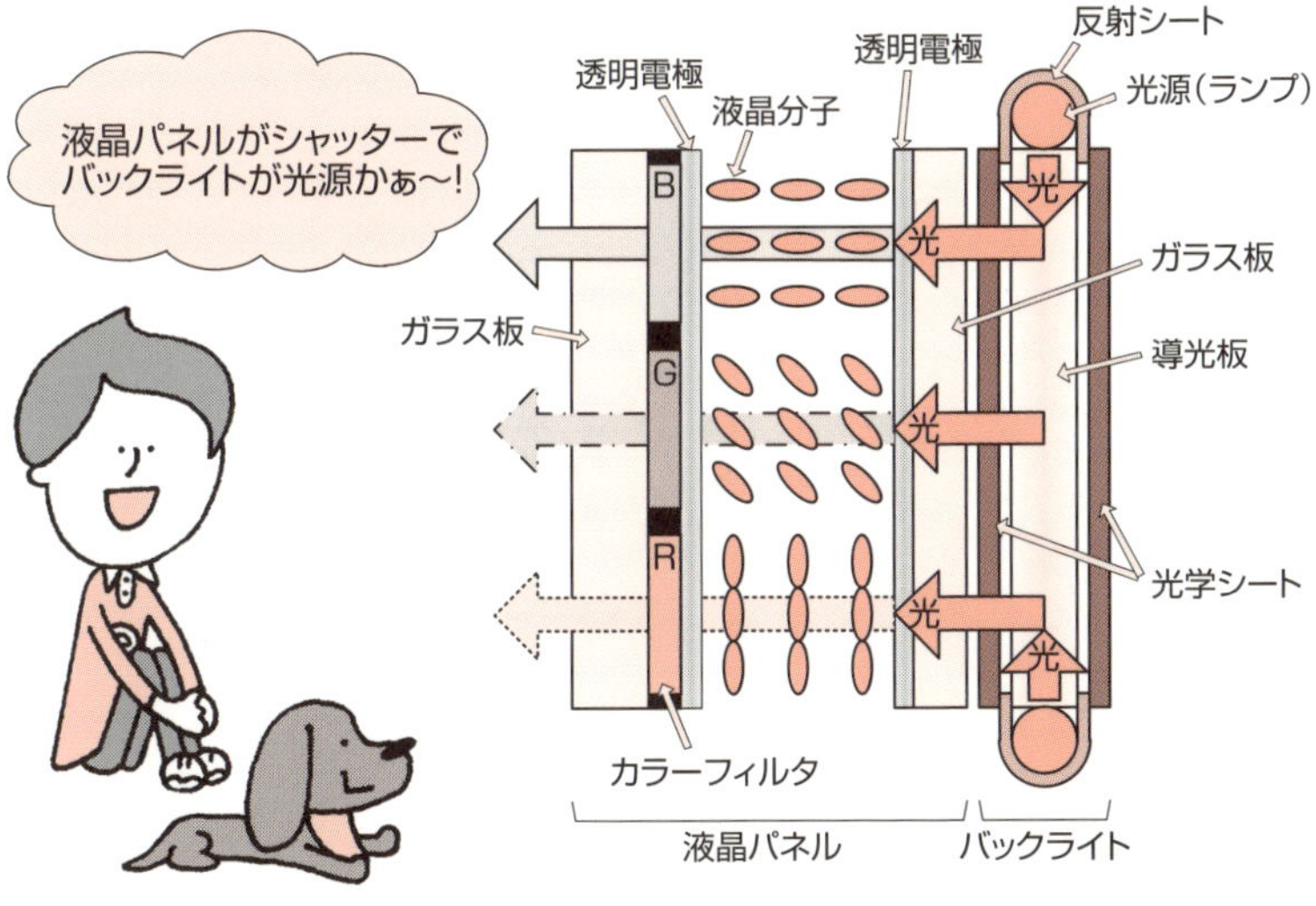
液晶パネルがシャッターで
バックライトが光源かぁ〜!
透明電極
液晶分子
透明電極
反射シート
光源(ランプ)
B
G
R
光
ガラス板
ガラス板
導光板
光学シート
カラーフィルタ
液晶パネル
バックライト

用語解説

●液晶ディスプレイ:Liquid Crystal Displayのことで、一般にLCDと呼ばれます!

●バックライト(Back Light):液晶パネルの背面から照射する光源のことで、BLと呼ばれることが多々あります!

45 バックライトが、なぜエコ・デバイスなの？

光源の相違による消費電力低減化

液晶テレビは、2011年の地上デジタル放送への移行によって大画面化が加速されております。

この大画面化によって、ディスプレイの画素数や駆動回路などの構成はほとんど変わりませんが、画面を明るくするためにバックライトからの光量を増す必要があり、光源の数や光源に流れる電流を増大する必要があります。このために、消費電力が増えてきますので液晶テレビの大画面化は、バックライト部の消費電力を如何に抑えるかが重要な課題になってきます（左図ⓐ参照）。

ここで、液晶テレビの消費電力の変遷を見てみます。

2005年頃、32型液晶テレビの消費電力は約150W、40型は約230W、その内、バックライトの消費電力は約75%以上でした。2010年になりますと、32型液晶テレビの消費電力は約100W、40型は約120W、と低減してきています。そのほとんどは、バックライトの消費電力を低減してきた賜物といっても過言ではありません（左図ⓑ参照）。

この消費電力低減の大きな要因としては、バックライトに使用される光源の変化にあります。つまり、2005年頃、バックライト用光源は主に冷陰極蛍光ランプ（CCFL: Cold Cathode Fluorescent Lamp）が採用されておりましたが、2010年以降、急速に白色発光ダイオード（LED: Light Emitting Diode）が採用されるようになってきました。このように、バックライトはLED等の新光源を採用し、「エコ・デバイス」として貢献し始めたのです。

近年、さらなる省電力化に向けて、①液晶パネルの透過率向上、②バックライト光源の省電力化、③バックライト用電源回路の効率改善による省電力化、④バックライト用使用部材（光学シートや導光板等）の高効率化、⑤映像に応じてバックライトの明るさを制御する「ディミング」技術（53項参照）等による省電力化のための新技術開発が取り組まれています。

要点BOX

- 2011年の地上デジタル放送への移行によって液晶テレビは大画面化へ!
- 液晶テレビの消費電力は、ほとんどバックライトで消費しています!
- バックライトの消費電力は、光源に大きく依存しています!

(a)液晶テレビの中は、どうなっているの?

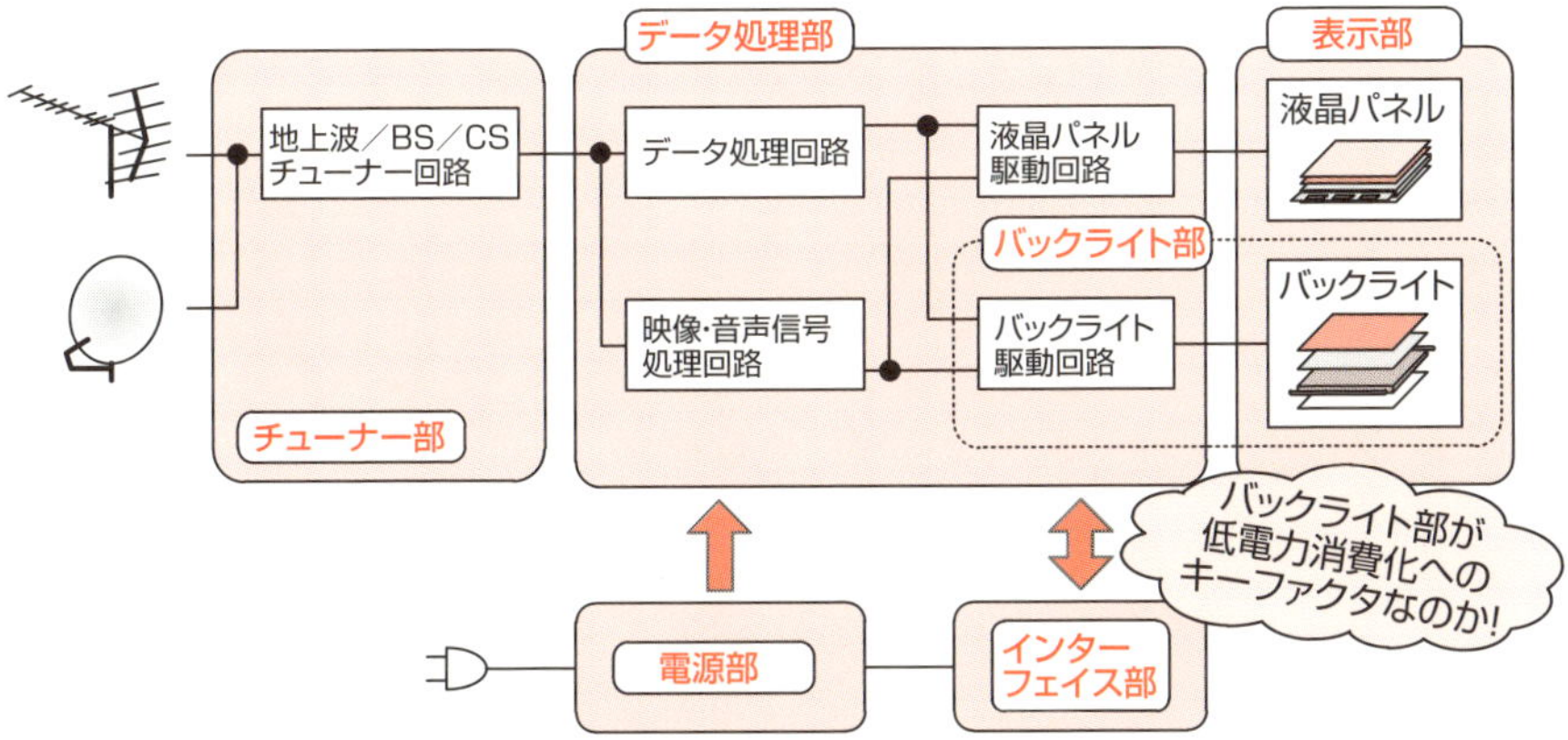
データ処理部
表示部
地上波/BS/CS
チューナー回路
データ処理回路
液晶パネル
駆動回路
液晶パネル
バックライト部
バックライト
映像・音声信号
処理回路
バックライト
駆動回路
チューナー部
バックライト部が
低電力消費化への
キーファクタなのか!
電源部
インター
フェイス部

(b)光源の違いで、こんなに省電力化できるのね!

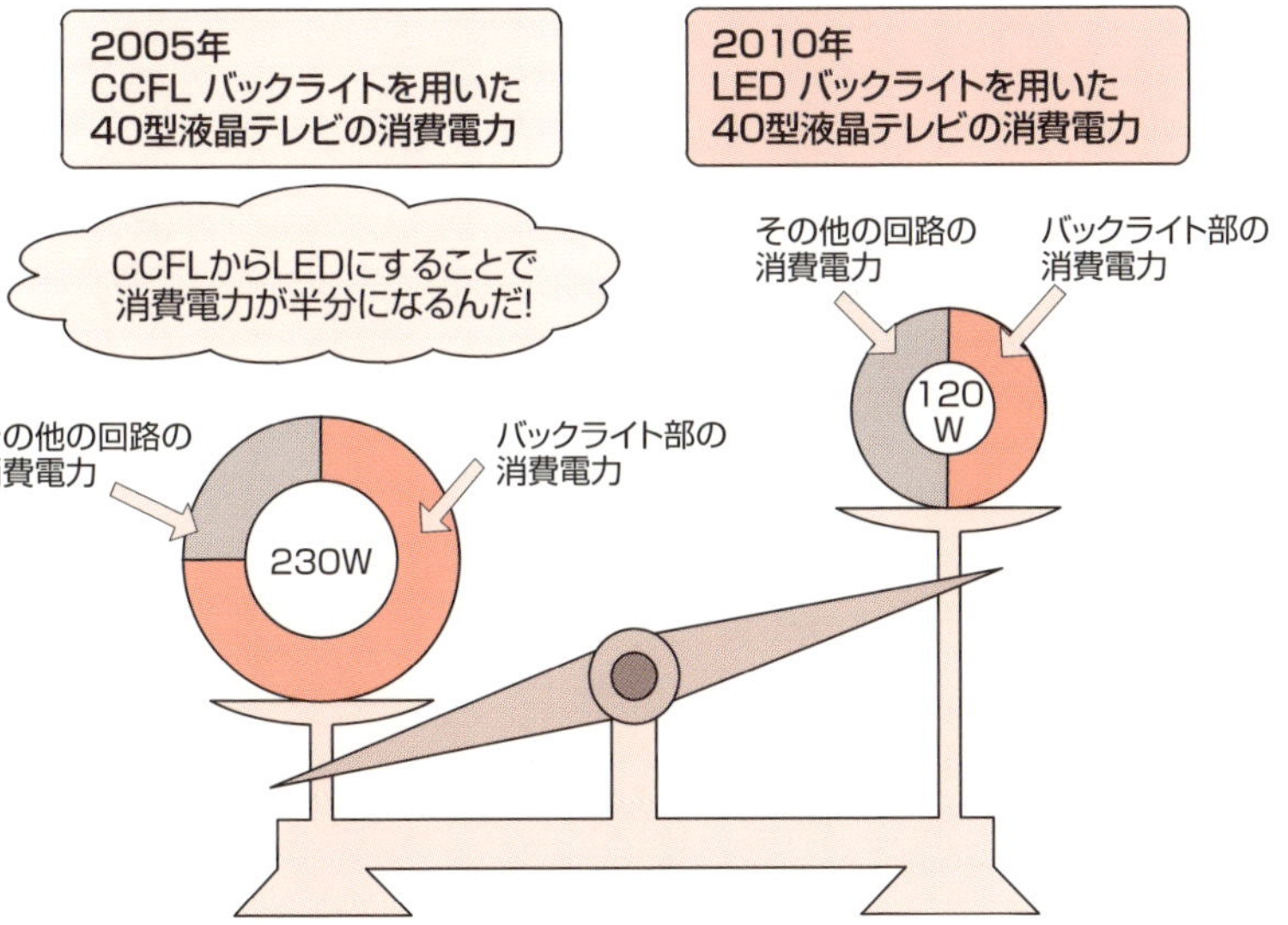
2005年
CCFL バックライトを用いた
40型液晶テレビの消費電力
2010年
LED バックライトを用いた
40型液晶テレビの消費電力
その他の回路の
消費電力
バックライト部の
消費電力
CCFLからLEDにすることで
消費電力が半分になるんだ!
120
W
その他の回路の
消費電力
バックライト部の
消費電力
230W

用語解説

● **CCFL**：Cold Cathode Fluorescent Lamp の略称で、冷陰極蛍光ランプのことです!
● **LED**：Light Emitting Diode の略称で、半導体発光ダイオードのことです!
● **ディミング(Dimming)技術**：映像に応じてバックライトの明るさを制御する方式のことで、テレビの消費電力削減に大いに寄与しています!

46 バックライトには、どんな方式があるの？

バックライトの種類

バックライトは、光源の配置により大きく分けて直下型とエッジライト型の二方式になります。

　前者の直下型バックライトは、光源を液晶パネルの真下に配置し、拡散シートを介して光を拡散しながら面光源化する光利用効率の高い方式です。しかし、均一な面光源を得ようとすると光源と拡散シート間の距離を十分にとらなければならないためにバックライトが厚くなり、結果的に液晶ディスプレイを厚くしてしまいます（左図ⓐⓘ参照）。

　後者のエッジライト型バックライトは、導光板と呼ばれる透明な樹脂板を用い、その側面（エッジ）に線状化した光源を配置し、導光板の上に重ねた拡散シートを介して面光源化する光利用効率の比較的低い方式です。しかし、導光板に入射した光を、導光板内で拡散しながら均一にすることができるためにバックライトを薄くすることができ、結果的に液晶ディスプレイを薄くすることができます（左図ⓐ(ii)参照）。

　近年バックライトは、種々の改造や新たな光源の開発などによりタンデム型や平面光源型などの新しい方式が実用化されてきています。

　前者のタンデム型バックライトは、エッジライト型を小ブロック化し、それをタイルのように敷き詰めて大型の面光源にします。この方式は直下型とエッジライト型の両方の特徴を併せ持った方式で、映像と連動してブロック毎に明るさを制御することができますので、より一層の省電力効果が出てきます（左図ⓑⓘ参照）。

　後者の平面光源型バックライトは、有機エレクトロルミネッセンスなどの面状光源自体を液晶パネルと重ね合わせる方式で、現在まだ大画面化に対応しておりませんが、実用化しますと数㎜厚の壁掛け液晶ディスプレイが実現するものと思われます（左図ⓑ(ii)参照）。

　このように、バックライトは光源の配置や新光源の開発により性能を含め、その構造や形状等も大きく進歩していくものと思われます。

要点BOX

●バックライトは、光源を液晶パネルの真下に配置する直下型と、導光板を用い、その側面に線状化した光源を配置するエッジライト型があります！

(a)バックライトには、どんな方式があるの?

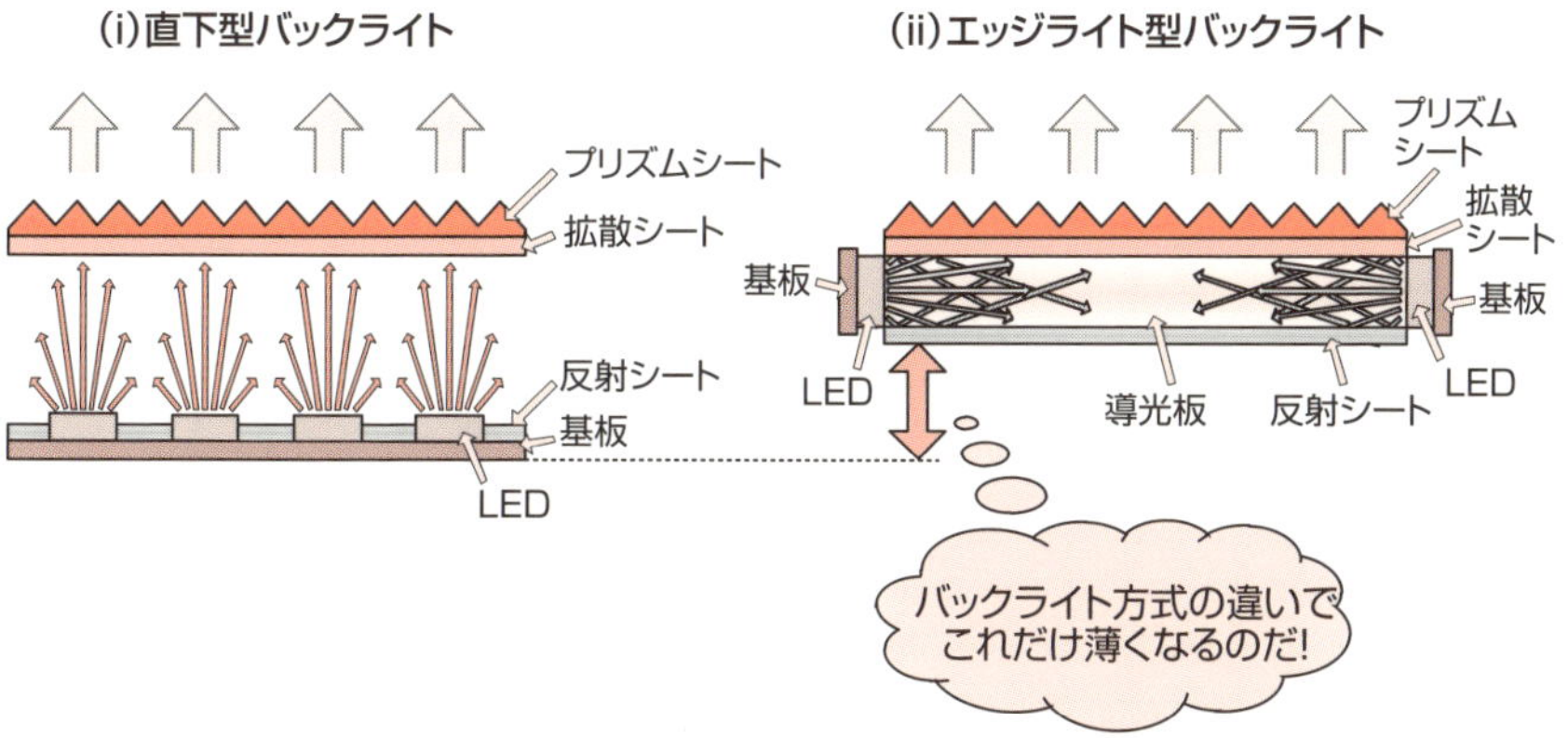
(i)直下型バックライト
プリズムシート
拡散シート
反射シート
基板
LED
(ii)エッジライト型バックライト
プリズム
シート
拡散
シート
基板
基板
LED
導光板
反射シート
LED
バックライト方式の違いで
これだけ薄くなるのだ!

(b)バックライトは、省電力化に向かって進化している!

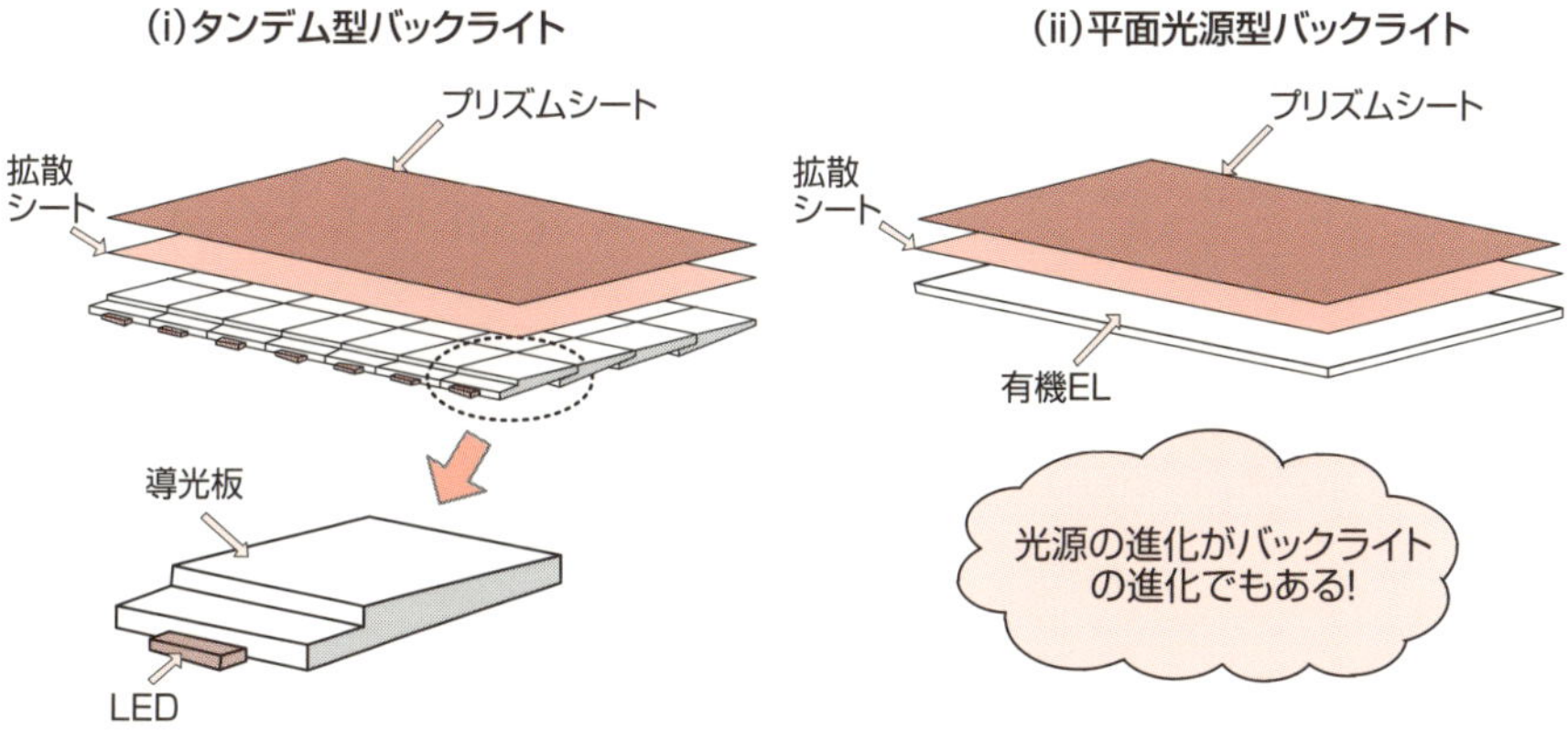
(i)タンデム型バックライト
プリズムシート
拡散
シート
導光板
LED
(ii)平面光源型バックライト
プリズムシート
拡散
シート
有機EL
光源の進化がバックライト
の進化でもある!

用語解説

●**タンデム型バックライト**:エッジライト型を小ブロック化し、それをタイルのように敷き詰めて大型の面光源化し、光の利用効率が高く、また、薄くできるバックライトです!

47 バックライトの光源には、どんなものがあるの？

バックライトの各種光源

液晶ディスプレイを魅力的な製品にするには、低消費電力、薄型軽量、高輝度、長寿命、低価格などで、これを左右するのがバックライト（光源）です。

バックライト用光源には、①冷陰極蛍光ランプ（Cold Cathode Fluorescent Lamp：CCFL）、②擬似白色発光ダイオード（Light Emitting Diode：LED）、③有機エレクトロルミネッセンス（Electro Luminescence：EL）等があります（左図ⓐ参照）。

冷陰極蛍光ランプは当初、パソコンのバックライト用光源として実用化され、2003年末の地上デジタル放送開始にともなう液晶テレビの普及により、液晶テレビのバックライト用光源として大いに用いられてきました。しかし最近では、省電力化や水銀の環境保全問題等から低消費電力、水銀レス、高輝度等の特徴を有するLEDをバックライト用光源として使用する傾向になってきています。

このLEDは、点光源の特徴を活かし、配置や画面サイズに対する柔軟性から液晶ディスプレイの薄型・軽量化へ貢献してきています。一方、今後の新たなバックライト用光源として、有機ELの開発が実用化へ向けて取り組まれています。有機ELは、冷陰極蛍光ランプやLEDに比べて面状光源、超薄型、超軽量等の特徴をもっています。しかし現在、発光効率が低く、短寿命などから小画面ディスプレイ用に限定されておりますが、近い将来、大画面液晶テレビなどに期待がもてる光源と考えられます。つまり、消費電力と制御のしやすさから冷陰極蛍光ランプ→LED→有機ELの方向へ進むものと予想されます。

このように、液晶ディスプレイの消費電力はバックライト用光源の種類で大体決まり、また光源の採用には、性能以外にコストや信頼性面なども重要です（左図ⓑ参照）。

要点BOX

- バックライト用光源には、①冷陰極蛍光ランプ、②擬似白色発光ダイオード、③有機エレクトロルミネッセンス等があります！
- LED光源は、液晶ディスプレイの薄型・軽量化へ貢献しています！

(a)どんな種類の光源があるの?

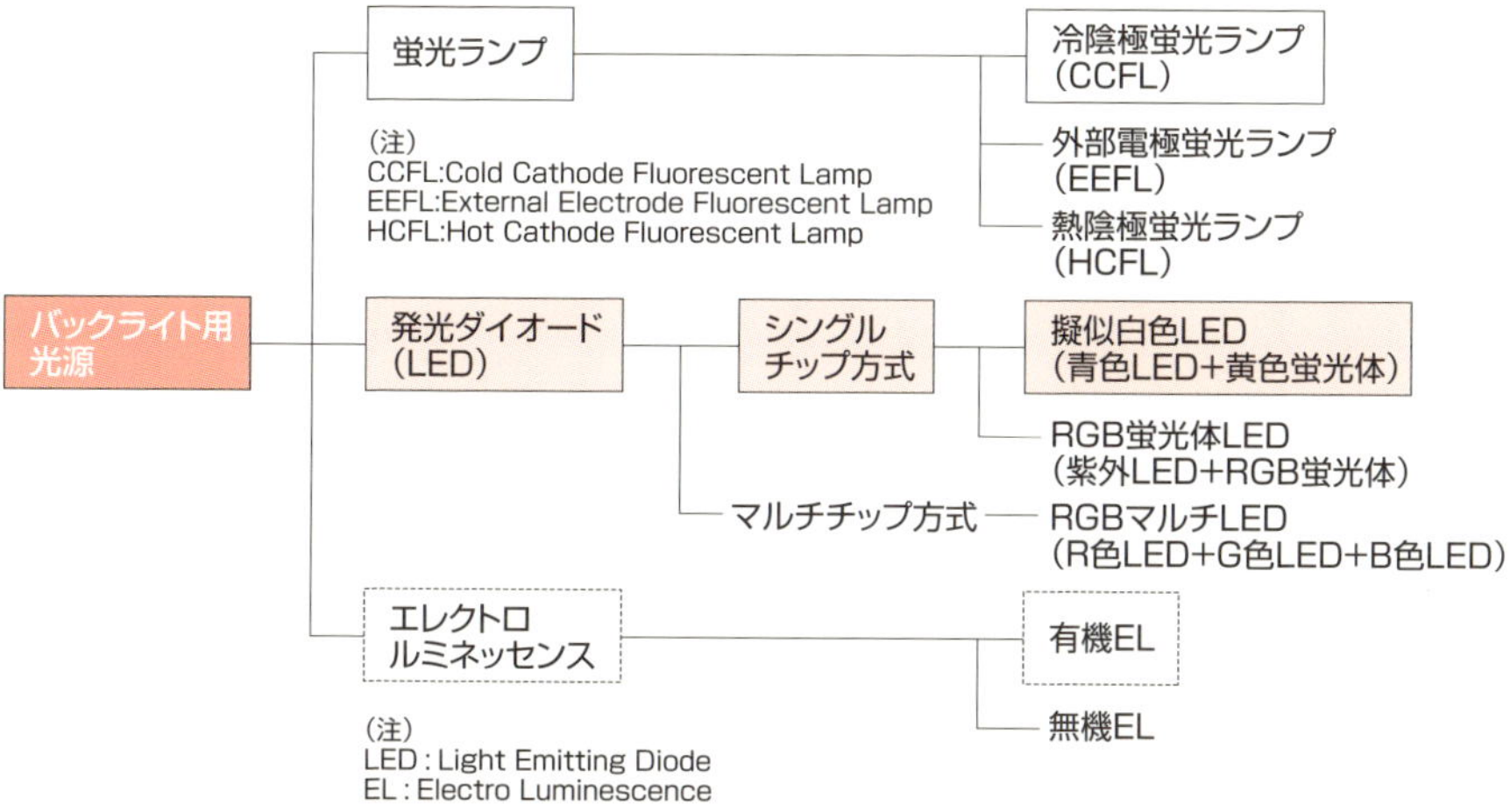
バックライト用光源
蛍光ランプ
冷陰極蛍光ランプ(CCFL)
外部電極蛍光ランプ(EEFL)
熱陰極蛍光ランプ(HCFL)
(注)
CCFL:Cold Cathode Fluorescent Lamp
EEFL:External Electrode Fluorescent Lamp
HCFL:Hot Cathode Fluorescent Lamp
発光ダイオード(LED)
シングルチップ方式
擬似白色LED(青色LED+黄色蛍光体)
RGB蛍光体LED(紫外LED+RGB蛍光体)
マルチチップ方式
RGBマルチLED(R色LED+G色LED+B色LED)
エレクトロルミネッセンス
有機EL
無機EL
(注)
LED : Light Emitting Diode
EL : Electro Luminescence

(b)バックライト光源には、どんな特徴があるの?

項目		冷陰極蛍光ランプ(CCFL)	発光ダイオード(LED)	有機EL
形 状		線光源	点光源	面光源
発光原理		放電現象	半導体再結合	分子内再結合
白色化原理		水銀の紫外線と蛍光体による可視化	LEDの発光色と蛍光体による白色擬似化	RGBの有機化合物による発光
発光条件	電圧	800~2,000Vの交流	3.2~4.0Vの直流	5~10Vの直流
	電流	5~10mA	15~80mA	数~数十mA/cm^2
特徴		・水銀の含有! ・赤外線の放出! ・高速制御困難!	・環境保全可! ・紫外線の無放出! ・高速制御容易! ・集合化で線・面光源可!	・環境保全可! ・紫外線の無放出! ・高速制御容易! ・薄型化容易!

用語解説

●**外部電極蛍光ランプ**:External Electrode Fluorescent Lamp(EEFL)のことで、電極が外部にあり、電極部を除いて発光原理が冷陰極管とほぼ同一な構造です。このEEFLの発熱はほとんどないとされていますが、電極部での発熱が多く、また、光量は低いのですが、低電力で動作可能であり、軽量で寿命が長いことなどの特徴をもちます!

●**熱陰極蛍光ランプ**:Hot Cathode Fluorescent Lamp(HCFL)のことで、一般の蛍光灯に利用されるランプです。この熱陰極蛍光ランプは、発光効率や光量が高いのですが、外径が通常15~35mmと太く、小型・薄型化が難しいランプです!

48 バックライトは、どんな部品で構成されているの？

バックライトの構成部品

　液晶ディスプレイの輝度（明るさ）、輝度均一性、色度（色あい）等はバックライトの特性に依存し、バックライトを構成する部材の性能や組合せによって大きく変わってきます。ここでは、エッジライト型バックライトを一例にとり、その構成と各部材の働きを見ていきます。

　エッジライト型の導光板は、サイドからの光を液晶パネル面へ照射する働きをもち、その特性は透明度と強度等が必要で、アクリル樹脂平板が一般に用いられます。その側面には冷陰極蛍光ランプやLEDを配置し、導光板の底面には光源から出射する光を効率よく均一に行きわたるように平面光源化するためのドットパターンが施され、そのパターンの形状や配置は各バックライトメーカ独自の工夫がなされています（左図ⓐ参照）。また、導光板の下部（底部）には導光板の底部から外に漏れる光を再度導光板に戻し、光のロスを少なくするために白色顔料を添加したポリエステルフィルム等を素材とする反射シートが設けられます。さらに、導光板の上部（表面部）には導光板から出る光の均一性を向上させるために拡散コーティングされた半透明のポリエステルフィルム等を基材とした拡散シートが載せられます。さらにその上部に、ポリエステルフィルムの表面に山形や半円形に微細加工（プリズム）を施した輝度向上シートやプリズムシート（一般に、集光シートと呼称）を重ね合せ、これらの部材をカバーで覆ってバックライトを構成します（左図ⓑ参照）。

　直下型バックライトは、光源から出た光が液晶パネルを直接照射する構造ですので導光板が不要で、その他はエッジライト型と同じ部材が用いられます。

　今後、バックライトに用いられる部材は、液晶ディスプレイの機能の複合化等により更なる性能向上が行われ、光源とともに液晶ディスプレイの部材削減、トータルコスト低減、軽量化、薄型化、省電力化に重要な部材として寄与していくものと思われます。

要点BOX

●エッジライト型バックライトは、導光板、冷陰極蛍光ランプやLEDなどの光源、反射シート、拡散シート、集光シートから構成されています！

(a)導光板によって光が均一化するのは?

(i)光の拡散イメージ

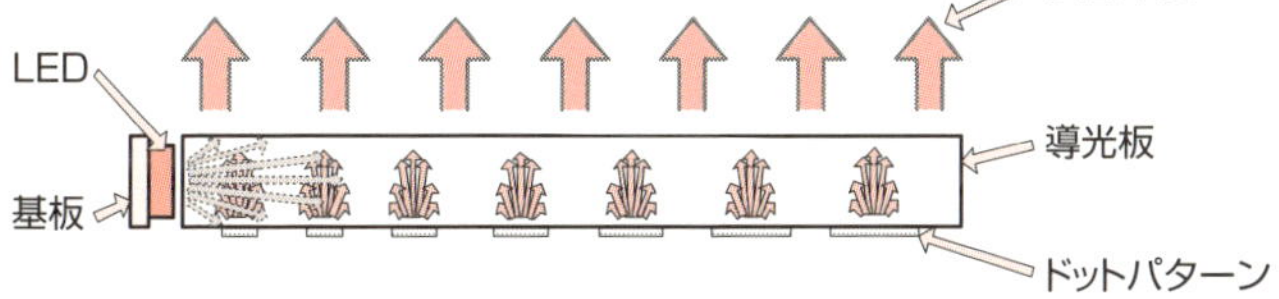

(ii)ドットパターン配置一例

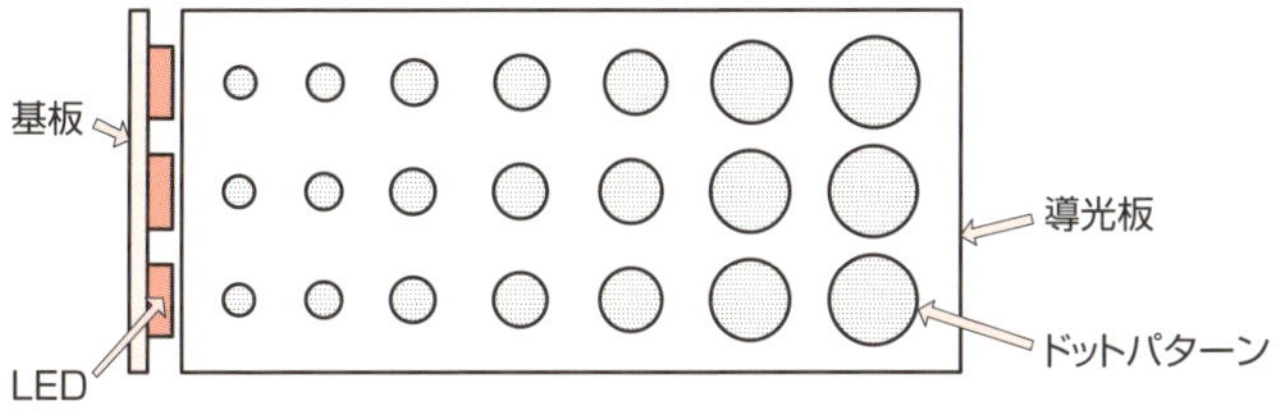

(b)エッジライト型バックライトの構成部品は?

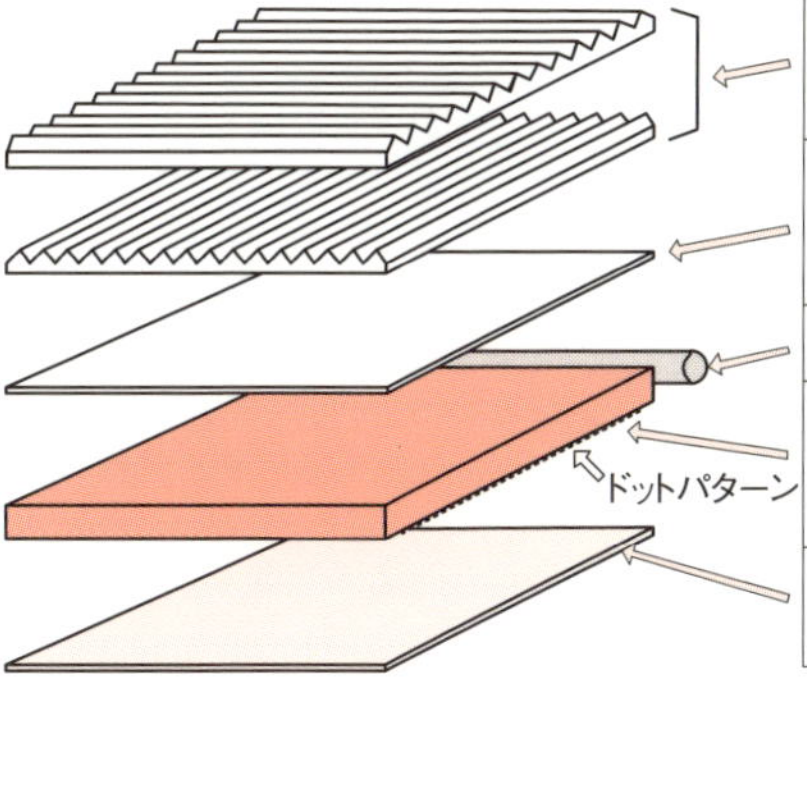

構成部材	機能概要
集光シート（輝度向上シート プリズムシート）	均一化された光をプリズム等で集光させ、液晶パネルへ光を効率よく照射します!
拡散シート（拡散板）	光源からの光を導光板で液晶パネル側へ照射し、拡散シートで光を拡散させて輝度の均一化を図ります!
光源	バックライトの光源
導光板	側面に配置された光源の光をドットパターンで均一化し、効率よく液晶パネル側に導きます!
反射シート	導光板からのロス光を反射させて再利用します!

49 バックライトは、どのようにして造られるの？

バックライトの製造工程

バックライトの構成や性能は、液晶ディスプレイの仕様に基づき決定されます。例えば、ディスプレイの画面サイズや厚みなどの外観形状、輝度や輝度均一性等の光学特性、消費電力や目標コストなどです。これらを基に、最初に、バックライトの方式や光源の種類が決められます。次に、光学特性を基に光学設計を行い、コンピュータで目標の光学特性を確保するまでシミュレーションを数回繰り返し行い、光源の配置、光学シート（反射シート、拡散シート、集光シート）類などの部材を決定します。また、エッジライト方式のシミュレーションにおいては、導光板の裏面に施されるドットパターンの配列や形状等が決定されます。この段階において、バックライトの大まかな光学性能と消費電力等の性能が見極められます。

光学設計の終了後、光学シート類は各シート専門メーカへ発注し、導光板はドットパターンの形状や配列等の設計後、金型一体成型技術、あるいは、印刷技術などを用いて製作されます。

以上の部材が揃った後、これらを組み合わせて光源の組み立てに入ります。例えば、冷陰極蛍光ランプですと反射シートとランプを組み立て、LEDですと基板にLEDを実装します。次に、導光板、反射シート、拡散シート、集光シートなどを重ね合わせ、光源と一体化してバックライトにします。出来上がったバックライトは、輝度、輝度均一性等の光学特性の測定を行い、品質検査を行った後、液晶ディスプレイの組立工程へ流れていきます。液晶テレビのような大画面サイズの製品では、ディスプレイ組立工程内にバックライトの部材を持ち込んでディスプレイとともに組み立てます（左図参照）。

バックライト組立工程においては、空気中に浮遊している数ミクロンメートルの微細なゴミ等が不良の原因になるためにクリーンルームと呼ばれる空気清浄度のよい部屋で組み立てられます。

要点BOX

●バックライトは、液晶ディスプレイの仕様に基づき、バックライトの方式、光源等を決め、目標の輝度、均一性等の光学特性を確保し、光学部材等を決めます！

バックライトは、どのようにして造られていくの?

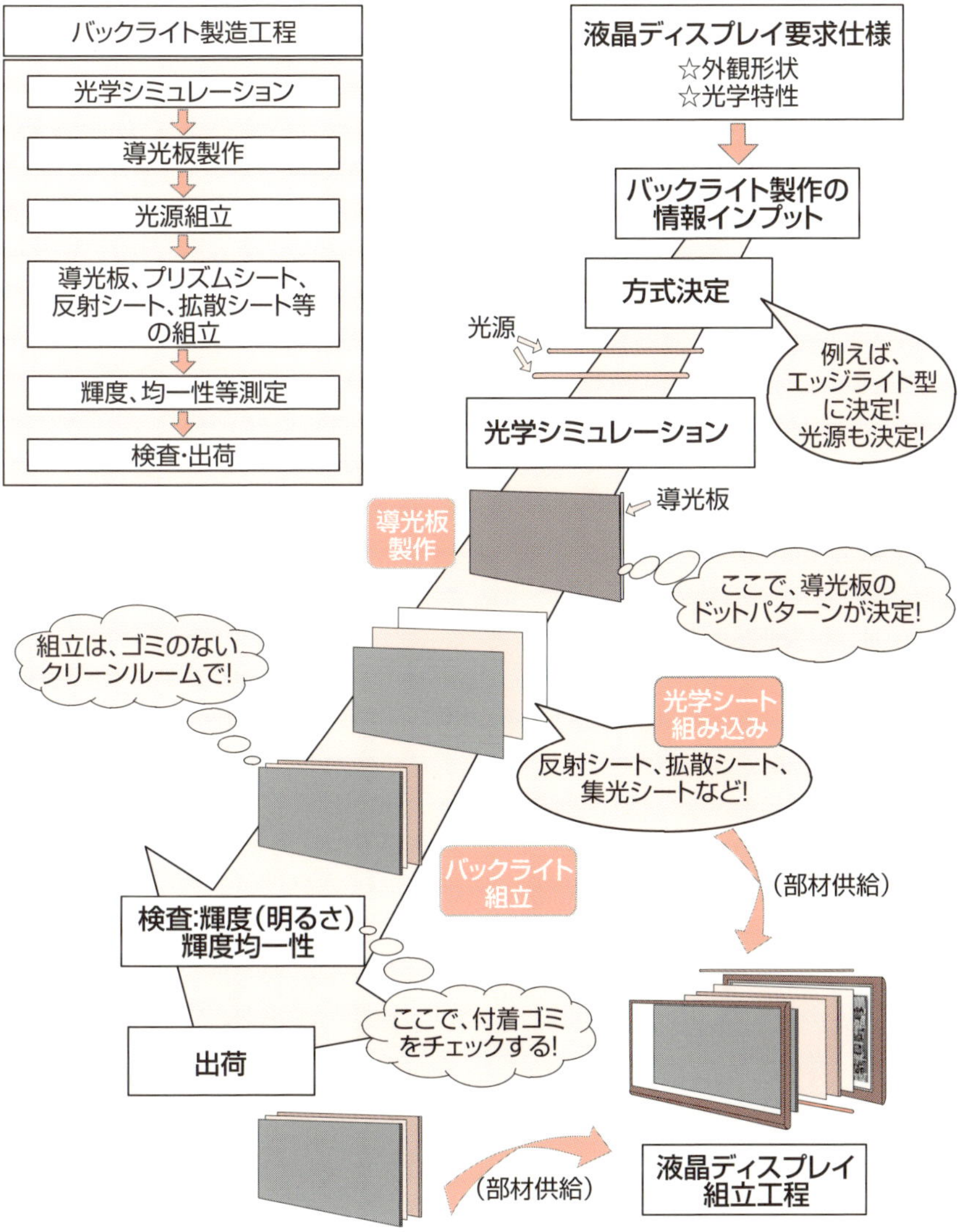
バックライト製造工程
光学シミュレーション
導光板製作
光源組立
導光板、プリズムシート、反射シート、拡散シート等の組立
輝度、均一性等測定
検査・出荷
液晶ディスプレイ要求仕様
☆外観形状
☆光学特性
バックライト製作の情報インプット
方式決定
光源
例えば、エッジライト型に決定!光源も決定!
光学シミュレーション
導光板
導光板製作
ここで、導光板のドットパターンが決定!
組立は、ゴミのないクリーンルームで!
光学シート組み込み
反射シート、拡散シート、集光シートなど!
(部材供給)
バックライト組立
検査:輝度(明るさ)輝度均一性
ここで、付着ゴミをチェックする!
出荷
(部材供給)
液晶ディスプレイ組立工程

50 冷陰極蛍光ランプって、どんな光源?

冷陰極蛍光ランプの構造と発光原理

冷陰極蛍光ランプは、放電現象を利用して発光し、家庭用蛍光ランプと似ていますが、大きな違いは電極構造にあります。

家庭用蛍光ランプは、熱陰極蛍光ランプと呼ばれ、電極に電子を放出する物質を塗布したコイル状のフィラメントをもっており、このフィラメント電極を加熱して放電をしやすくし、商用電気（１００Ｖ交流）で直接点灯することができます。

一方、冷陰極蛍光ランプは、電極を加熱せずに高い周波数の高電圧を印加して放電させます。したがって、家庭用蛍光ランプのようなフィラメントはありませんので電極構造が簡単で、ランプを細くすることができます（左図ⓐ参照）。例えば、管径は熱陰極蛍光ランプで15～35㎜位、冷陰極蛍光ランプで１・６～５㎜位の範囲にあります。さらに冷陰極蛍光ランプは、フィラメントがありませんので長寿命で調光が容易にでき、バックライトに適した光源なのです。

冷陰極蛍光ランプの構造は、内壁に蛍光体を塗布したガラス管と電極を外部に取り出すリード端子からなり、ガラス管内には電極、封入ガス（アルゴンやネオン等）、水銀などを封入して構成されています（左図ⓑ参照）。

この冷陰極蛍光ランプの発光は、インバータと呼ばれる駆動回路によって35～60kHzの高周波数、約1,000V前後の高電圧を冷陰極蛍光ランプの電極に印加して放電を行わさせ、発光させます。

液晶テレビなどに用いられるバックライト内のランプは開発当初、一本のランプを一つのインバータで駆動していましたので液晶テレビの総消費電力の内、バックライトの消費電力が２００５年、40型で75%以上を占めていました。しかし最近では、インバータの効率向上や一つのインバータで複数のランプを駆動するなどの技術開発が行われ、２０１１年、40型で65%低減になり、省電力化への取組みが継続されています。

要点BOX

●冷陰極蛍光ランプは、放電現象を利用して発光し、家庭用蛍光ランプ（熱陰極蛍光ランプ）と似ていますが、大きな違いは電極構造にあります!

(a)冷陰極蛍光ランプって、どんな光源?

冷陰極蛍光ランプ
コイルがないから
スリムだし、寿命も
長いんだよ!
家庭用蛍光ランプ
(熱陰極蛍光ランプ)
兄弟なのにずいぶん
違うんだなぁ〜!

(b)冷陰極蛍光ランプの発光原理と駆動回路

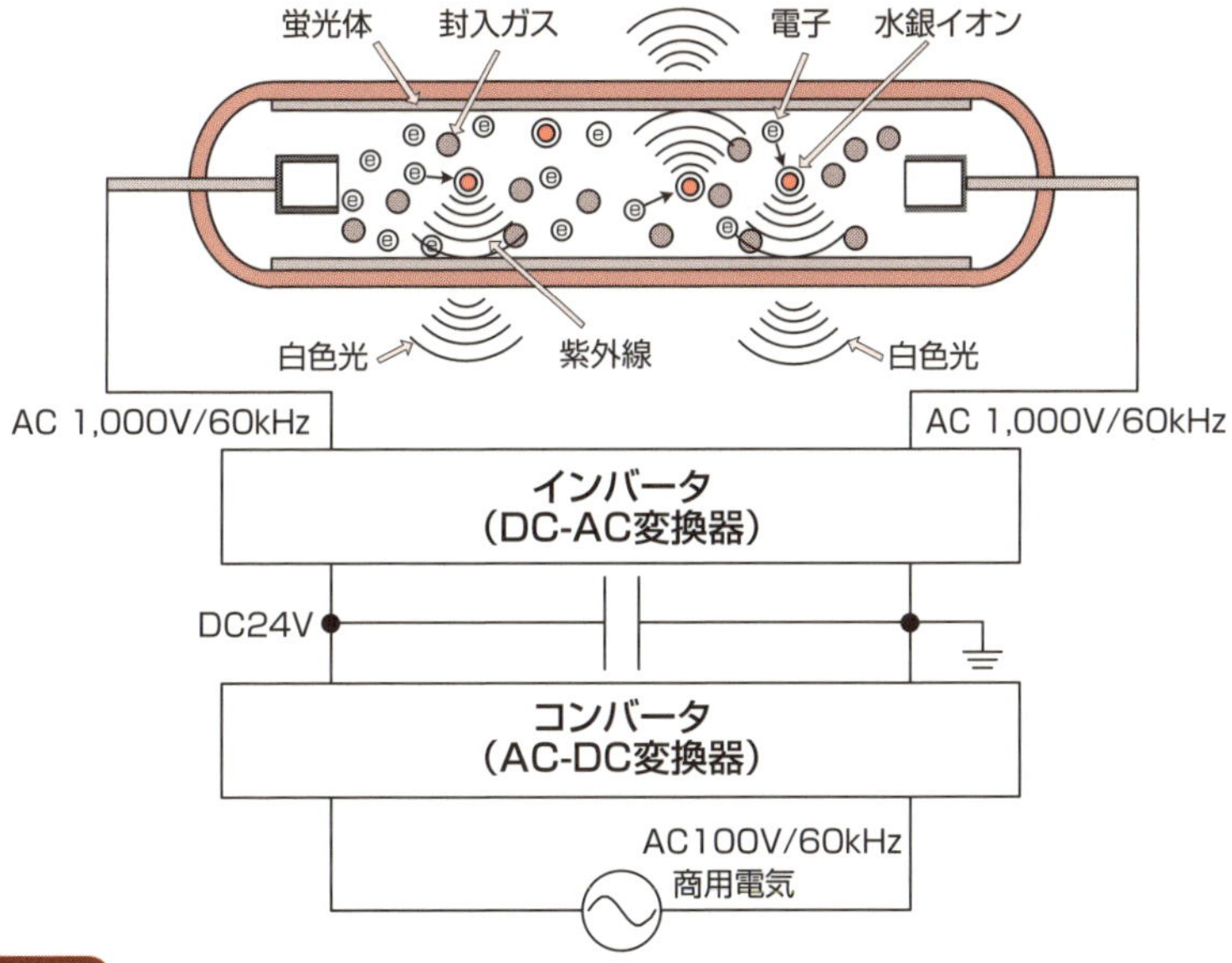
蛍光体
封入ガス
電子
水銀イオン
白色光
紫外線
白色光
AC 1,000V/60kHz
AC 1,000V/60kHz
インバータ
(DC-AC変換器)
DC24V
コンバータ
(AC-DC変換器)
AC100V/60kHz
商用電気

用語解説

●熱陰極蛍光ランプ:Hot Cathode Fluorescent Lampのことで、一般の蛍光灯に利用されるランプです。この熱陰極蛍光ランプは、発光効率や光量が高いのですが、外径が通常15〜35mmと太く、小型・薄型化が難しいランプです!

●冷陰極蛍光ランプ:Cold Cathode Fluorescent Lampのことで、外部からの加熱用エネルギーなしで陰極から電子を放出し、発光させるランプで、熱陰極蛍光ランプに比べて陰極における電圧降下が大きく、その電圧降下分はランプの発光に寄与せず、熱的な損失になります。このために冷陰極蛍光ランプは熱陰極蛍光ランプに比べて発光効率が若干低い特性をもちます!

51 バックライト用LEDって、どんな光源？

LEDの構造と特徴

LEDは、2000年頃から携帯電話の液晶ディスプレイ用に青色LEDと黄色蛍光体（Yttrium Aluminum Garnet：YAG）の混色による擬似白色LEDをバックライト光源として採用し始め、また2009年頃から、点光源という配置の柔軟性とハイパワー化等によりテレビのバックライト光源に使用され始めています。発光原理は、p型半導体とn型半導体の接合面で起こる電荷の再結合による放出エネルギーを利用して発光します（15項参照）。

バックライト用LEDは、基板の実装形態からサイドビュー型とトップビュー型に分類されます。サイドビュー型は、LEDの出射光が実装基板に対して水平になるように取り付けられる形態です。一方、トップビュー型は、LEDの出射光が実装基板に対して垂直になるように取り付けられる形態です（左図ⓐ参照）。

使用パッケージは耐熱ポリマー樹脂からなり、一面が開口した直方体形状で底面に青色LEDを配置し、その上に黄色蛍光体（YAG）と拡散材等が混入されたエポキシ、あるいはシリコーン樹脂等で封止した構造になっています。近年、色の再現性をよくするために青色LED（紫外LED）と赤+緑色蛍光体を組み合わせた白色LEDが製品化され始めています。

LEDの出射光は、垂直（法線）方向の輝度が高いのでエッジライト型バックライトに適した光源です。しかし、出射角（指向角）が狭いために液晶パネル面に暗部（輝度ムラ）ができやすく、輝度の均一性を損なうことがありますのでLEDの配置には注意が必要になります（左図ⓑ参照）。

このLEDは、電極間に約4V位の低電圧を印加するのみで動作し、また、複数個を同時に発光させる場合、直並列接続が容易なために簡単な回路で駆動できます。さらに、発光の追従性がよいために映像信号と表示タイミングとを同期制御して省電力化する「ディミング技術」（53項参照）に適しています。

要点BOX

●バックライト用LEDの実装形態には、小画面用サイドビュー型と大画面用トップビュー型があります！

(a)バックライト用LEDって、どんな光源?

型　式	サイドビュー型	トップビュー型
形　状	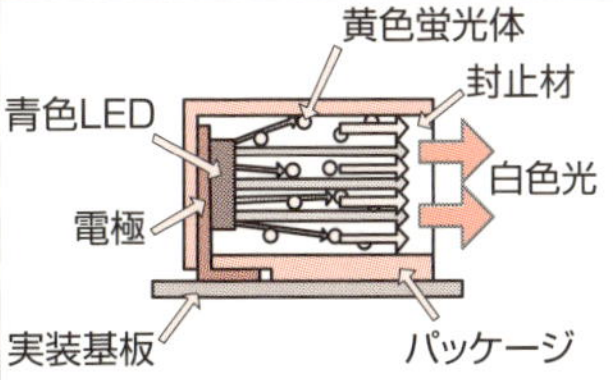黄色蛍光体 封止材 青色LED 白色光 電極 実装基板 パッケージ	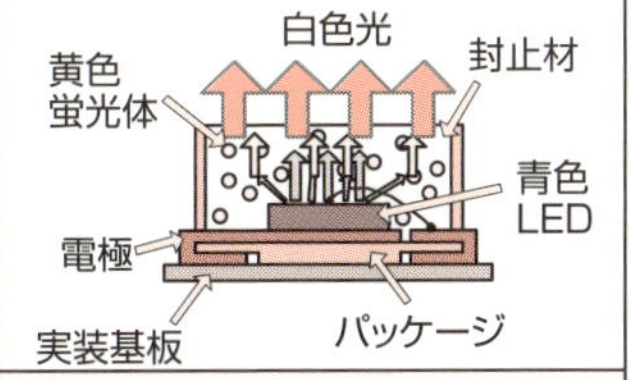白色光 封止材 黄色 蛍光体 青色 LED 電極 実装基板 パッケージ
用　途	☆小パワー用 ☆薄型化用 ☆エッジライト型用 ☆小画面ディスプレイ用	☆大、中パワー用 ☆高輝度、長超寿命用 ☆直下型、エッジライト型用 ☆大中画面ディスプレイ用

(b)バックライト用LEDの特徴は、何なの?

光　源	LED(発光ダイオード)	CCFL(冷陰極蛍光ランプ)
配光特性	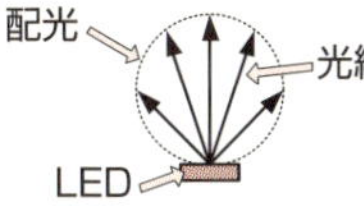配光 光線 LED ランバーシアン配光	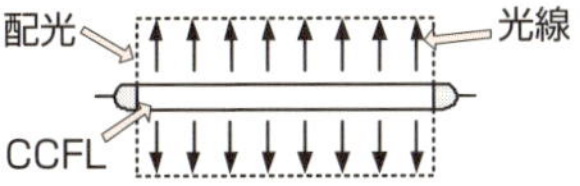配光 光線 CCFL 円筒配光
光源の出射光特性	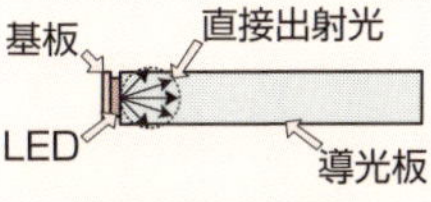基板 直接出射光 LED 導光板 直接出射光:100 %	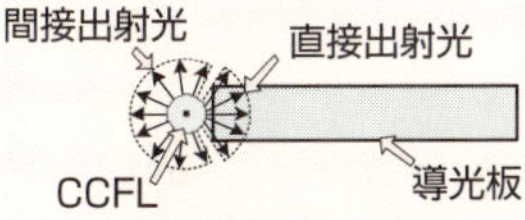間接出射光 直接出射光 CCFL 導光板 直接出射光:30 %
画面領域の輝度均一性	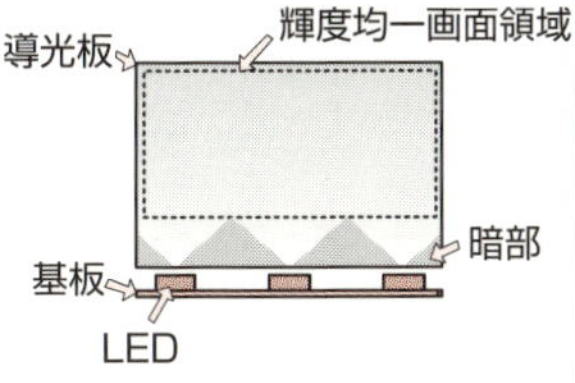導光板 輝度均一画面領域 暗部 基板 LED LED間、または、LED出射光端面に対策必要!	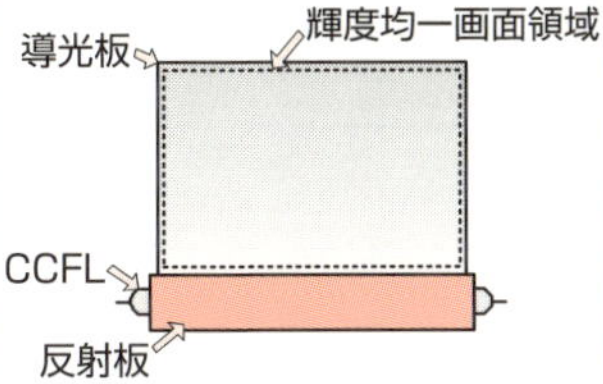導光板 輝度均一画面領域 CCFL 反射板 均一画面領域が広い!

用語解説

●ランバーシアン配光:ランバーシアン配光とは、面光源から放射される均一な配光特性を指します!

●YAG:Yttrium Aluminum Garnetの略称で、イットリウムとアルミニウムの複合酸化物からなるガーネット(石榴石、ざくろいし)構造の結晶を指します!

●ディミング(Dimming):ディミング技術とは、映像に応じてバックライトの明るさを制御する方式のことで、テレビの消費電力削減に大いに寄与しています!

52 バックライト用有機ELって、どんな光源？

有機ELの構造と特徴

有機ELは、面状光源、超薄、超軽量、省電力、高速動作応答、水銀レス（環境保全）等の特徴を有していますので液晶ディスプレイの直下型バックライトに適した光源です。また、線状光源化が可能なのでエッジライト型にも対応できると考えられます。しかし現在、有機ELは発光効率が低く、寿命が短いためにディスプレイ光源の実用化が遅れています。今後、素子構造や有機化合物等の改善によって期待がもてる光源と思われます。

有機ELの発光原理は、LEDと似ていますが、有機分子には正孔や電子がほとんど存在しませんので電気を印加し、陽極と陰極からそれぞれ正孔と電子を注入させて発光させます（42項参照）。

この有機ELは、ガラス基板に透明電極（Indium Tin Oxide/ITO：インジウム・スズ酸化物）を蒸着した陽極とアルミニウム等からなる陰極との間に有機化合物（発光層）を挟み積層し、陽極側のガラス基板を介して光を出射するボトムエミッション型が一般的ですが（左図ⓐⅰ参照）、近年、陰極を透明電極（ITO）に置き換えることによって陰極側から光を出射するトップエミッション型が実用化されつつあります（左図ⓐⅱ参照）。このトップエミッション型は、陽極側のガラス基板を介して光を出射しないために光の効率向上化が図れます。

さらに、アルミニウム・ネオジウム（AlNd）を陰極、透明電極であるインジウム亜鉛酸化物（IZO®）を陽極に用い、しかも、その陽極と有機膜（発光層）との間にバッファ層（三酸化モリブデン（MoO_3））を設けて逆構造型にしたトップエミッション変形型が提案されています（左図ⓐⅲ参照）。

このような構造改良によってバックライト用有機ELは、製品化への道が開けるものと考えられます。ここで、バックライト用有機ELを用いた場合の特徴を左図ⓑにまとめましたので御参考にして下さい。

要点BOX

●バックライト用有機ELには、ボトムエミッション型とトップエミッション型、および陽極と発光層との間にバッファ層を設けた逆構造のトップエミッション変形型が提案されています！

(a)バックライト用有機ELって、どんな光源?

(i)ボトムエミッション型　(ii)トップエミッション型　(iii)改良トップエミッション型（富山大提案）

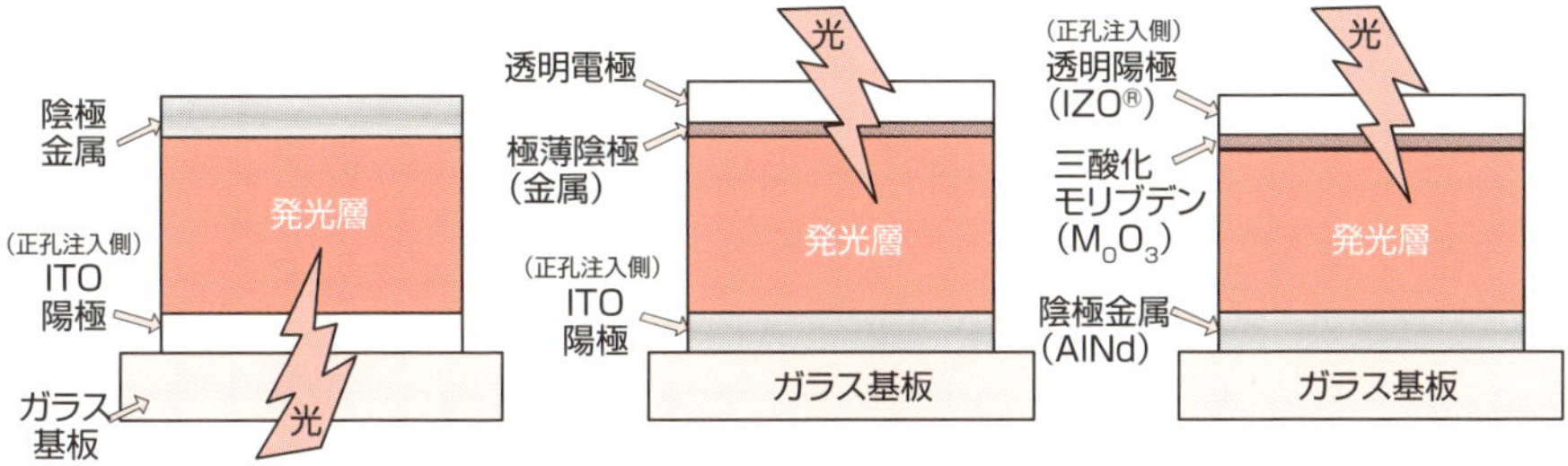
陰極
金属
発光層
（正孔注入側）
ITO
陽極
ガラス
基板
光
光
透明電極
極薄陰極
（金属）
発光層
（正孔注入側）
ITO
陽極
ガラス基板
光
（正孔注入側）
透明陽極
(IZO®)
三酸化
モリブデン
(M$_{o}$O$_{3}$)
発光層
陰極金属
(AlNd)
ガラス基板

(b)バックライト用有機ELの特徴は、何なの?

光　源	有機EL（有機エレクトロルミネッセンス）	LED（発光ダイオード）
配光特性	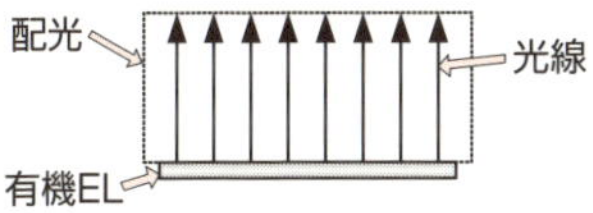配光 光線 有機EL 面状配光	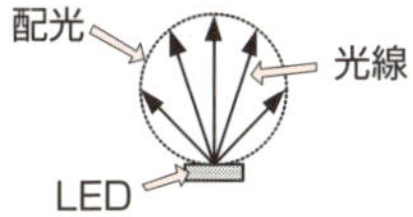配光 光線 LED ランバーシアン配光
光源の出射光特性	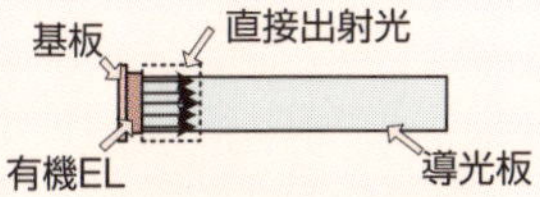基板 直接出射光 有機EL 導光板 **直接出射光：100 %**	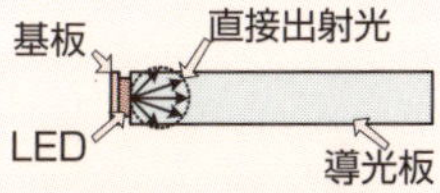基板 直接出射光 LED 導光板 **直接出射光：100 %**
画面領域の輝度均一性	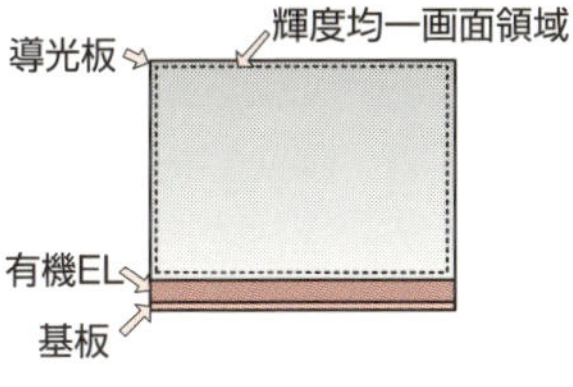導光板 輝度均一画面領域 有機EL 基板 **均一画面領域が広い!**	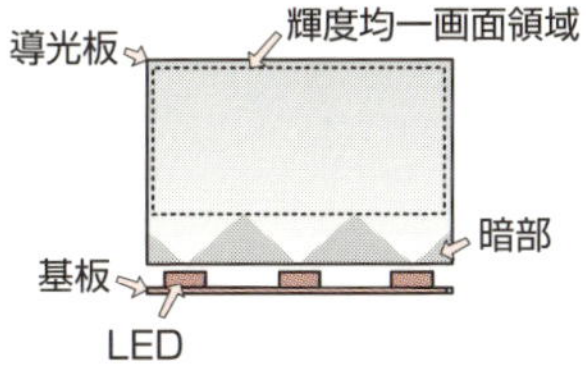導光板 輝度均一画面領域 暗部 基板 LED **LED間、または、LED出射光端面に対策必要!**

用語解説

● IZO®：IZO®はIndium Zincum Oxide の略、酸化インジウムと酸化亜鉛からなる透明電極材料のことです!

● ITO：ITOはIndium Tin Oxide の略、インジウムとスズの酸化物からなる透明電極のことです!

53 ディミングって、どんな技術？

節電に寄与するディミング技術

テレビ映像には、暗いシーンや明るいシーンが混在します。従来の表示技術ですと暗いシーン、明るいシーンともにバックライトを100%点灯し、液晶パネルのシャッターを制御し、画面を暗くしたり明るくしたりして表示していました。しかし、暗いシーンにおけるバックライトの100%点灯は、消費電力の無駄使いですので映像シーンの明暗に合わせてバックライトの明暗を制御するように点灯時間を制御します。この技術を「ディミング技術（dimming：薄暗くなるの意味）」と呼びます。例えば、映像シーンの明るさを中間（明るさ50%）とし、パネルの透過量とバックライトの明るさを制御しますと次のようになります。

①従来技術ですと透過量50%、バックライト100%点灯ですが、②ディミング技術ですと透過量100%、バックライト50%点灯になります。つまり、ディミング技術ですとバックライトの明るさを50%にしましたので消費電力が大幅に低減します（左図ⓐ参照）。

ディミング技術には、次の3方式があります。

ⓐ0D（Zero Dimensional Dimming）…グローバルディミングと呼ばれ、画面全体を同時に制御し、同時にバックライトの全ての光源を制御する方式です。

ⓑ1D（One Dimensional Dimming）…ラインディミングと呼ばれ、画面の水平方向ラインをいくつか分割制御し、バックライトの光源も水平方向に分割、または、配置して明るさを縦方向に制御する方式です。

ⓒ2D（Two Dimensional Dimming）…ローカルディミングと呼ばれ、画面を縦横マトリックス状に分割して画面全体の明るさを小ブロック単位で制御する方式で、バックライトの光源をマトリックス状に配置し、小ブロック単位で画像の明暗シーンに対応して明るさの制御を行う方式です（左図ⓑ参照）。

これらのディミング技術を用いますと省電力化の他に、①画面見易さの向上、②コントラストの向上、③動的特性の向上などの効果が得られます。

要点BOX

●ディミング（Dimming）技術とは、映像に応じてバックライトの明るさを制御する方式のことで、テレビの消費電力削減に大いに寄与し、0D、1D、2Dの3方式があります！

(a)ディミング技術って、どんな技術?

(i)従来の方式

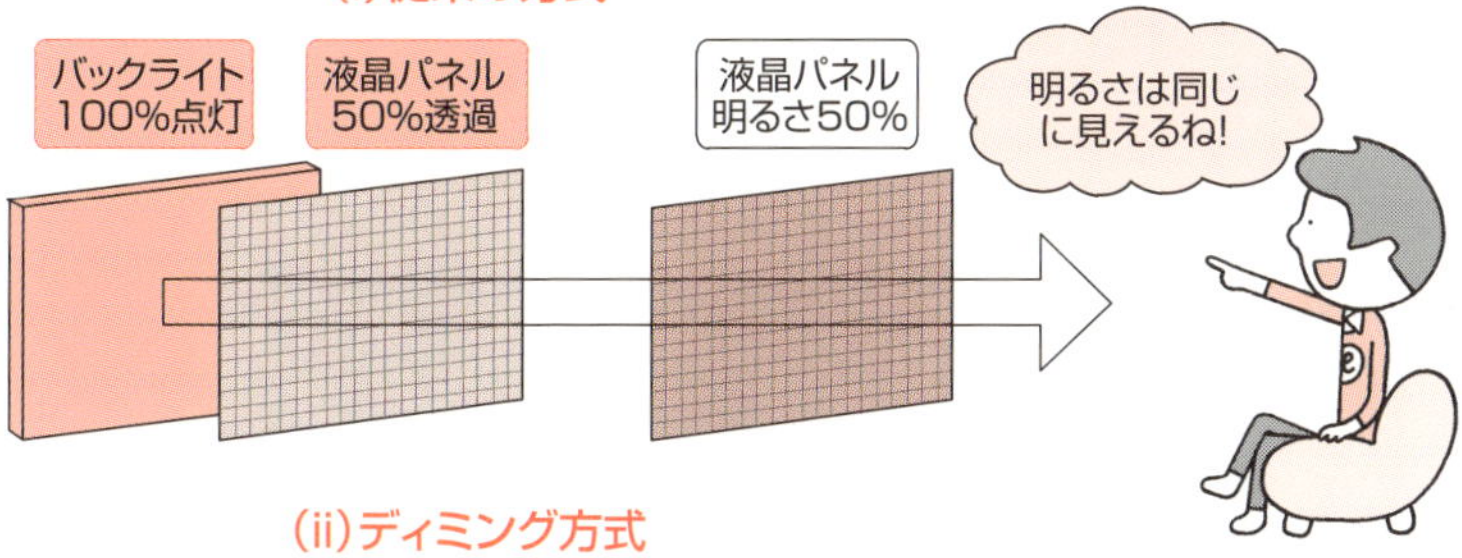
バックライト
100%点灯
液晶パネル
50%透過
液晶パネル
明るさ50%
明るさは同じ
に見えるね!

(ii)ディミング方式

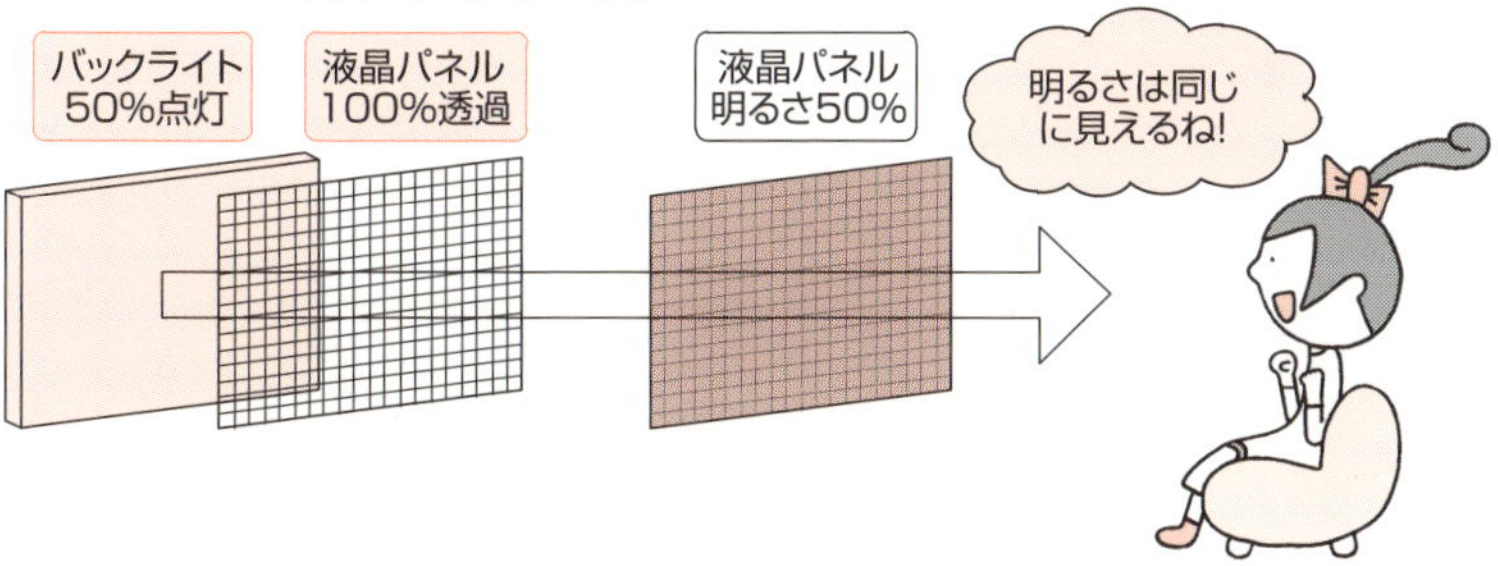
バックライト
50%点灯
液晶パネル
100%透過
液晶パネル
明るさ50%
明るさは同じ
に見えるね!

(b)ディミング技術の特徴は、何なの?

ディミング方式	制御方式(画面分割例)	バックライト方式	光　源	相対消費電力(従来の固定方式100%)
0D方式(グローバルディミング)	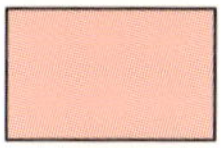 全画面同期	直下型 エッジライト型	LED CCFL	70%
1D方式(ラインディミング)	 ライン制御	直下型	LED CCFL	60%
2D方式(ローカルディミング)	 ブロック制御	直下型 タンデム型	LED	50%

用語解説

●透過量:光が物体の中を通り抜ける量、つまり、照射した光の量に対して物体から出てくる光の量!
●コントラスト(Contrast):コントラストは、白色を表示する光の透過率と黒色を表示する光の透過率との割合で、一般には“コントラスト比(Contrast Ratio)”で表します。この値が大きいほど、“くっきりした画像”になります!

Column ④

エコ・デバイスの隠れた主役（センサもエコ・デバイス）

家庭の消費電力量の約70%は、エアコン、冷蔵庫、照明器具、テレビの四つの家電製品で占められています（下図(a)参照）。これらの家電製品を効率よく節電するため、最近は家電製品の使用条件や設置する環境などに合わせて自動制御する〝節電センサ〟が家電製品に組み込まれています。

この節電センサには、まず、①人物の有無、位置、表情を検出する「人物検知センサ」があります。これには、人体から発する体温（熱線）を赤外線センサで検出し、また、顔の表情・位置などを撮像素子で検出します。

次に、②周りの明るさ、テレビ画面の明暗、照明器具の調光レベル等を検出する「明るさセンサ」があります。このセンサには、フォトダイオードやフォトトランジスタなどが用いられます。

また、③使用環境の温湿度、エアコンの最適な温湿度、冷蔵庫の庫内温度等を検出する「温湿度センサ」があります。この温湿度センサには、サーミスタや感乾性高分子センサ等が用いられます（下図(b)参照）。

さらに、エアコンの風向や風量、テレビ画面のON／OFFや音量、照明器具のON／OFFなどを行うセンサもあります。

これらの節電センサによって得られた情報（信号）は、マイクロコンピュータによって処理され、家電製品の節電を行います。

このように、各種の節電センサを家電製品の機能と連動することによって、〝よりインテリジェンスな省電力化〟が可能になりますので、これらの節電センサを〝エコ・デバイスの隠れた主役〟と言ってもよいのでしょう！

(a)家庭における機器の消費電力量比較

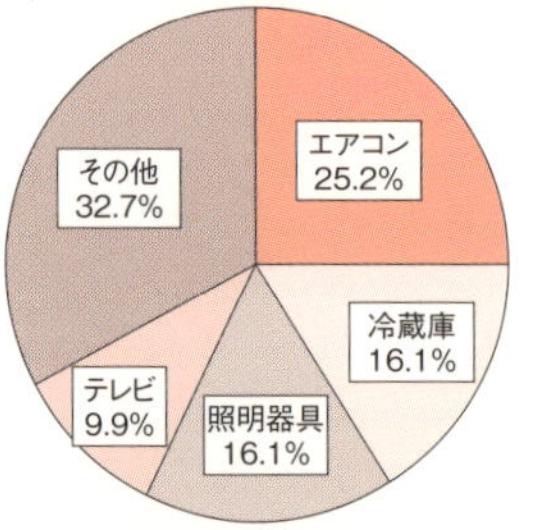

エアコン 25.2%
冷蔵庫 16.1%
照明器具 16.1%
テレビ 9.9%
その他 32.7%

出典：資源エネルギー庁、"2011 年夏、省エネ性能カタログ ― 家計にやさしい省エネ家電一覧 ―"

(b)家電製品には、節電センサが一杯！

人物検知センサ
温湿度センサ等
人物検知センサ
明るさセンサ等
明るさセンサ
温湿度センサ等
人物検知センサ
明るさセンサ等
なぜか？見られているような気がするなぁー！

第5章

太陽電池（太陽光発電）

54 太陽エネルギーはどれくらい得られるの？

エネルギー量とエアマス

現在、温室効果ガス排出量削減に向け、二酸化炭素を排出する火力発電、および、安全性が疑問視されている原子力発電の代替えとして再生可能エネルギーへの取り組みが全世界的に行われています。この再生可能エネルギーの代表と目視されているのが太陽光発電（Photo Voltaic：PV）、すなわち、太陽電池（Solar Cell）です。

太陽光発電とは、左図ⓐのスペクトル特性において示した太陽の光エネルギーを電気エネルギーに変換して発電する方法です。地球に降り注ぐ太陽光エネルギーは約 1.8×10^{17}W ですが、大気中のオゾン、炭酸ガス、水などで吸収が起こるために地表に到達する光エネルギーは約半分になります。これでも一年間（8,760時間）のエネルギー量は約 8×10^{20}Wh と莫大な量になります。この内の一部を電力に変換できれば2012年の全世界の電力需要（推定では 2×10^{16}Wh）を十分満たすことができるのです。すなわち、一時間弱の地球に降り注ぐ太陽エネルギーで一年間の全世界の商用電力をまかなうことができるのです。

太陽光エネルギーは、場所（緯度）により大気を通過する長さ（大気路程）が異なり、大気路程が長くなると光は弱くなります。この大気路程はエアマス（Air Mass：AM）と呼ばれ、左図ⓑに示すように太陽が真上（入射角 $\theta=90°$）にある時、AM=1となり、斜めの角度 θ にある時、$AM=1/\sin\theta$ と長くなり、この長さの分、太陽エネルギーが弱くなるのです。

太陽光発電のために太陽電池を多数敷きつめますが、その発電能力（出力値）は、敷設場所（エアマス）以外に、温度や天候（放射照度）などで変わるため、一定の条件（Standard Test Condition：STC, AM=1.5,1kW/m^2, +25°C）で測定した値で表されます。

このように、太陽光発電は発電量が気象条件に左右され、また夜は発電しませんので蓄電機能を別に設けませんと、いつでも使える電源とはなりません。

要点BOX

●太陽光発電（Photovoltaic power generation: Solar Cell power generation）は、太陽からの光エネルギーを電気エネルギーに変換するものです！

(a)太陽光のスペクトル特性

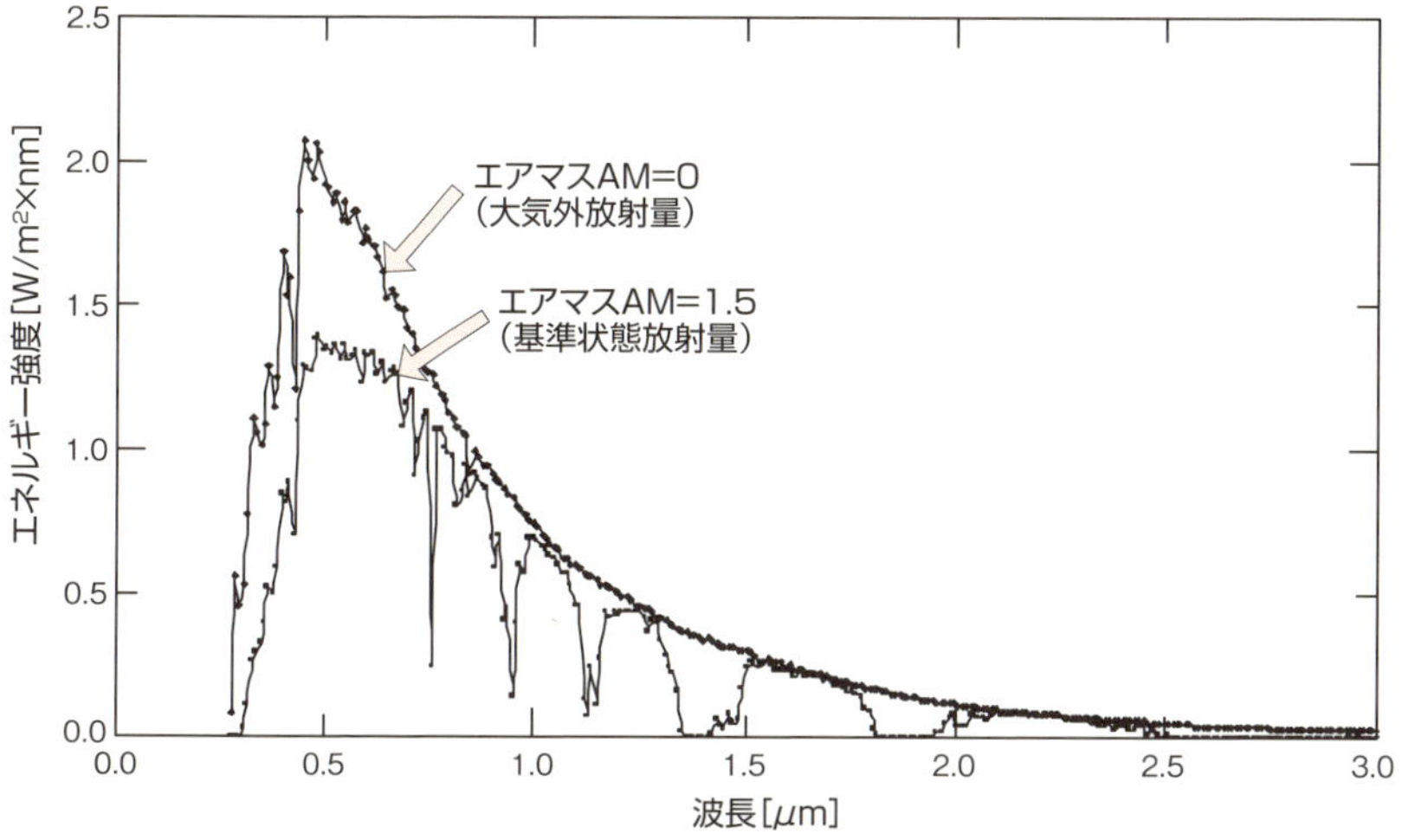

2.5
2.0
1.5
1.0
0.5
0.0
エネルギー強度[W/m^2×nm]
エアマスAM=0
(大気外放射量)
エアマスAM=1.5
(基準状態放射量)
0.0
0.5
1.0
1.5
2.0
2.5
3.0
波長[μm]

出典:NREL(National Renewable Energy Laboratory),"Reference Solar Spectral Irradiance: Air Mass 1.5"

(b)大気路程(エアマス:Air Mass/AM)とは?

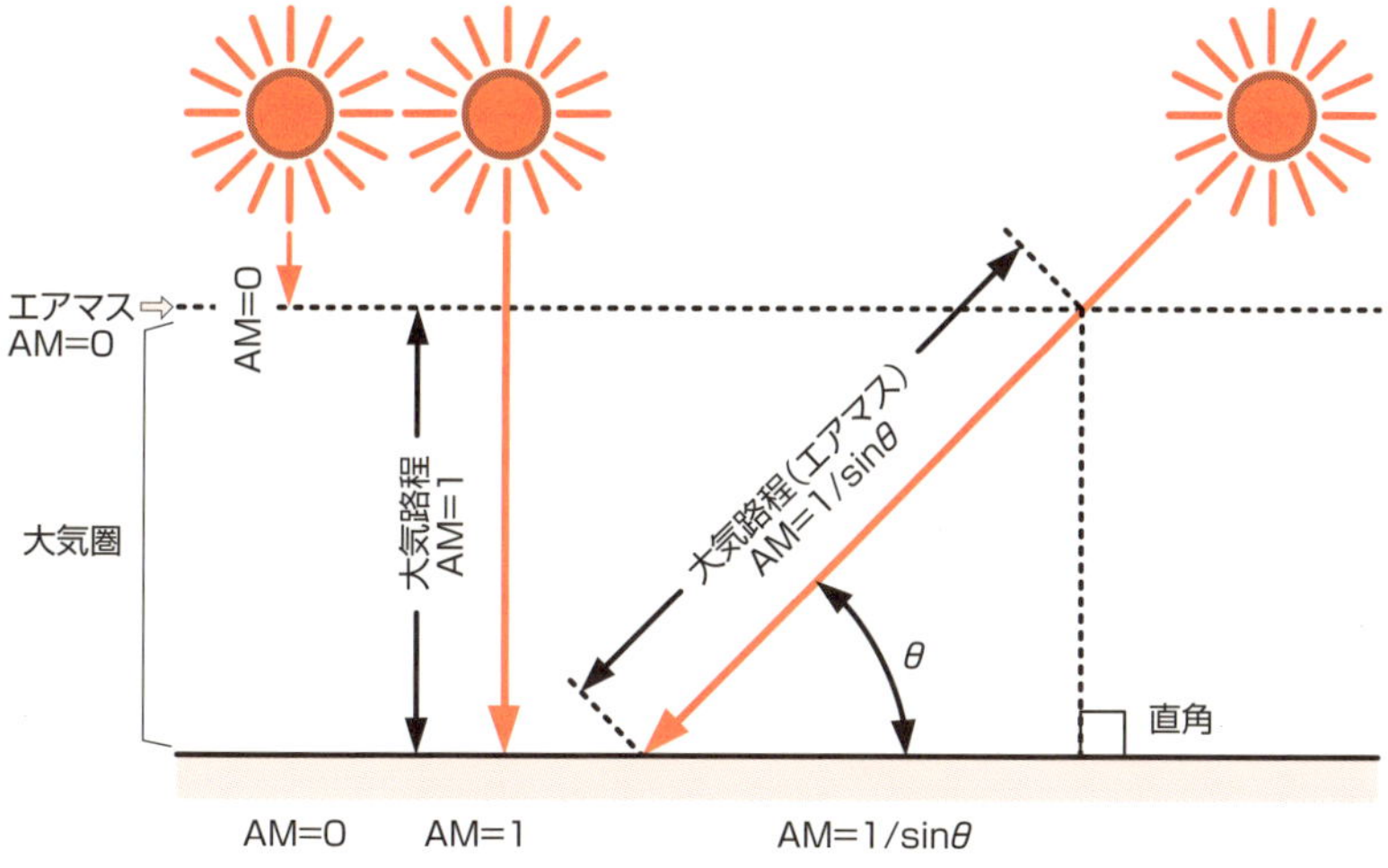

エアマス
AM=0
AM=0
大気圏
大気路程
AM=1
大気路程(エアマス)
AM=1/sinθ
θ
直角
AM=0
AM=1
AM=1/sinθ

用語解説

●**大気路程**:Air Mass と呼ばれ、太陽光が大気圏に入り、地表に到達するまでの距離のことです!

●**スペクトル(Spectrum)特性**:横軸に波長をとり、縦軸に光の強さをとって表すエネルギーの波長(周波数)分布を示すものです!

55 太陽電池と乾電池との違いは何なの？

太陽電池は、電池と呼ばれていても乾電池とは、構造、および、動作原理が異なります。一般的に電池は、電気を生ずる原理によって化学電池、物理電池、生物電池に分類でき、乾電池は化学電池、太陽電池は物理電池です。

化学電池は、イオン化傾向（電解液中で金属が溶けだそうとする傾向）の異なる二種類の金属が電解液に浸され、イオン化傾向が大きな金属は次第に電解液の中に溶け出してイオンになり、電子を放出するマイナス電極になります（酸化）。一方、イオン化傾向の低い金属は電解液に溶けず、電子を受け取るプラス電極になります（還元）。このプラスとマイナス電極間に生じる電流を取り出すのが化学電池です。このように、電池の内部に充填された物質が化学反応によって他の物質に変化し、その際に生じる電気エネルギーを利用するのが「電池」なのです（左図ⓐ参照）

一方、物理電池は、熱や光などのエネルギーを取り入れることで電気エネルギーを取り出す電池で、太陽電池がその代表です。太陽電池は、左図ⓑに示すように、p型とn型半導体を接合し、その境界面に太陽光エネルギーが当たると電流が流れます。その量は日照量の強弱に比例し、それを直接、電気エネルギーとして外部に取り出すしくみになっています。使用される半導体は、シリコンの他、様々な化合物半導体、有機物があり、それぞれ異なる特徴をもち、用途に合わせて使い分けられています。

太陽電池は、太陽光がある時だけ発電し、太陽電池の作り出す電気エネルギーを直接使用することは稀です。電力会社の電線につないで、余った分は買い取ってもらい、あるいは、一旦蓄電池に蓄電し、使用することになります。大々的に使うようになると、この蓄電池が重要になります。また、場合によって、この蓄電池のコストが太陽電池システムのコストに占める割合において大きくなる可能性があります。

要点BOX

●電池には、電気を生ずる原理によって化学電池、物理電池、生物電池に分類でき、この内、化学電池には乾電池が、物理電池には太陽電池があります！

(a)乾電池の構造の一例

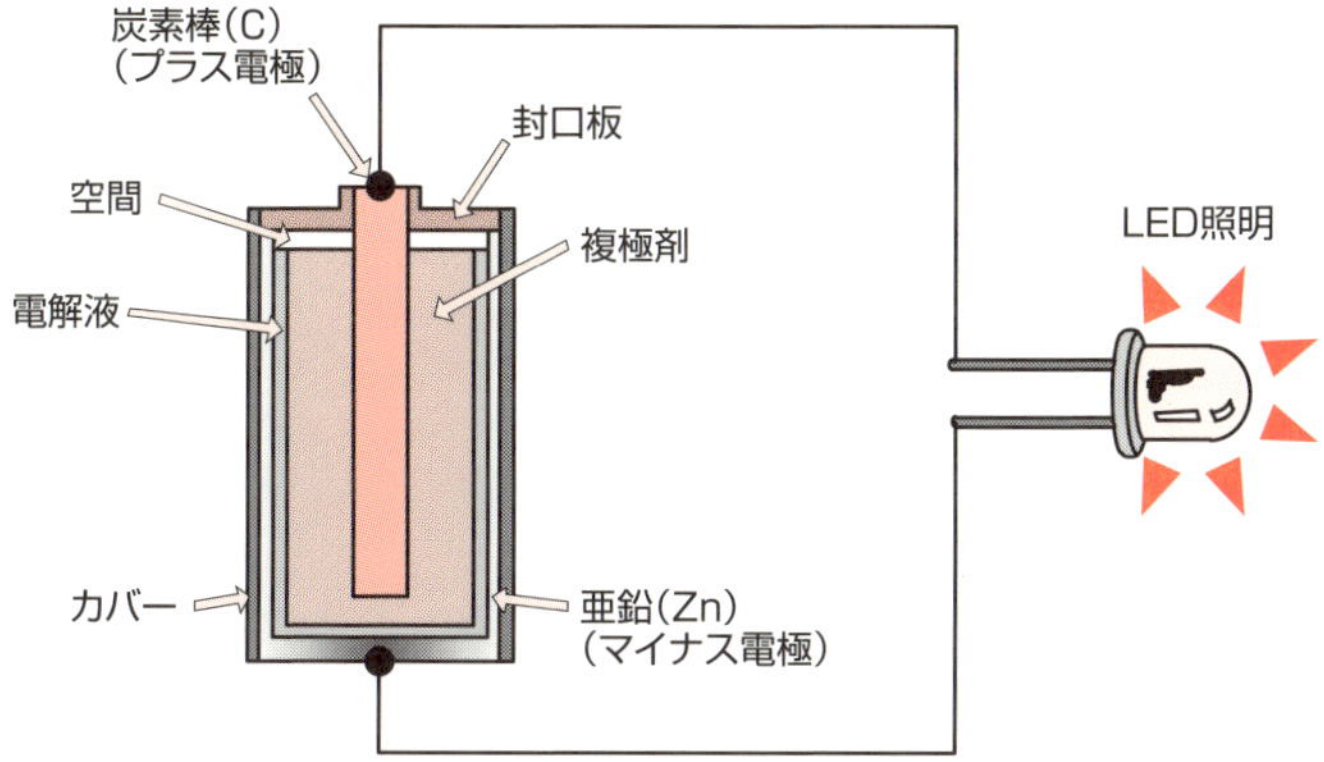
炭素棒(C)
(プラス電極)
封口板
空間
複極剤
電解液
LED照明
カバー
亜鉛(Zn)
(マイナス電極)

(b)太陽電池の構造の一例と光電流の発生

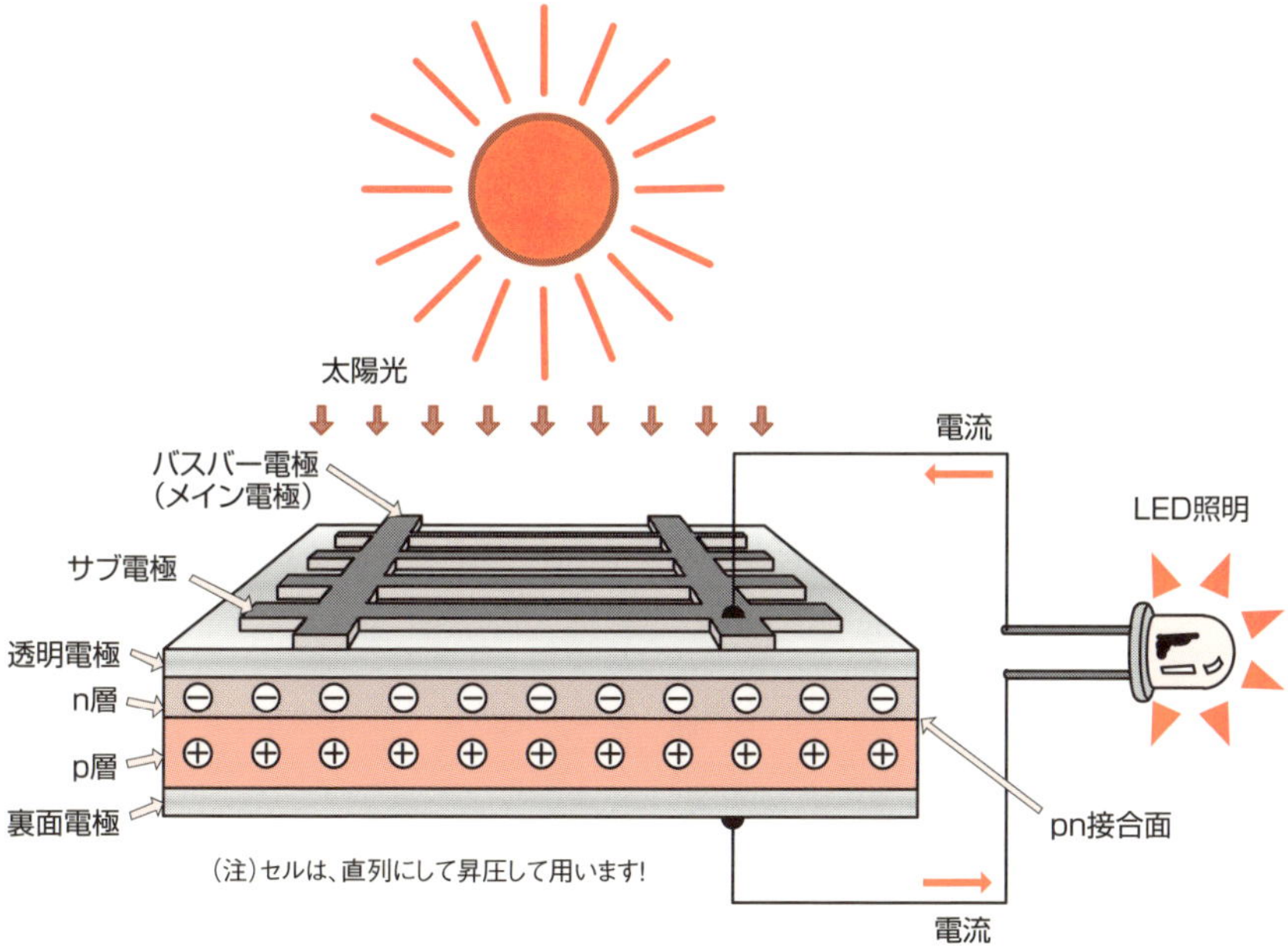
太陽光
電流
バスバー電極
(メイン電極)
LED照明
サブ電極
透明電極
n層
p層
裏面電極
pn接合面
電流

(注)セルは、直列にして昇圧して用います!

用語解説

●**p型半導体**:Ⅳ族のシリコン結晶格子の一部をボロンなどのⅢ族の原子で置き換えることによって正孔(ホール:正の電荷)が電気の運び手(キャリア)になる半導体を指します!

●**n型半導体**:Ⅳ族のシリコン結晶格子の一部をリンなどのⅤ族の原子で置き換えることによって電子(エレクトロン:負の電荷)が電気の運び手(キャリア)になる半導体を指します!

56 いろいろなタイプが太陽電池にはある！

太陽電池の種類

太陽電池は、使用される半導体の種類と製造方法によって種々のタイプがあります。その半導体には、シリコンを材料にするものと化合物を材料にするもの、および、有機物を材料にするものに分けられます。さらにシリコンによるものは、結晶系と薄膜系に分けられ、結晶系は単結晶シリコンと多結晶シリコンに分類されます。ここで、代表的な太陽電池の構造と特徴を概説します（左図参照）。

単結晶シリコン太陽電池は、もっとも古くからある結晶系の太陽電池です。高純度単結晶シリコンウェハーを用い、変換効率が最も高い太陽電池ですが、単結晶シリコンを用いますのでコストが高くなります。このため、近年では多結晶シリコンやアモルファス薄膜シリコンなどへ移行しつつあります。多結晶シリコン型太陽電池は、単結晶型と同じ結晶系の一種で、多結晶シリコンウェハーを用い、単結晶型よりも低コストでできますが、多結晶の粒界部分での損失があり、変換効率が単結晶型より多少劣ります。

薄膜アモルファス（非晶質）シリコン太陽電池は、シリコン使用量が極端に少なくすみますが、変換効率が低いために微結晶シリコンセルとアモルファスシリコンセルを重ね合わせた二層構造（タンデム型）にして変換効率を向上させます。また、薄膜アモルファスシリコン型は多結晶シリコン型と異なり、高温環境下でも出力が低下しにくい特徴をもっています。

シリコンを使用しない、銅、インジウム、ガリウム、セレン（CIGS）などの化合物半導体を材料にした太陽電池が低コストで変換効率を高めてきており、実用化に向けて急速に注目され始めています。また、宇宙用電池として用いられている高効率のガリウム砒素を用いた化合物半導体もあります。

さらに、p型とn型の有機物半導体のpn接合を用いるもの、色素を材料とした原理が異なる色素増感太陽電池もあります。

要点BOX

●太陽電池は、使用される半導体の種類と製造方法によって種々のタイプがあり、シリコン系太陽電池には、単結晶系、多結晶系、アモルファス系があります！

いろいろなタイプの太陽電池がある!

分類		構造
シリコン半導体	**結晶系** 単結晶シリコン系 多結晶シリコン系	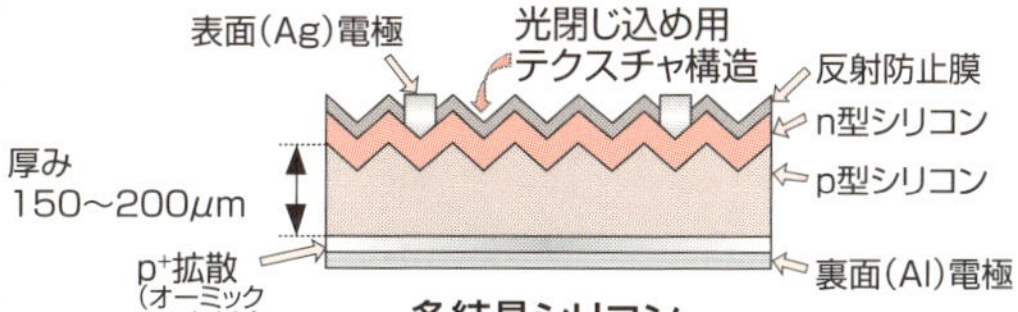表面(Ag)電極 光閉じ込め用 テクスチャ構造 反射防止膜 n型シリコン p型シリコン 厚み 150〜200μm p^+拡散 (オーミック コンタクト) 裏面(Al)電極 **多結晶シリコン**
	薄膜系 非晶質 (アモルファス) シリコン系	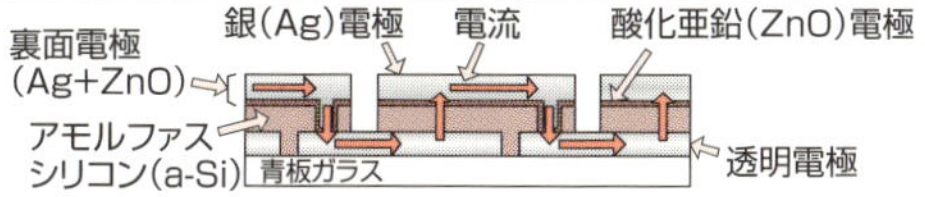銀(Ag)電極 電流 酸化亜鉛(ZnO)電極 裏面電極 (Ag+ZnO) アモルファス シリコン(a-Si) 青板ガラス 透明電極 **薄膜アモルファスシリコン**
化合物半導体	**Ⅲ-Ⅴ族系** GaAs (ガリウム砒素) GaInP (ガリウム・ インジウム・リン) など	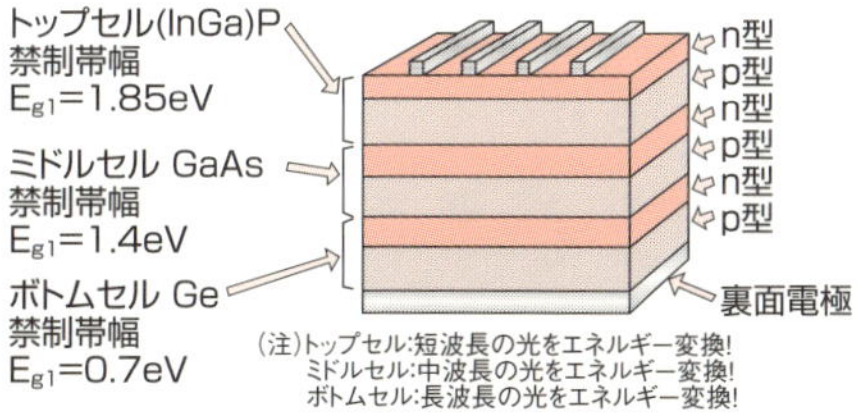トップセル(InGa)P 禁制帯幅 E_{g1}=1.85eV ミドルセル GaAs 禁制帯幅 E_{g1}=1.4eV ボトムセル Ge 禁制帯幅 E_{g1}=0.7eV n型 p型 n型 p型 n型 p型 裏面電極 (注)トップセル:短波長の光をエネルギー変換! ミドルセル:中波長の光をエネルギー変換! ボトムセル:長波長の光をエネルギー変換! **GaAs(ガリウム砒素)**
	Ⅱ-Ⅵ族系、および、 Ⅰ-Ⅲ-Ⅵ族系 CdTe (カドミウム・テルル) ZnSe(ジンクセレン) CIGS(CuInGaSe) など	(注)CIGSとは? Cu(銅)、In(インジウム)、Ga(ガリウム)、Se(セレン)からなる化合物のこと! 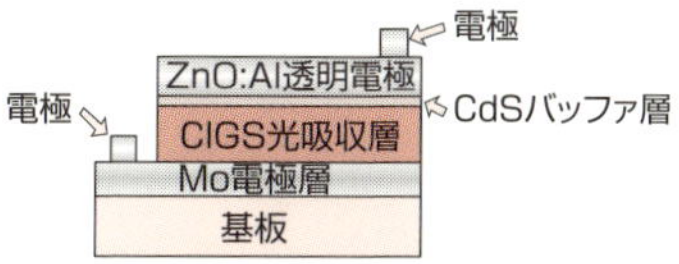電極 ZnO:Al透明電極 CdSバッファ層 電極 CIGS光吸収層 Mo電極層 基板 **CIGS(銅・インジウム・ガリウム・セレン)**
有機半導体	**pn接合 有機半導体**	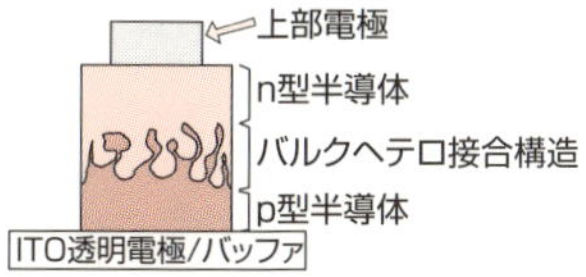上部電極 n型半導体 バルクヘテロ接合構造 p型半導体 ITO透明電極/バッファ **有機半導体(バルクヘテロ接合型)**
色素増感太陽電池		色素のHOMO(最高被占軌道)、LOMO(最低空軌道)を 利用するもので半導体の接合とは異なります!

用語解説

●**単結晶シリコン**:結晶全体にわたって原子配列の向きが揃ったシリコン半導体を指します!

●**多結晶シリコン**:単結晶粒の集合したブロックのシリコン半導体を指し、粒界があるために損失が起こります!

●**アモルファスシリコン**:周期性のある構造をもたないシリコン半導体で、隣にシリコンがないシリコンは水素につながれます!

●**GaAs**:ヒ化ガリウムのことで、ガリウムのヒ化物半導体です! ガリウムヒ素(ガリウム砒素)と呼ばれますが、俗称になります!

●**CIGS**:銅、インジウム、ガリウム、セレンなどの化合物半導体を材料にした太陽電池です!

57

シースルー、カラフル、フレキシブル太陽電池

モダンな太陽電池

太陽光発電をもっと身近なデザイン性のある商品にする取り組みとして、シースルー（透明）太陽電池やフレキシブル太陽電池などがあります。また、カラフルな太陽電池もあります。

シースルー太陽電池は、ガラス基板上に厚み数μmの薄膜シリコン系半導体を形成し、それをレーザによってスリット状に削り取り、光の透過部分を造ります。このシースルー太陽電池モジュールは、外光や照明光などを透過させることから今後、オフィスビルの窓やオフィス内の仕切り壁などに利用され、建築のためのアクセサリを兼ねた実用性の高い太陽電池になるものと思われます。この他、結晶系半導体をスリット状にしてシースルー化するもの、透光性のある酸化物半導体を蒸着して太陽電池を形成するものなどが実用化に向けて開発されています。

一方、フレキシブル太陽電池は、曲げられる基板（絶縁層付ステンレス基板、有機フィルム基板等）上にa-Si（アモルファスシリコン）、CIGS等の薄膜太陽電池や有機太陽電池を形成します。建物の湾曲部に太陽電池を設置することが可能です（左図ⓐ参照）。

この有機フィルム基板に有機半導体で作成する太陽電池は、材料コストが低くなる可能性があり、印刷法により製造コストも低くすることが可能と考えられています。この有機太陽電池は変換効率が低いことが課題ですが、軽く、フレキシブル性があり、携帯性の特徴を生かした用途が期待されています。

カラフルな太陽電池としては、色素増感太陽電池があります。今までの太陽電池と異なり、色素で電子（e^-）、正孔（e^+）の対を作り、電子はチタニア（酸化チタン膜：TiO_2）を介してITO透明電極の負電極に、正孔はヨウ素を含む有機溶剤を通し、正電極へとつながっています。色素の種類によりカラフルな色の太陽電池が作れます。（左図ⓑ参照）

要点BOX

●太陽光発電には、太陽電池のシート（フィルム）化があり、シースルー（透明）太陽電池、フレキシブルな太陽電池も開発されています！

(a)フレキシブル太陽電池(横浜桜木町・動く歩道)

横浜・桜木町駅前にある動く歩道の屋根にソーラーパネルを設置し、太陽光発電による電気を動く歩道で使用する電力に導入し、再生可能エネルギーの普及・脱温暖化に貢献!

(平成21年4月1日より実施)

(b)色素増感太陽電池の発電模式図

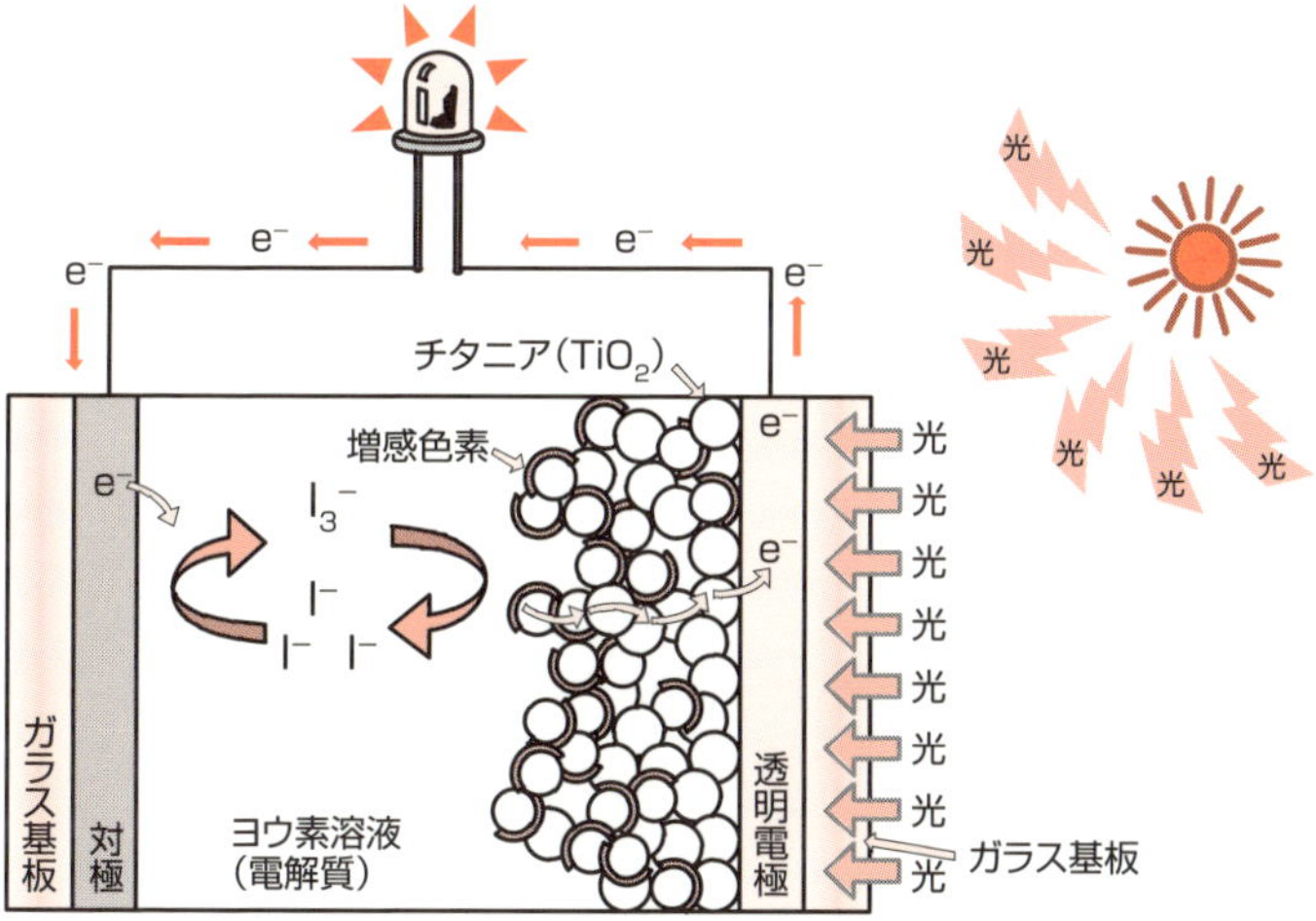

e⁻
チタニア(TiO₂)
増感色素
I₃⁻
I⁻
I⁻ I⁻
光
ガラス基板
対極
ヨウ素溶液
(電解質)
透明電極
ガラス基板

用語解説

●**シースルー太陽電池**:シースルー太陽電池とは、半透明な太陽電池のことで、向こう側が見えるデザイン的効果があります!
●**フレキシブル太陽電池**:フレキシブル太陽電池とは、ある程度曲げられる太陽電池のことで、建屋の局面部に利用できます。また、テント等での利用も可能です!
●**カラフル太陽電池**:カラフル太陽電池とは、電子–正孔対を生成する色素の色を利用するもので、好みの色が出せ、室内デザイン用として優れています!

58 太陽光による発電のしくみとは？

発電の原理と電圧、電流の適正化

　太陽電池は、半導体のもつ「光電効果」を利用して太陽光エネルギーを電気エネルギーに変換する光電気変換素子です。その構造は、p型とn型半導体を貼り合わせたpn接合からなり、pn接合部に太陽光が当たりますと電流が発生し、電気エネルギーとして外部に取り出すしくみです。これを少し詳しく見てみます。pn接合部に光を当てますと光エネルギーによってpn接合部に電子（－）と正孔（＋）が発生し、電子（－）はn型半導体の方へ、正孔（＋）はp型半導体の方向へ移動し、n型とp型半導体の間に電力（電圧）が生まれ、p型半導体からLEDを介してn型半導体の方向へ電流が流れるのでLEDが点灯します。このようにして太陽電池は、光エネルギーを電気エネルギーに変換しているのです（左図ⓐ参照）。

　太陽電池で得られた電気エネルギーは直流ですので、一般家庭で利用するためには、商用電源（100V交流）にしなければなりません。そのため、太陽電池の他にパワーコンディショナ（64項参照）、分電盤、電力量計などの周辺機器が必要になります。

　太陽電池を太陽光発電として利用するには、一つの太陽電池（セル）では、出力電力が数Wと小さいために複数枚接続し、モジュール化して最大出力電力30～250Wを得られるようにします。さらにこのモジュールを実際に使用する電力に合わせ、複数枚接続アレイ（集合）化して配置し、太陽電池全体を構成、この太陽電池全体から発生した電気（直流）を家庭で利用できる電気（100V交流）にパワーコンディショナによって変換します。交流変換された電気は分電盤を介して各部屋で使えるように送られます。同時に余剰電気を電力会社に売るために、その量を電力量計で計測して電力会社へ送ります（左図ⓑ参照）。

　このように、太陽電池と周辺機器を導入することによって太陽光発電は、一般家庭でも容易に取り入れられるようになってきています。

要点BOX

●太陽電池は"光電効果"という現象を利用し、太陽光エネルギーを電気エネルギーに変換する光電気変換素子です！

(a)太陽光による発電は…?

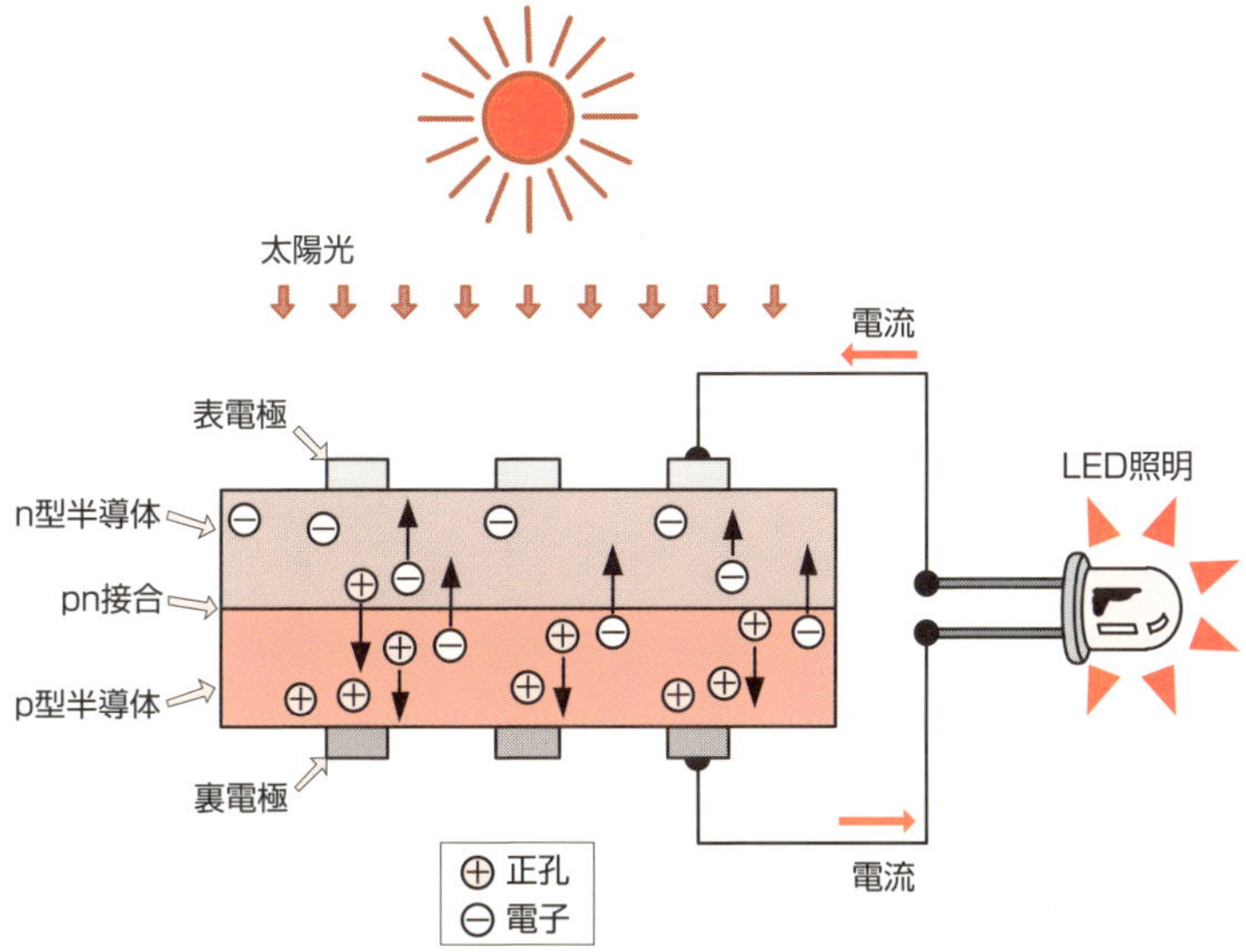
太陽光
電流
表電極
n型半導体
pn接合
p型半導体
裏電極
LED照明
正孔
電子
電流

(b)周辺機器によって太陽電池を上手に動かす!

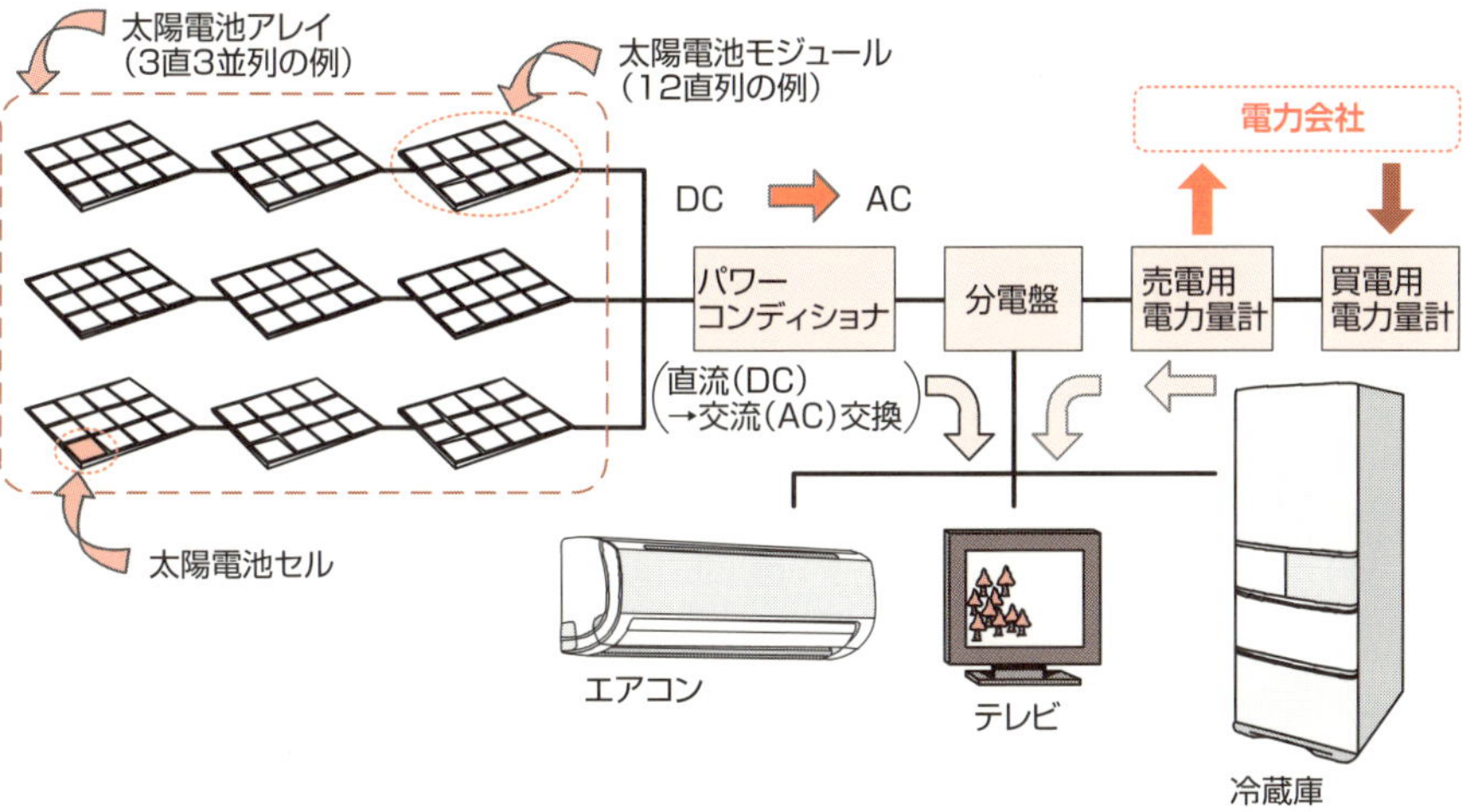
太陽電池アレイ
(3直3並列の例)
太陽電池モジュール
(12直列の例)
電力会社
DC
AC
パワー
コンディショナ
分電盤
売電用
電力量計
買電用
電力量計
直流(DC)
→交流(AC)交換
太陽電池セル
エアコン
テレビ
冷蔵庫

用語解説

●セル:太陽電池セルとは、シリコンウェハーにpn接合と電極を形成した太陽電池の最小単位を指します!
●モジュール、アレイ:セルを直並列に接続し、強化ガラス、バックシート等で封止した長さがほぼメートル台の太陽電池を“モジュール”と呼びます! また、このモジュールを直並列接続した発電単位を“アレイ”と呼びます!
●パワーコンディショナ:パワーコンディショナとは、太陽光発電システムにおいて、家庭等で太陽光電気が利用できるように太陽電池アレイが発電した直流電気を交流電気に変換する機器を指します!

59 太陽電池用シリコン基板のできるまで

シリコンウェハー製造工程

太陽電池の製造工程は、電池の基本となるシリコンウェハーを製造する工程（シリコンウェハー製造工程）、ウェハーを処理してセル化し（セル製造工程）、そのセルをさらに組み込んでモジュール化する工程（モジュール製造工程）に分かれます。まずシリコンウェハーを製造するには原料となるポリシリコンが必要になります。採掘された珪石や珪砂を原料とし電気炉を使って炭素で還元し、純度99％以上の金属珪素を得ます。この純度の高い金属珪素から不純物を除去し、高純度のポリシリコンを精製します。

初期の単結晶シリコン基板は、高純度ポリシリコンを「るつぼ」と呼ばれる容器に入れて溶融し、そこにタネ結晶を浸し、回転させながら徐々に引き上げてインゴットを成長させます（チョコラルスキー法）。出来上がったインゴットは円柱ですので四周をカットして四角形のウェハーを得ますが、高価な単結晶シリコンインゴットになります（左図ⓐ参照）。この高価な単結晶シリコンに代わって最近は製造コストの低減が図れる多結晶シリコンを用いるようになってきています。

この多結晶シリコンの製造工程は、パウダー状のポリシリコンを「るつぼ」に入れ溶融し、これを四角形の鋳型に流し込み、直接固化して多結晶シリコンのインゴットを製造します。出来上がったインゴットをウェハーサイズに切り分けします（左図ⓑ参照）。

このインゴットをワイヤソーでスラリー（塗粒と有機溶剤の混合液）を用いて２００㎛の薄さにスライスしてウェハーを作り出します（左図ⓒ参照）。ワイヤ径の分だけは削り取られ（カーフロス）、インゴットの利用率が下がります。このカーフロスを減らし基板厚を薄くするとウェハーの取れ数が多くなります。このためにスラリーでなく固定塗粒（塗粒をワイヤに固定する方法）が用いられます。スライスされてできたウェハーは削りかすなどを取り除くために洗浄され、品質に問題ないか検査されて完成します。

要点BOX

●金属珪素から高純度のポリシリコンを作成し、このポリシリコンからさらに高純度の単結晶シリコンインゴット、あるいは、多結晶シリコンインゴットを作成します！

(a)太陽電池用単結晶シリコンインゴットの製造方法

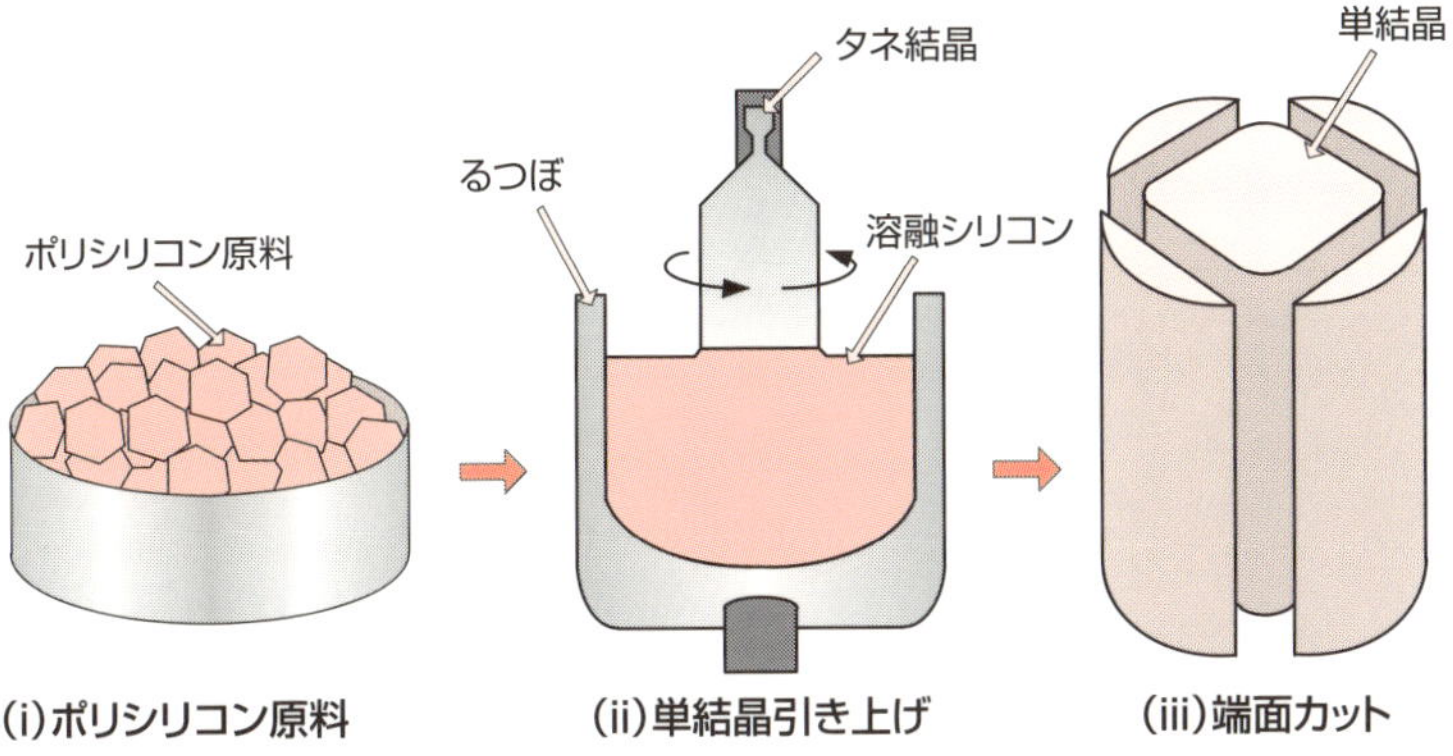
ポリシリコン原料
タネ結晶
るつぼ
溶融シリコン
単結晶
(i)ポリシリコン原料
(ii)単結晶引き上げ
(iii)端面カット

(b)太陽電池用多結晶シリコンインゴットの製造方法

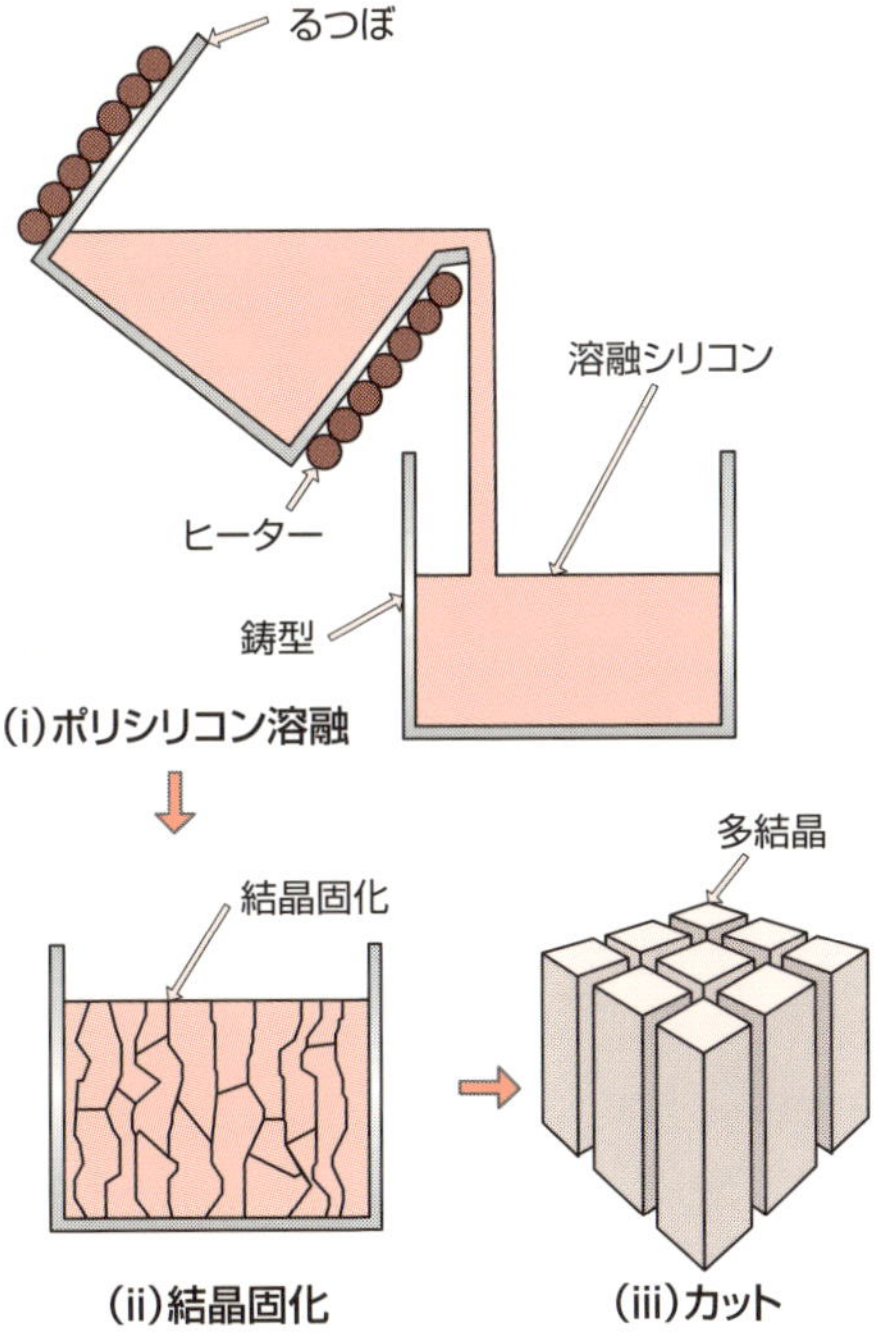
るつぼ
溶融シリコン
ヒーター
鋳型
(i)ポリシリコン溶融
結晶固化
多結晶
(ii)結晶固化
(iii)カット

(c)ワイヤソー装置

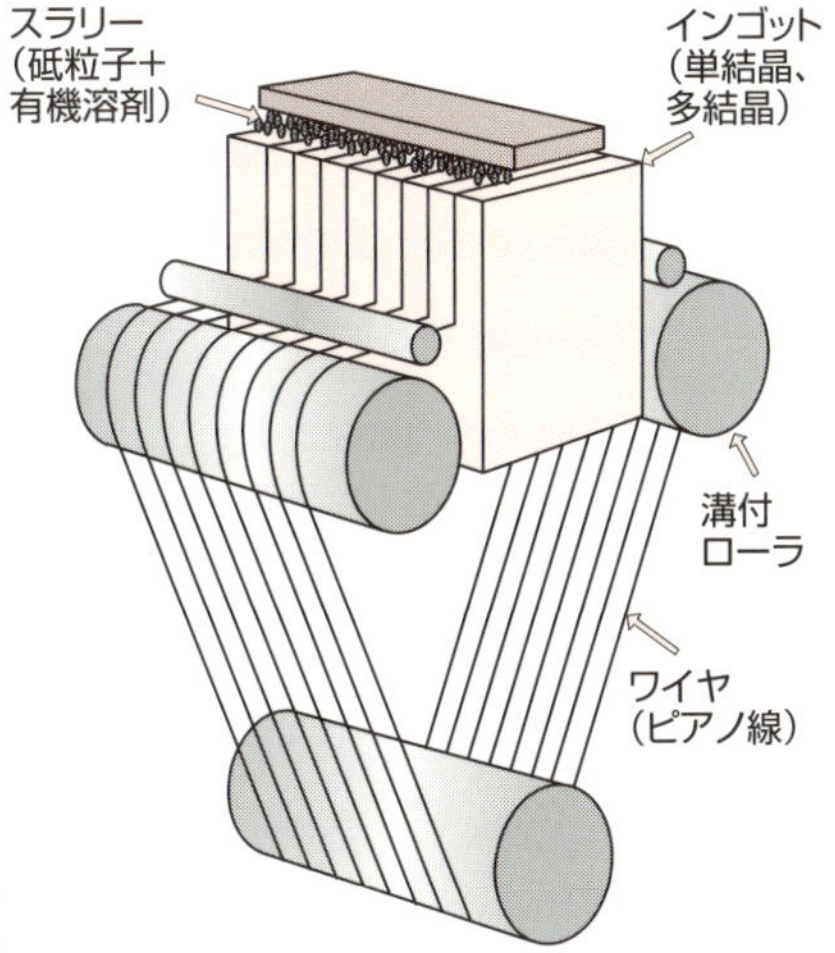
スラリー
(砥粒子+
有機溶剤)
インゴット
(単結晶、
多結晶)
溝付
ローラ
ワイヤ
(ピアノ線)

用語解説

●ウェハー：高純度の半導体の基板を"ウェハー"と呼びます!

●ワイヤソー：ピアノ線に塗粒をつけて挽くことにより、インゴットからウェハーのスライス片を削り出す装置を"ワイヤソー"と呼びます!

60 太陽電池の発電単位のできるまで

セル製造工程

シリコンインゴットをスライスしたウェハーの状態では、まだ電気を取り出すことができません。多結晶シリコン系を一例にして、セル製造工程を概説します。なお、単結晶シリコン系のセル製造工程もほぼ同じです。

多結晶シリコン太陽電池の構造断面と製造工程の流れを示します（左図(a)、(b)参照）。まずウェハー表面の欠陥を除くためにウェハー全面の洗浄を行います（多結晶基板洗浄工程）。次に光を効率よく取り込むためにウェハー表面に数μm程度の凹凸構造を形成します（テクスチャ形成工程）。この後、p型ウェハーにリン含有溶剤を塗布して熱拡散を行い、p型基板の上にn層を形成しpn接合を形成します（n層形成工程）。次に、入射光をpn接合内に取り込むためにn層上に厚み70㎚程度の窒化シリコン膜を形成します（反射防止膜形成工程）。次いで光電流を集めるための表面電極を形成します（表面電極（Ag）形成工程）。裏面電極は、p型ウェハーにアルミニウムペーストをスクリーン印刷で形成します（裏面電極（Al）形成工程）。この裏面電極を形成した後、ファイアスルー工程を行うと、表面（銀）電極が反射防止膜を突き抜け、n型電極と接続されてセルが出来上がります。

一方、薄膜太陽電池の一例として、a-Si太陽電池のセルプロセスを示します（左図(c)、(d)参照）。結晶系との違いの一点目は、薄膜シリコン（p-i-n層）を化学気相成長法で作ります。また、結晶系との違いの二点目は、セル工程中においてレーザによるパターニング（切断）でセル間の直列接続を行います。a-Siの製造工程はLCDの薄膜トランジスタと基本的に同じですから大きなガラス基板に作ることができ、生産性が非常に高いプロセスです。また、薄膜であることからシリコンの使用量が少なく、材料的にも安価になります。

また、CIGS化合物半導体薄膜太陽電池は、材料系が違うために成膜の工程は異なりますが、セル直列のためのパターニング工程は同じになります。

要点BOX

- p型のシリコン基板に、太陽光を効率よく取り込むために凹凸（テクスチャ）を構成し、その上にpn接合のn層を形成します！
- 電極の形成は、材料を含め、表（n層側）と裏（p層側）とでは異なります！

(a)a-Si太陽電池の製造の流れと断面模式図

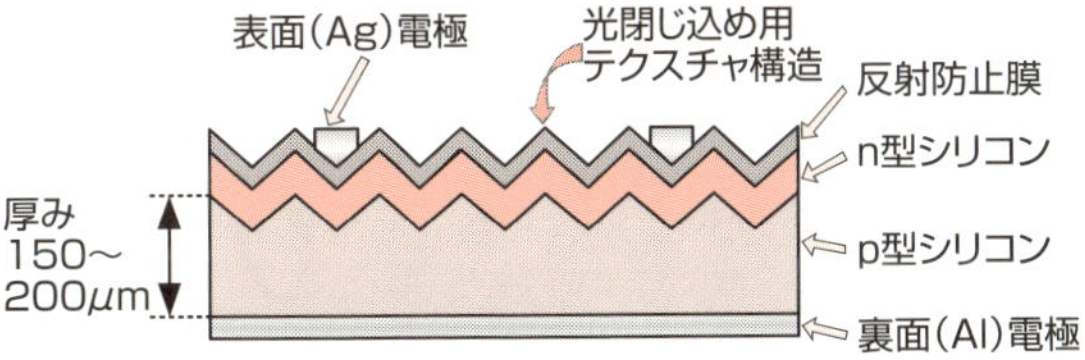
表面(Ag)電極
光閉じ込め用
テクスチャ構造
反射防止膜
n型シリコン
厚み
150～
200μm
p型シリコン
裏面(Al)電極

(i)表面(Ag)電極スクリーン印刷

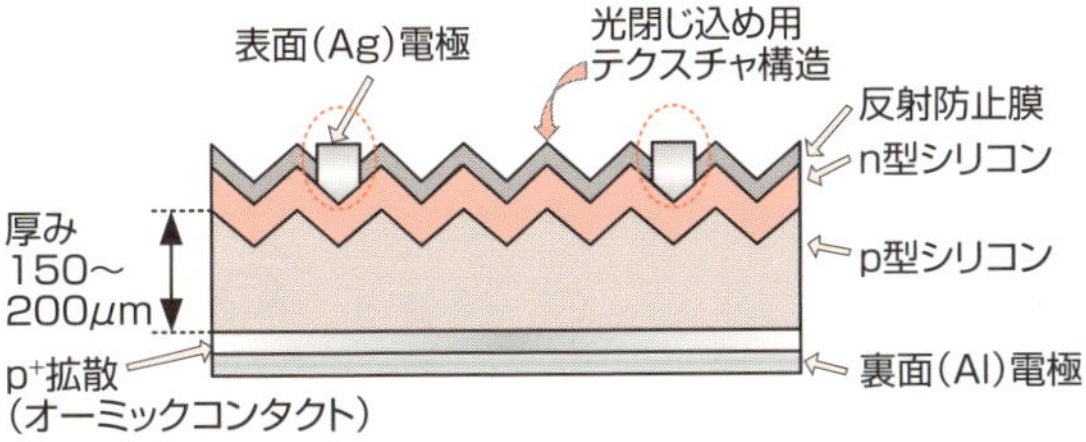
表面(Ag)電極
光閉じ込め用
テクスチャ構造
反射防止膜
n型シリコン
厚み
150～
200μm
p型シリコン
p⁺拡散
(オーミックコンタクト)
裏面(Al)電極

(ii)表面(Ag)電極焼成ファイヤスルー

(b)a-Si太陽電池のセル製造工程

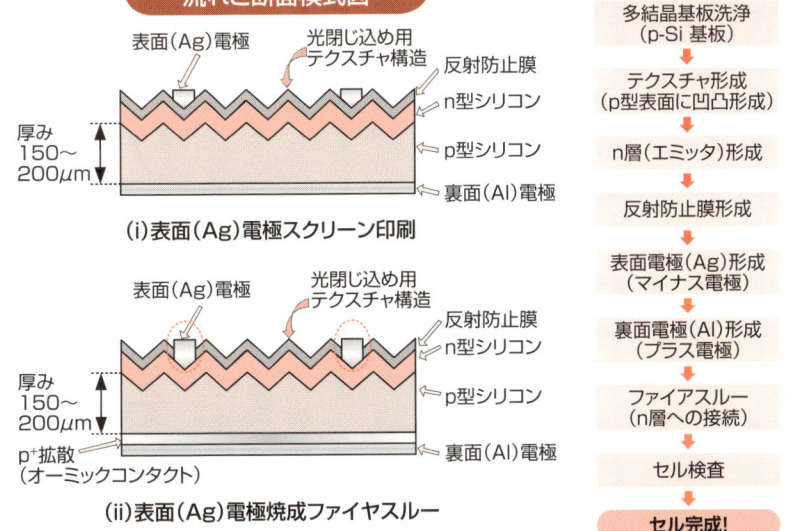

- 多結晶基板洗浄(p-Si 基板)
- ↓
- テクスチャ形成(p型表面に凹凸形成)
- ↓
- n層(エミッタ)形成
- ↓
- 反射防止膜形成
- ↓
- 表面電極(Ag)形成(マイナス電極)
- ↓
- 裏面電極(Al)形成(プラス電極)
- ↓
- ファイアスルー(n層への接続)
- ↓
- セル検査
- ↓
- **セル完成!**

(c)a-Si薄膜太陽電池の製造の流れと構造模式図

YAGレーザ
透明電極
(注1)透明電極をレーザでパターニング!
(注2)YAG:Yttrium Aluminum Garnetの略!
青板ガラス

(i)透明電極(ITO)パターニング(P1)

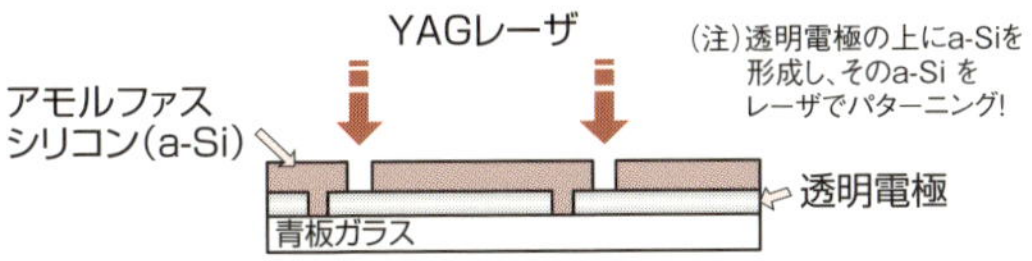
YAGレーザ
(注)透明電極の上にa-Siを形成し、そのa-Si をレーザでパターニング!
アモルファス
シリコン(a-Si)
透明電極
青板ガラス

(ii)アモルファスシリコン層パターニング(P2)

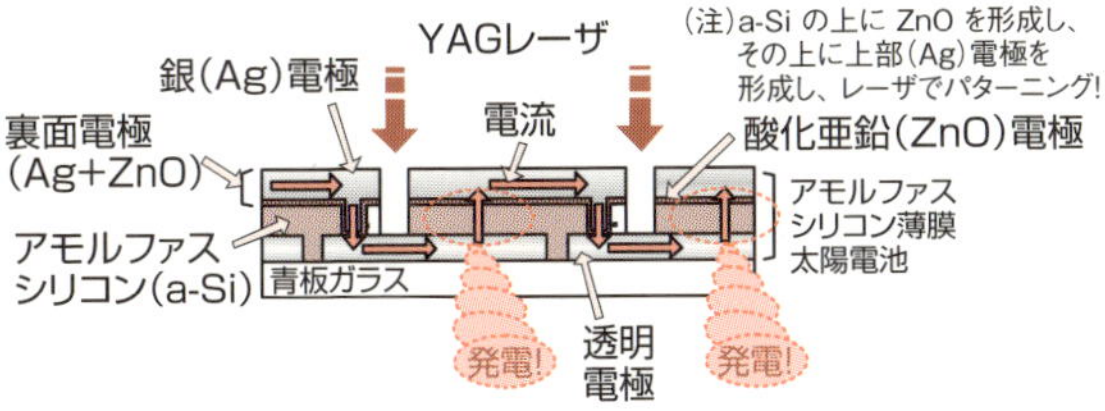
YAGレーザ
(注)a-Si の上に ZnO を形成し、その上に上部(Ag)電極を形成し、レーザでパターニング!
銀(Ag)電極
裏面電極
(Ag+ZnO)
電流
酸化亜鉛(ZnO)電極
アモルファス
シリコン薄膜
太陽電池
アモルファス
シリコン(a-Si)
青板ガラス
発電!
透明
電極
発電!

(iii)裏面電極形成後パターニング(P3)

(d)a-Si薄膜太陽電池のセル製造工程

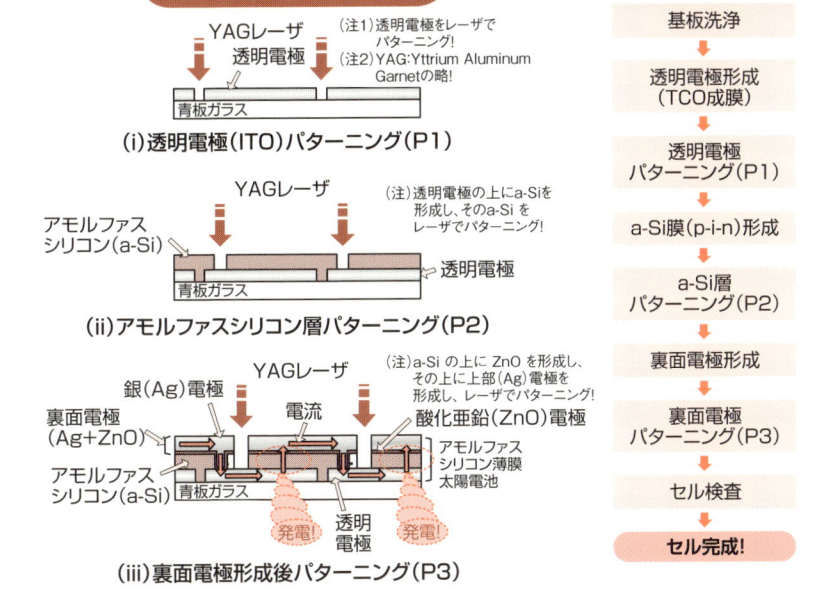

- 基板洗浄
- ↓
- 透明電極形成(TCO成膜)
- ↓
- 透明電極パターニング(P1)
- ↓
- a-Si膜(p-i-n)形成
- ↓
- a-Si層パターニング(P2)
- ↓
- 裏面電極形成
- ↓
- 裏面電極パターニング(P3)
- ↓
- セル検査
- ↓
- **セル完成!**

用語解説

●**ファイアスルー**:厚膜銀ペーストを印刷焼成し、この電極が反射防止膜を突き抜け、n型シリコン層と接する工程を"ファイアスルー"と呼びます。この時、裏面アルミペーストの電極の拡散も起こります!

61 屋根の上の太陽電池のできるまで

モジュール製造工程

多結晶シリコン系セルは、一個の使用では電圧が低すぎますのでセルをいくつか直列に接続して用います。この直列接続は、セルのメイン電極から銅箔で取り出しを行い（タブ付工程）、隣のセルの裏面電極に接続します（ストリング形成工程：左図ⓐ参照）。次に、受光面側から強化ガラス、接着用封止材、いくつかの電池セル、接着用封止材、バックシートの順に配置し、真空中で全面均等にしてラミネーションを行い接着します（ラミネート工程：左図ⓑ参照）。電池セルの周辺は、モジュールの端面保護、および、モジュール内に湿気が侵入しないようにアルミフレーム内にシール材を注入し、アルミ枠で固定封止します（フレーミング工程）。最後に、モジュール（太陽光パネル）に模擬太陽光源を照射し、その時の電流と電圧を測定してモジュールの出力（発電量）や発電効率等を検査し（モジュール検査工程）、モジュールが出来上がります（左図ⓒ参照）。

薄膜系のモジュール工程は、メートル角一枚の基板で直列セルが出来上がっているため、ストリング工程がなく、すぐにラミネート工程に入ります（左図ⓓ参照）。

結晶系の封止フィルムとしては、透明性が高く、水や紫外線に強く、ガラス、太陽電池セル、バックシートに対する接着性がよく、溶融時の流動性がよく、柔軟性にすぐれる太陽電池グレードのＥＶＡ（エチレン酢酸ビニル共重合樹脂で酢酸ビニルの配合量により特性が変わる樹脂）が用いられます。バックシートとしては、フッ素系フィルムＰＶＦ（ポリフッ化ビニル）が用いられます。一方、アモルファス薄膜系は、結晶系に比べて対候性が劣るため、特にバックシートに対する要求は厳しいものになります。

太陽電池の低価格化を図るため、これらの樹脂に替わる材料、つまり、ＰＶＦの替わりにＰＥＴ（ポリエチレンテレフタレート）やＰＶＤＦ（ポリフッ化ビニリデン）等の適用が検討されています。

要点BOX

●モジュール工程には、セルを直並列に接続するストリング工程と、ストリングを封止する工程があります!

(a)タブ付け&ストリング形成（メイン電極取り出し配線とセル同士の直接接続）

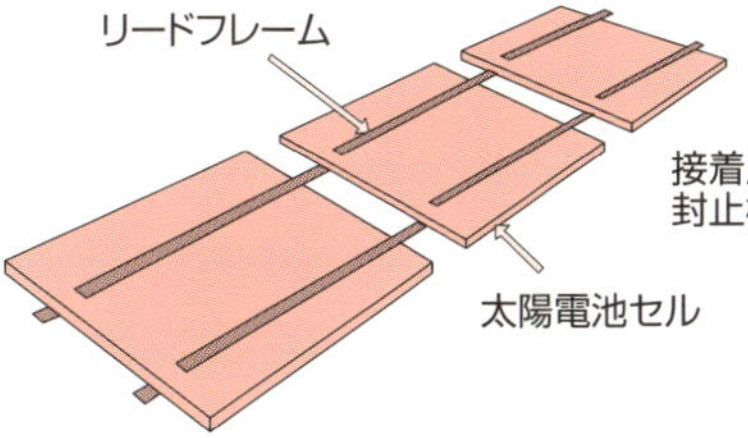

(b)ラミネート（封止工程）

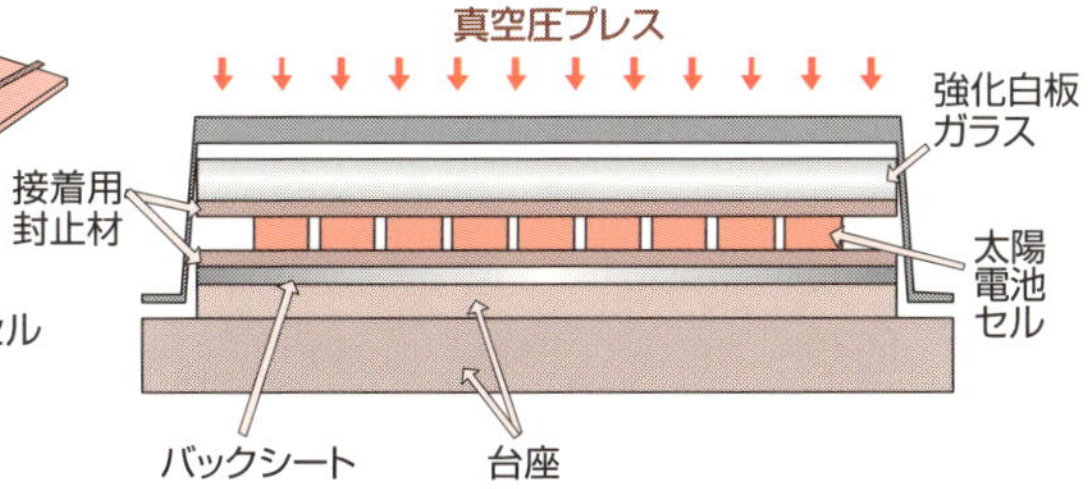

(c)p-Si太陽電池のモジュール製造工程

タブ付け（メイン電極取り出し配線）

↓

ストリング形成（セル同士の直列接続）

↓

ラミネート（封止材配置接着）

↓

フレーミング（モジュール枠付け）

↓

モジュール検査

↓

多結晶シリコン（p-Si）太陽電池完成

(d)a-Si太陽電池のモジュール製造工程

タブ付け（メイン電極取り出し配線）

↓

ラミネート（封止工程）

↓

フレーミング（モジュール枠付け）

↓

モジュール検査

↓

薄膜アモルファスシリコン（a-Si）太陽電池完成

用語解説

●**ストリング**：ストリングとは、セルのメイン電極と隣のセルの裏面電極を直列接続した形成状態を指します!
●**ラミネート**：前面の強化ガラス、太陽電池ストリング、バックシート（裏面封止フィルム）との間を透明なEVA 封止材を重ねて接着する封止工程を“ラミネート”と呼びます!
●**アルミフレーム**：封止性のある接着剤でアルミの枠をモジュール端部に配し、機械的強度と封止性を図るためのものです!

62 光を電気に変換する率はどの位なの？

変換効率

太陽電池の変換効率とは、受光面積1［㎡］の太陽電池に照射された光エネルギーE［kW／㎡］に対して、最大電力P_{max}［kW］がどれだけ取り出させるかを表す比率η［%］で定義されます。ここで、太陽電池の出力電圧と出力電流特性（左図ⓐ参照）において、端子を開放した時の光照射時の出力電圧を開放電圧（V_{oc}）、短絡した時の光照射時の出力電流を短絡電流（I_{sc}）と呼びます。この特性の曲線に内接する四角形を最大面積とする四角の電圧軸、および、電流軸と接する点をV_{max}、I_{max}とした時、取り出せる最大電力P_{max}は、V_{max}×I_{max}となります。

この変換効率を高めるためには、①光を利用する素子であるために光を遮断する電極等をなるべく少なくするように抵抗損との兼ね合いを考えて電極のパターンを工夫します。②素子表面における光の反射がありますと効率が低下しますので反射防止膜を付けて防ぎます。ここで、照射光のエネルギー・スペクトルと物質の吸収エネルギーとの不整合とは、pn接合半導体材料に起因する損失で次の二種類があります。つまり、長波長の光が吸収端においては電子・正孔対を生成せず、また、短波長の光は余分のエネルギー（熱エネルギー、運動エネルギー）になり、起電力になりません。

各種太陽電池の開発が進むとともに小面積セルの効率は着実に向上し、単結晶シリコン：25%、多結晶シリコン：20%強、薄膜アモルファスシリコン：12%強、CIGS：20%、多接合（3接合）化合物半導体：約40%を超えています。また、有機薄膜太陽電池は高効率競争が急速に進み、約9・8%を達成し、一方、色素増感太陽電池は11・1%に留まっています（左図ⓑ参照）。この表中のモジュールの効率が小面積セルのそれに対して低いのは、取り出し電極、および、透明電極での抵抗損失や構造上において光のあたらない部分があるからです。

要点BOX

●太陽電池の変換効率を高めるためには、①光を遮断する電極等を少なくするように抵抗損とを考えて電極のパターンを工夫、②素子表面での光の反射を防ぐための反射防止膜を付ける等です！

(a)太陽電池の特性と等価回路

(i)太陽電池の電圧－電流特性

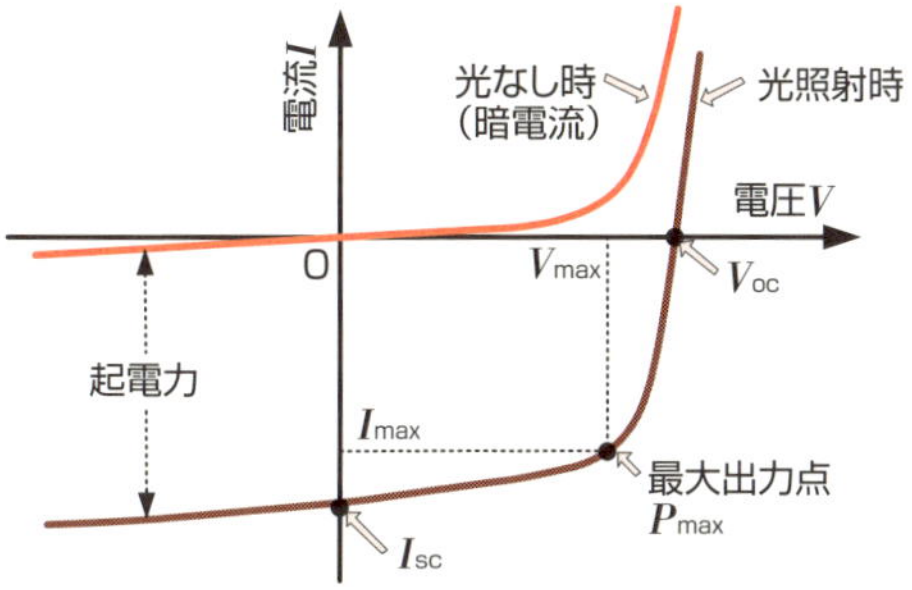
電流I
光なし時
(暗電流)
光照射時
電圧V
0
Vmax
Voc
起電力
Imax
最大出力点
Pmax
Isc

(ii)太陽電池の等価回路

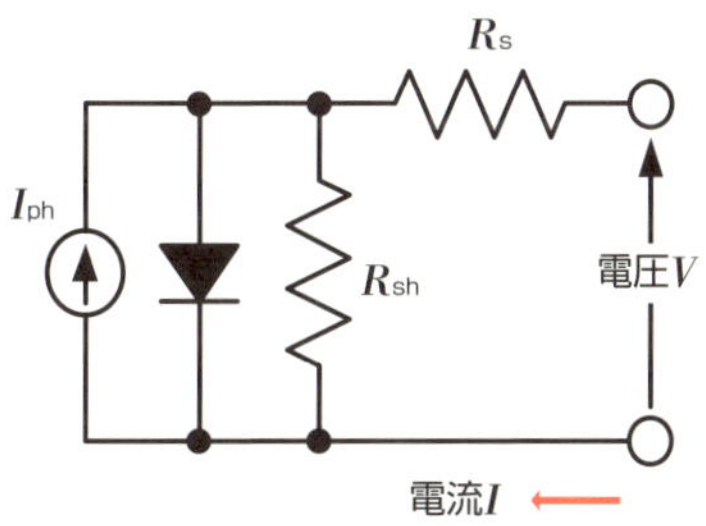
Rs
Iph
Rsh
電圧V
電流I

(b)各種太陽電池の小面積セルとモジュールの変換効率

			変換効率[%]	
			小面積セル	モジュール
シリコン系	結晶系	単結晶	25.0	15～18
		多結晶	20.4	12～16.5
		ハイブリッド型(HIT)	23.0	17.4
	薄膜系	アモルファス	12.0	7～8
		タンデム	15.0	10～13
化合物系		GaAs	28.8	
		CdTe	16.7	10～11
		CIGS	20.0	12～14
有機系		色素増感型	11.1	5～6
		有機薄膜	9.8	3～5

(注)モジュール変換効率は、電極での抵抗損失や構造上、光の遮蔽部分があるために低くなります!

用語解説

●ハイブリッド：単結晶シリコンとアモルファスシリコンの混合型太陽電池を指します!
●HIT：Heterojunction with Intrinsic Thin-Layerの略で、真性薄膜層(i 層)をもつ"ヘテロ接合型太陽電池"を指します!
●タンデム：変換効率を向上させるための多層構造の太陽電池を指します!
●GaAs、CdTe：砒素ガリウム、テルル化カドミウムの化合物半導体のことです!
●CIGS：Cu(銅)、In(インジウム)、Ga(ガリウム)、Se(セレン)からなる化合物を用いた太陽電池を指し、"CIGS太陽電池"、あるいは、"CIS系太陽電池"と呼ばれます!

63 何年くらい太陽電池は使えるの？

太陽光発電システムの寿命

太陽光発電のシステム寿命は、パーツによって異なります。しかも、寿命はメーカが性能を保障する「保障期間」と製品がどれくらい長持ちするかを表す「期待寿命」があります。

前者の保障期間は、メインとなる太陽光発電パネルが「ある決められた出力を保証する」という出力保障になり、10年間が多いようです。その保証出力は、公称定格出力の90％（初期バラツキを考慮）の90％（継時劣化を考慮）が一般的です。つまり、「10年間は定格出力の81％以上を保証する」と言い換えられます。パワーコンディショナや発電モニタなどの周辺機器の保障期間は、電子機器と同じと考えられ、基本的に寿命は7〜8年、メーカ期待寿命は12〜15年です。

シリコン太陽電池アレイは、モータなどの動く部分がなく、シリコン半導体という無機物の製品であり、封止もされていて長寿命です。その間にパワーコンディショナ等の電子機器の交換が必要になります。

太陽電池は、無機物のシリコン系であるために壊れにくく、モジュールは左図ⓐに示すように十分な封止が施されているため、期待寿命は一般に20〜30年（現在40年目標として開発中）といわれています。各メーカは、加速試験（過酷試験により短時間で寿命を見極める試験：例えば、左図ⓑの試験装置）により寿命試験を行いますが、詳細は公表されておりません。

パネルは、屋外で風雨にさらされる過酷な環境下にありますのでパネルを構成する多種部品の劣化によって不具合が出ないとは言い切れません。その他、ケーブルや電力量計なども点検交換が必要になります。すなわち、加速試験で寿命を推測していますが、まだ、実使用条件におけるデータの少ないのが現状です。

以上のような現状ですが、メインとなる太陽光発電パネルとパワーコンディショナの寿命を抑えておけば、大体の耐用年数としての収支計算を行うことができると思われます。

要点BOX

●太陽電池モジュールは無機物を封止したものであり、主なメーカが出力（発電量）の10年保障を行っています。実際は20〜30年寿命があり、現在40年を目指しています！

(a)結晶系シリコン太陽電池セルの封止

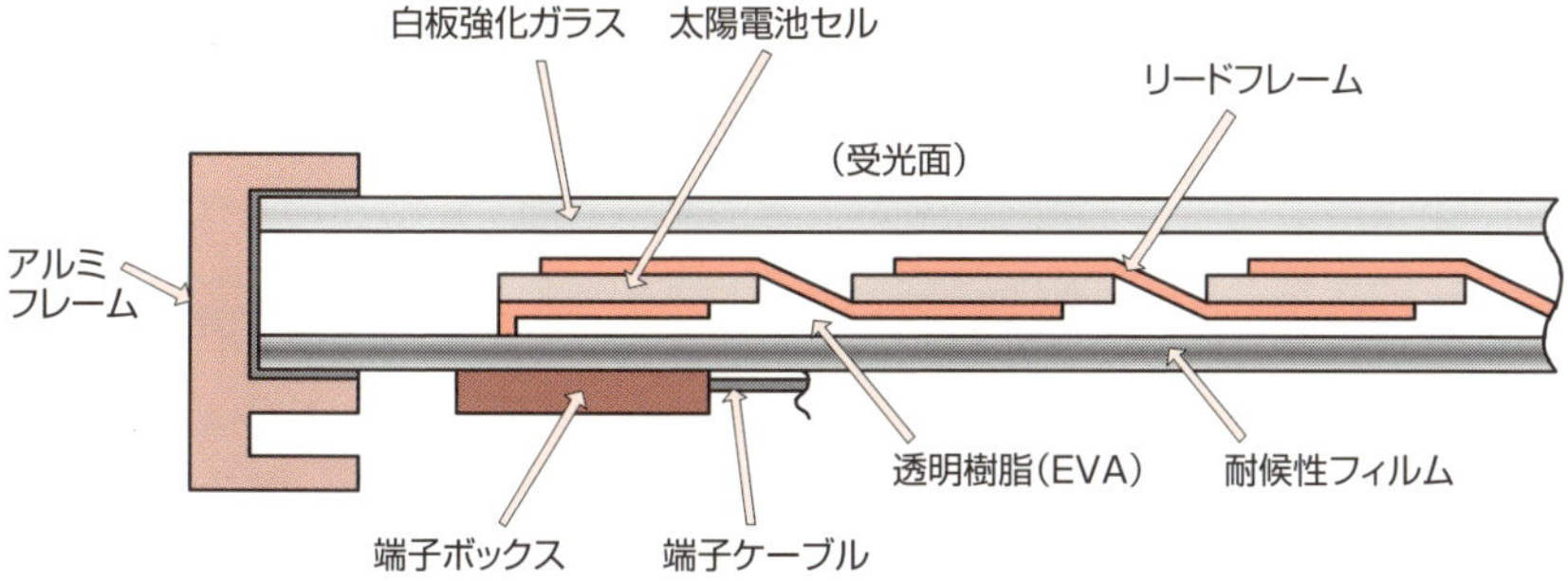
白板強化ガラス
太陽電池セル
リードフレーム
(受光面)
アルミ
フレーム
透明樹脂(EVA)
耐候性フィルム
端子ボックス
端子ケーブル

(注)EVAは、Ethylene-Vinylacetate copolymer、つまり、エチレン酢酸ビニル共重合樹脂

(b)結晶系太陽電池モジュールの環境試験方法、耐久試験方法、および、加速試験装置

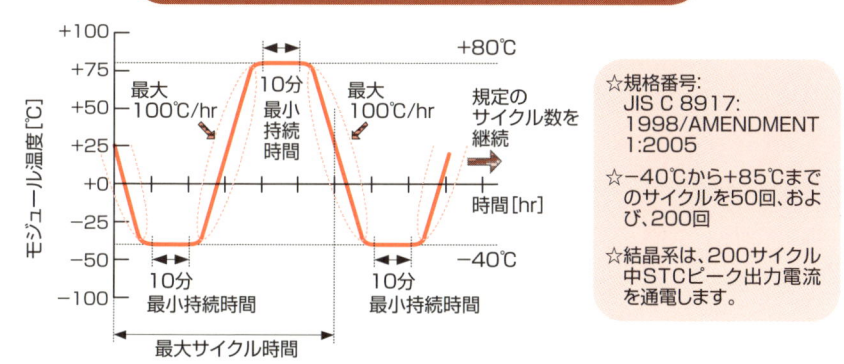

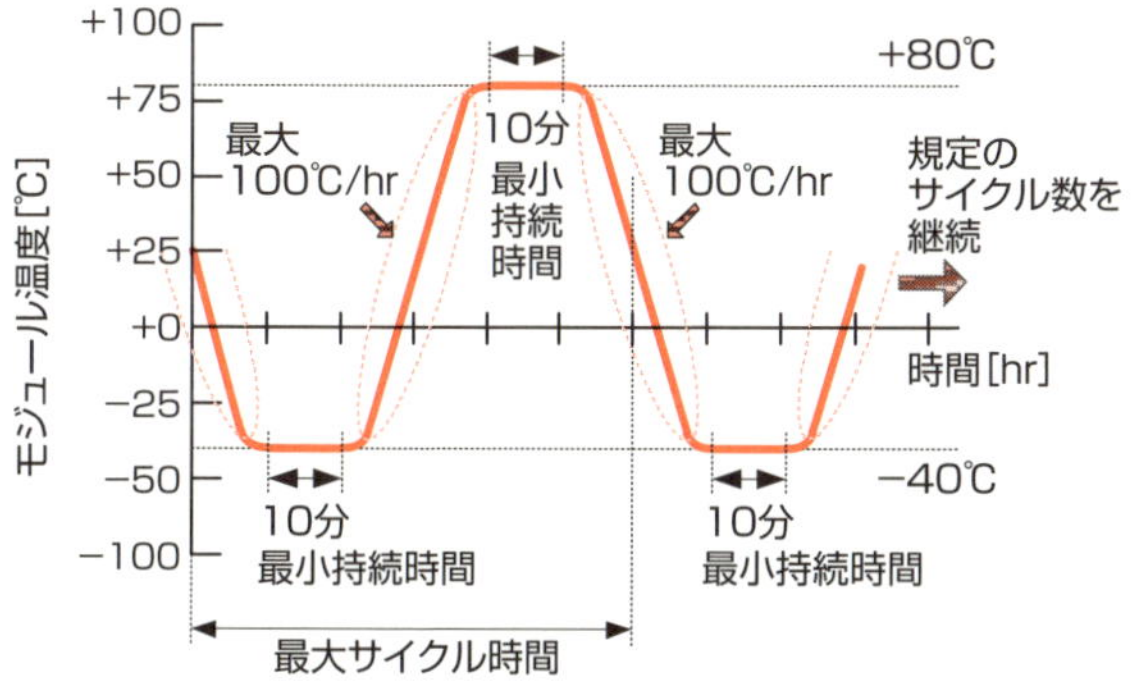
+100
+75
+50
+25
+0
−25
−50
−100
モジュール温度[℃]
+80℃
−40℃
最大
100℃/hr
10分
最小
持続
時間
最大
100℃/hr
規定の
サイクル数を
継続
時間[hr]
10分
最小持続時間
10分
最小持続時間
最大サイクル時間

☆規格番号:
JIS C 8917:
1998/AMENDMENT
1:2005

☆−40℃から+85℃までのサイクルを50回、および、200回

☆結晶系は、200サイクル中STCピーク出力電流を通電します。

用語解説

●接着封止材EVA:接着封止材EVA(エチレンビニルアセテート)は、表面ガラスとバックシートの間に充填し、太陽電池の信頼性を保証する封止接着剤です!

●寿命試験:寿命試験は、太陽電池モジュールの性能、安全性等を確保するためにIEC規格、JIS規格が制定されています!

64 パワーコンディショナってなあーに？

商用電気との接続

太陽光発電システムは、太陽光発電パネル（太陽電池）、パワーコンディショナ、分電盤、売・買電用電力量計、発電モニタなどが必要になります（左図ⓐ参照）。

太陽電池で得られた電気エネルギーは直流ですので一般家庭で利用するためには、商用電気（１００V正弦波電圧、60Hz交流（一秒間に正負の電圧が60回変化：関西地区、関東地区50Hz交流））に変換しなければなりません。さらに、電柱に来ている商用電気と接続するには正弦波の位相（正弦波の始まる時間）が一致していないといけません。そのためにパワーコンディショナが必要です。

交流変換された電力は、分電盤を介して各部屋で使えるように分配（送電）されます。同時に、余剰電力を電力会社に売るために売電用電力量計で計測します。また、太陽電池の発電量で不足の時や夜間等の非発電時に電力会社から買う電力を計測する買電用電力量計が必要です。このように太陽電池と周辺機器を導入することによって太陽光発電は、一般家庭でも容易に取り入れられるようになってきています。

パワーコンディショナの主要パワー回路は、電池の直流を交流に変換するＤＣ-ＡＣインバータであり、パワーデバイスが用いられます（第1章参照）。さらに、電力の流れ以外にパワーコンディショナの出力と商用電気線間の情報を監視する制御回路があります（左図ⓑ参照）。この制御のためにパワーコンディショナは、電力量計とともに後述するインテリジェントなスマートグリッドに至る重要な機器となります。

また、太陽電池では、効率よくエネルギーを取り出すために取り出した電力が最大になるように太陽電池にかかる負荷の電圧を変化させる必要があります。このためにＭＰＰＴ（Maximum Power Point Tracker）装置があります。一例として、最適負荷圧になるように電圧コンバータが取り付けられます。

要点BOX

- パワーコンディショナは、直流の太陽電池出力を交流の商用電気に変える装置です！
- 商用電気と接続するには、売電・買電用の電力量計が必要！

(a)太陽光発電システム

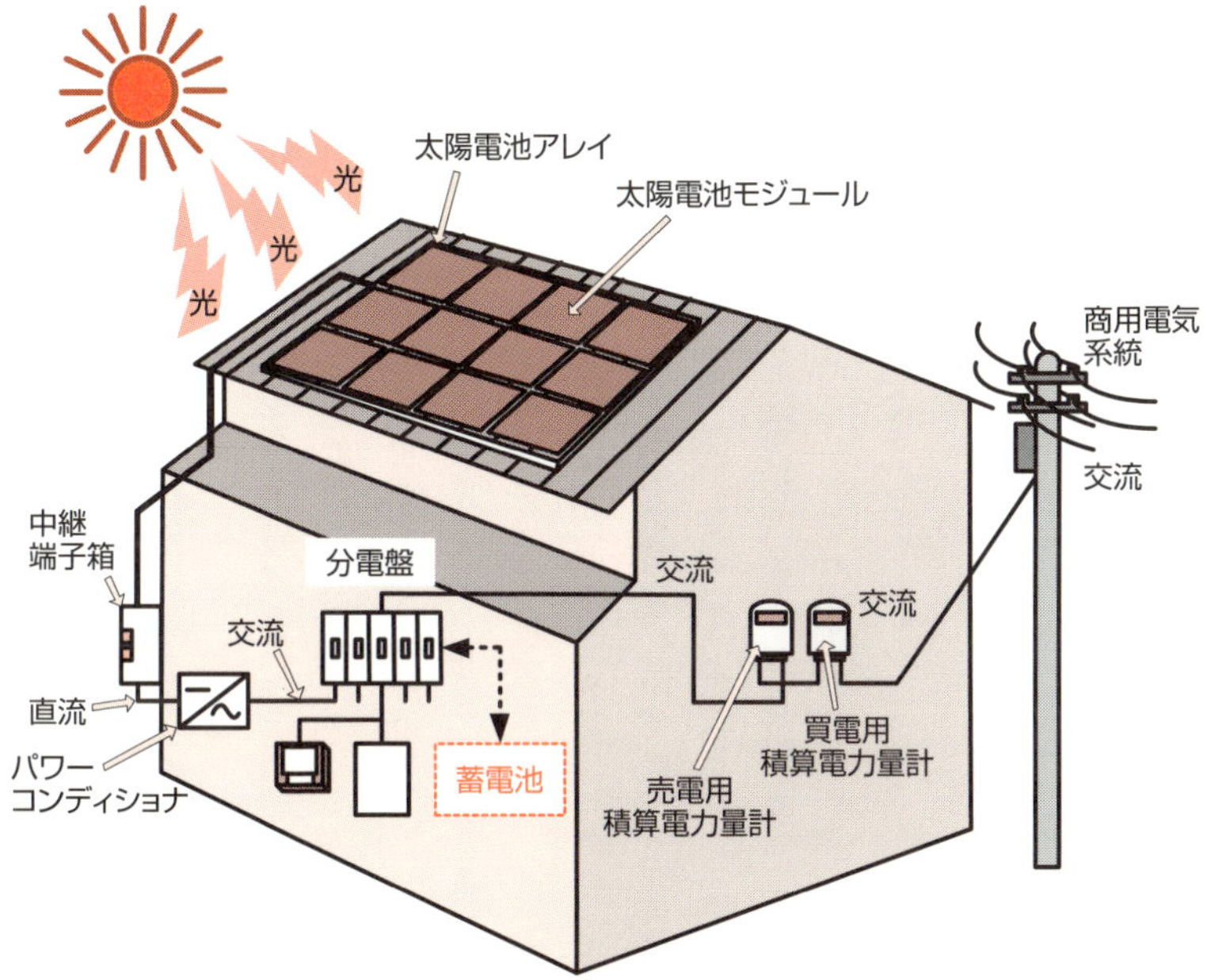
光
光
光
太陽電池アレイ
太陽電池モジュール
商用電気系統
交流
中継端子箱
分電盤
交流
交流
交流
直流
パワーコンディショナ
蓄電池
買電用積算電力量計
売電用積算電力量計

(b)パワーコンディショナ

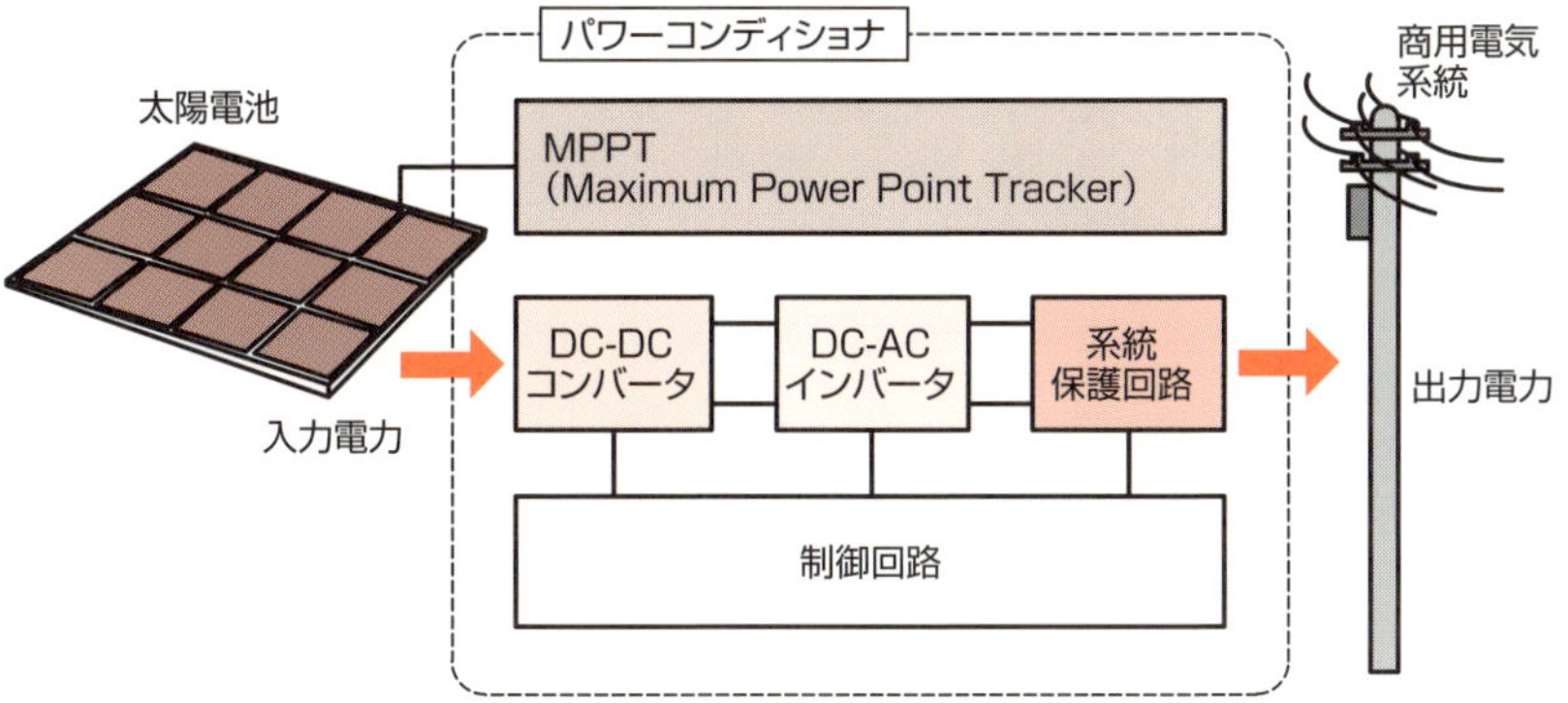
パワーコンディショナ
太陽電池
MPPT
(Maximum Power Point Tracker)
DC-DC
コンバータ
DC-AC
インバータ
系統
保護回路
制御回路
商用電気系統
入力電力
出力電力

用語解説

●**コンバータ、インバータ**：コンバータとは、交流電圧を直流電圧へ変換する回路ですが、ここでは、直流電圧を昇圧する回路を指します(DC-DCコンバータ)。また、インバータとは直流電圧(DC)を交流電圧(AC)へ変換する回路です!

●**パネル**：太陽電池モジュールを一般に「パネル」と呼称します!

●**売電用電力量計、買電用電力量計**：今までは電力会社から電力を買うだけであったために買電用電力量計だけの設置でしたが、太陽電池導入により余剰電力を売ることもありますので売電用電力量計が必要になります。また、系統保護回路等も必要になってきます!

65 スマートグリッドとは何なの？

電力と情報の流れ

スマートグリッド（Smart Grid）とは、“賢い送電網”という意味で、発電所からの電力を送電網によって消費する家に供給することにとどまらず、家庭や工場などの電力消費地と発電所を光ファイバなどのネットワークで結び、IT技術を駆使して、電気を効率よく供給する次世代の送電網のことです。

現在の電力供給は、受電側の消費量の多少に関係なく、発電所から受電側のピーク時の消費量を基準として、一方的に電力を送電しているために余剰電力が発生し、無駄の多い方式です。これに対し、それらの情報を電力と一緒に伝達するスマートグリッドでは、供給側のきめ細かな制御が可能になります。例えば、現状の電力網システムでは、配電盤などに電力量計が備え付けられていますが、家庭、オフィス、工場などが消費している電力量を月単位で累積し、リアルタイムで測るシステムではありません。そこで、既存の電力量計の代わりに情報も扱えるスマートメータを各家庭やオフィス等に設置し、電力線と併設したIT回線で消費電力などの情報をリアルタイムで得ることによって電力会社は、供給先エリアや各家庭の詳細な消費量に基づいて最適な電力の送電を行うことができるようになるのです（左図ⓐ参照）。

このシステムは、大口ユーザ（工場、オフィス等）の使用電力量だけではなく、一般住宅の使用量も把握し、天候や気候に左右され、発電量の時間変動が大きい太陽光発電や風力発電をはじめとする再生可能エネルギーの発電量も把握し、従来型の火力発電や水力発電をも制御します。さらに将来、一般家庭での電気自動車のバッテリを蓄電池として用い、電力の平準化が図れます（左図ⓑ参照）。

このように、スマートグリッドは、スマートメータを介し、ITを活用して省エネルギーとコスト削減および電力供給の安定化、各家庭や工場等における電力売買の透明性向上化を目指した新しい電力網です。

要点BOX

●スマートグリッドとは、“賢い送電網”という意味で、既存の電力量計の代わりに情報を扱える「スマートメータ」を設置し、最適な電力量の送電を行います！

(a)IT導入による電力のリアルタイム制御システム網

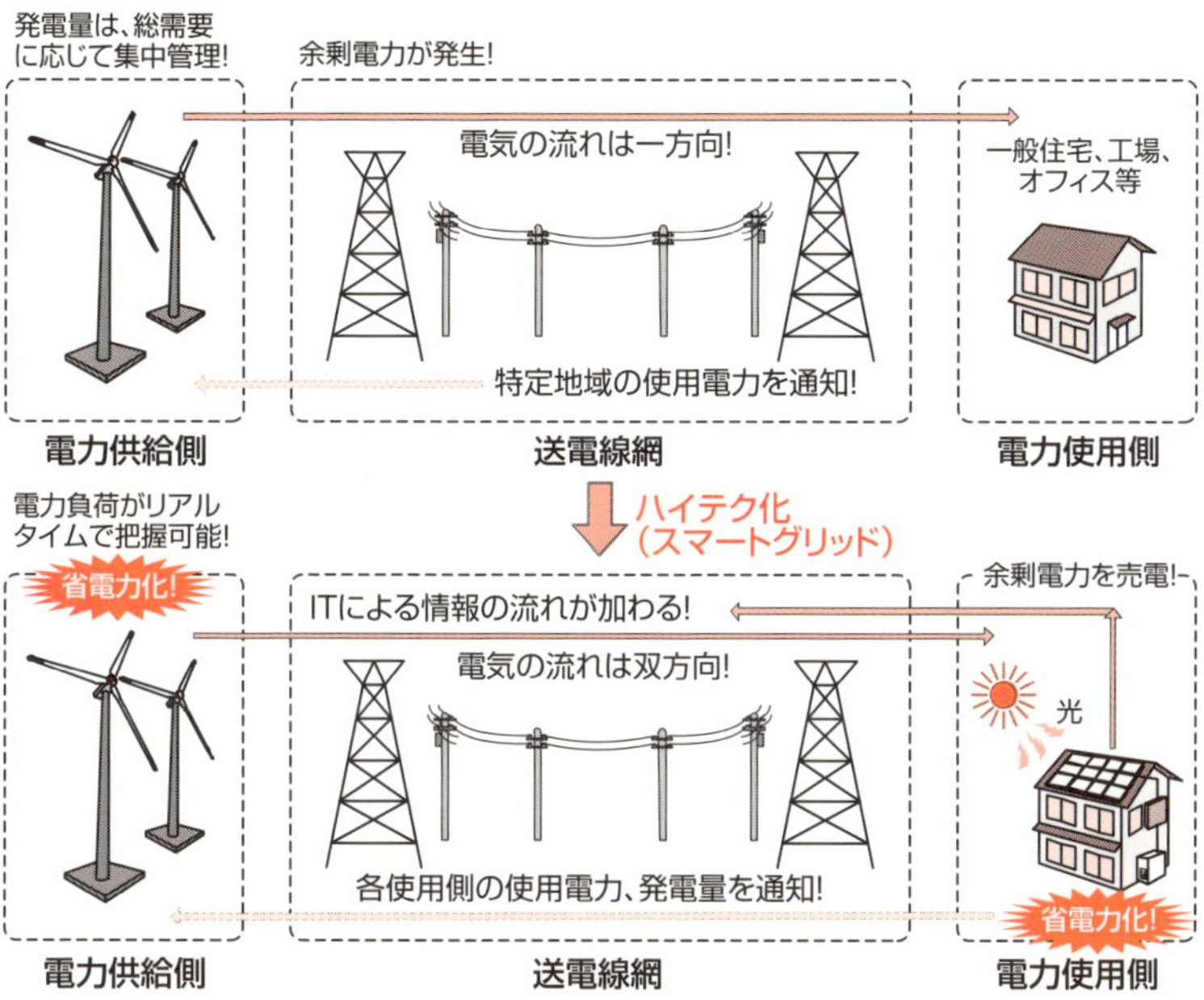
発電量は、総需要
に応じて集中管理!
余剰電力が発生!
電気の流れは一方向!
一般住宅、工場、
オフィス等
特定地域の使用電力を通知!
電力供給側
送電線網
電力使用側
ハイテク化
(スマートグリッド)
電力負荷がリアル
タイムで把握可能!
省電力化!
ITによる情報の流れが加わる!
余剰電力を売電!
電気の流れは双方向!
光
各使用側の使用電力、発電量を通知!
省電力化!
電力供給側
送電線網
電力使用側

(b)スマートグリッド概念図

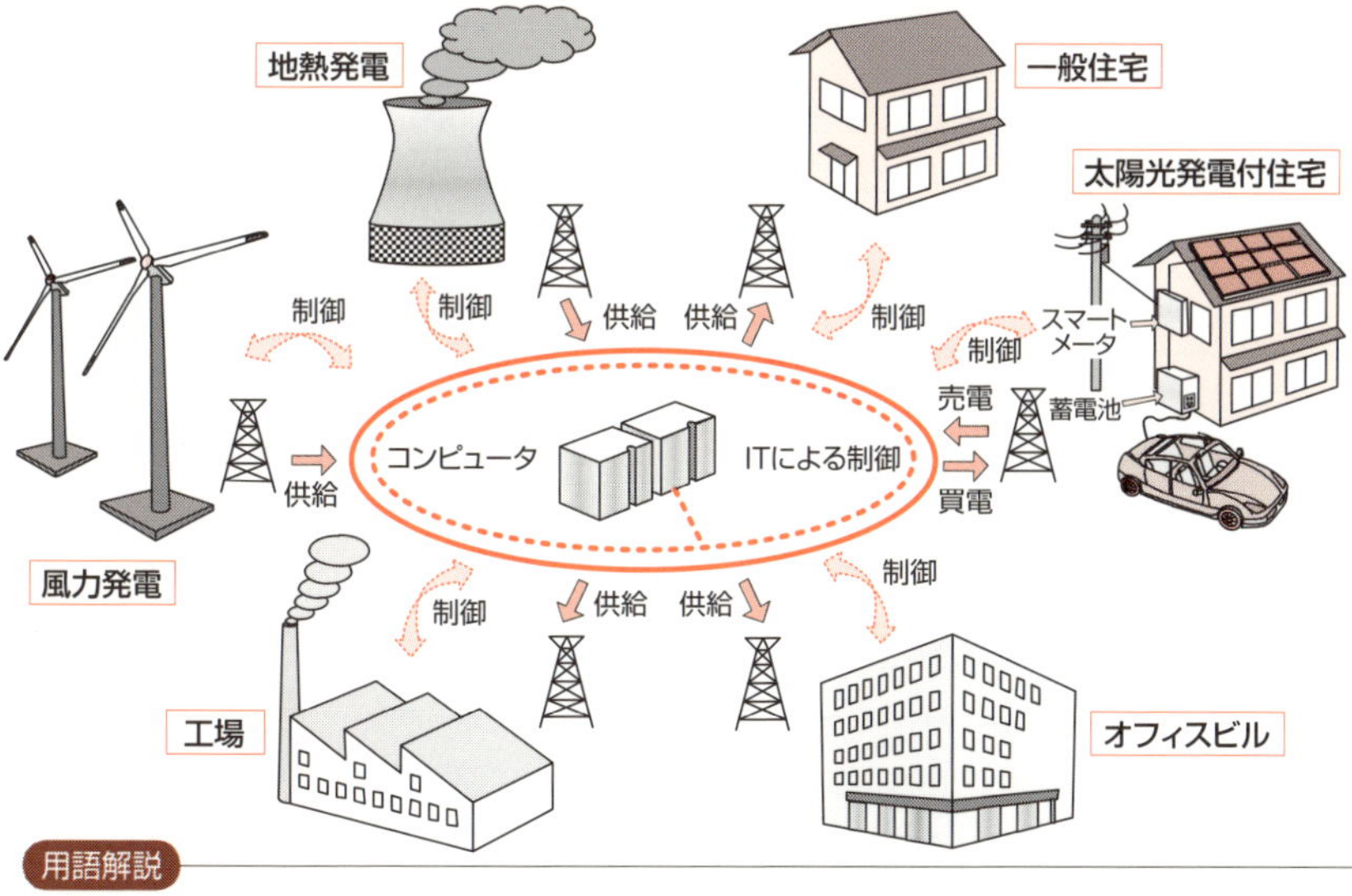
地熱発電
一般住宅
太陽光発電付住宅
制御
制御
供給
供給
制御
スマート
メータ
制御
売電
蓄電池
コンピュータ
ITによる制御
供給
買電
風力発電
制御
供給
供給
制御
工場
オフィスビル

用語解説

●**スマートグリッド(Smart Grid)**:電力の送受電網を併設の信号網で制御する新しい概念の電力網です!

●**スマートメータ(Smart Meter)**:消費電力などの情報をリアルタイムで把握し、その情報を電力会社に送ることによって最適な電力の送電を行うことができる装置を指します!

Column ⑤

エネルギー・ハーベスティングとは？（なんでもエネルギー）

　私たちの身の周りの環境には、利用されずに捨てられている小さなエネルギーが沢山あります。このようなエネルギー（energy）を拾い集めて（ハーベスト：harvest）永続的に発電に活用できるようにしたのが「エネルギー・ハーベスティング（Energy Harvesting）」技術で「環境発電」と呼ばれています。この技術が組み込まれた機器のメリットは、電源が不要で無線技術との複合化で更なる機能を発揮することが可能になることです。

　エネルギー・ハーベスティングでは、利用する極めて小さなエネルギーに対応した様々な機器が実用化されつつあります。身近なものでは、①太陽光、白熱灯、蛍光灯、LED等の照明からの光を利用する太陽電池で代表される〝光発電〟、②機器等の発熱、工場の排熱、室内外の気温差等の熱を熱電素子（ペルチェ素子）で発電する〝熱発電〟、③モータの振動、橋梁の振動、道路の振動、人の動き等を圧電素子（ピエゾ素子）で発電する〝振動・熱発電〟、④静電誘導を利用する〝静電誘導発電〟、⑤テレビ、ラジオ、携帯電話、無線LANなどの電波から電磁誘導で電気を取り出す〝電磁誘導発電〟（ICカード、ICタグ等、第1章11項参照）等です。

　これらの環境発電が実用化へ向けて急速に進んでいるのは、発電機の性能向上に加え、発電した電力、および、それを利用する電子回路部品の極低消費電力化（究極のエコ・デバイス化）が進んだことにあります。近い将来は、パソコン、スマートフォン、音楽プレーヤ等の携帯機器等の電源用エネルギーとして活用が考えられています。

　このようにエネルギー・ハーベスティングは、人間とIT機器との結びつきを大きく変えていき、低炭素化社会の実現に貢献するものと思われます。

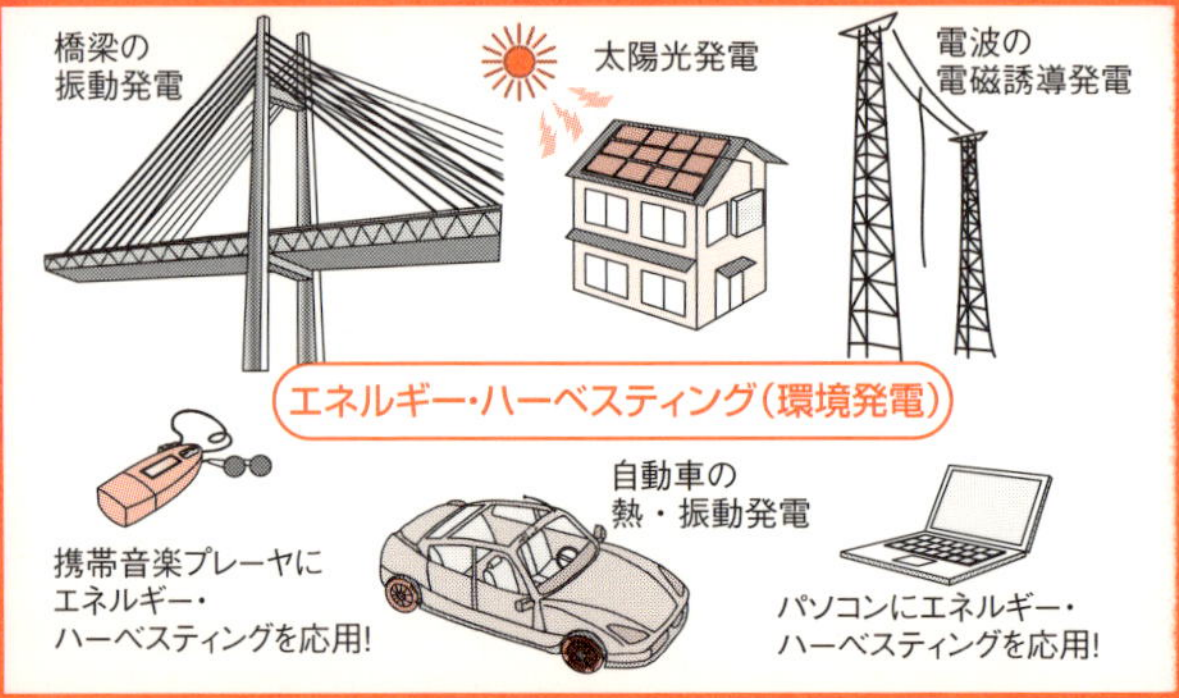

橋梁の
振動発電
太陽光発電
電波の
電磁誘導発電
エネルギー・ハーベスティング（環境発電）
自動車の
熱・振動発電
携帯音楽プレーヤに
エネルギー・
ハーベスティングを応用！
パソコンにエネルギー・
ハーベスティングを応用！

終章

環境保全、節電について

66 地中熱によるエアコンとは？

パッシブハウスと地中熱利用ハウス

　最近、「パッシブハウス（Passive House）」が話題になっています。このパッシブは、〝受動的な〟の意味で、自然を生かした住宅の意味です。つまり、夏には窓を大きくして風通しをよくし、冬には2〜3重窓や断熱、気密性を高め、太陽光を積極的にとって暖める家にします。このように空調を家の作り方から考えたのが「パッシブハウス」で、これを延長させ、地中熱を利用する家が「地中熱利用ハウス」です。

　地中熱は、太陽光によって暖められた熱が徐々に地下に伝わるために地下5〜10m前後の所では、一定した温度になっています。つまり、地表温度が変化しても地中熱は、ほとんど一定なのです（左図ⓐ参照）。この熱を冷蔵庫の冷やす原理を利用し、〝エアコン〟として用いるハウスが「地中熱利用ハウス」なのです。

　冷蔵庫では、冷媒と呼ばれる作動流体（例・フロンやアンモニア等）が熱を受け取ると気化（蒸発）します。つまり、気化熱によって冷気を作り、冷やすことになります。ここで、気化した冷媒を圧縮機で圧縮しますと液化（凝縮）します。つまり、凝縮によって暖める作用を行います。この二つの作用をヒートポンプ装置によって利用したのが「地中熱利用ハウス」です。

　暖房では、地中熱を吸い上げ、熱交換器（蒸発器）で冷媒を気化させ、圧縮器を用いて熱交換器（凝縮器）へ送り込み、凝縮させて温水を温めます。その後、冷媒は膨張弁を介して熱交換器（蒸発器）へ戻します。

　冷房では、熱交換器（凝縮器）で冷媒を凝縮させ、その熱を地中へ放出し、液化した冷媒を膨張弁で熱交換器（蒸発器）へ送り込み、気化させて温水を冷やします。その後、冷媒は圧縮器を介して熱交換器（凝縮器））へ戻します（左図ⓑ参照）。このヒートポンプを用いずに、地中熱と床下からの空気を室内に循環させて冷暖房する方法（ジオパワーシステム）もあります（左図ⓒ参照）。このように、地中熱を利用した空調機能をもつ家が「地中熱利用ハウス」なのです。

要点BOX

●パッシブハウス(Passive House)は、自然を生かした無冷暖房住宅で、補助的な暖房装置等を併用します。一方、地中熱利用ハウスは地中熱を利用した家のことです！

(a)地表、地中における年間の温度変化

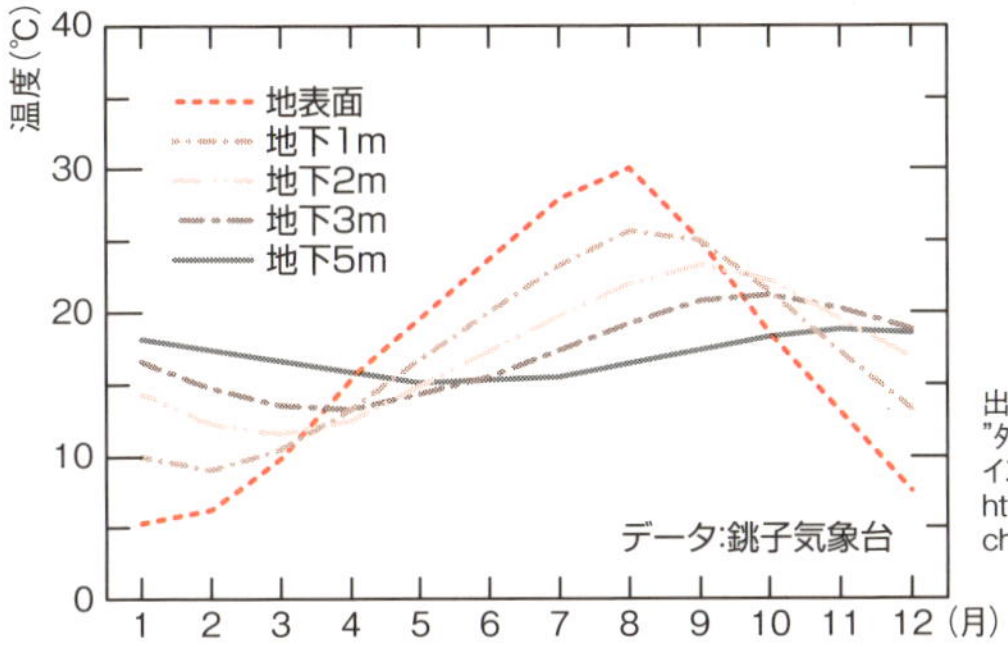
温度(℃)
40
30
20
10
0
地表面
地下1m
地下2m
地下3m
地下5m
データ:銚子気象台
1 2 3 4 5 6 7 8 9 10 11 12 (月)

出典:エコハウス研究会、”外断熱の地中熱活用住宅”、インターネット http://www.chinetsu.jp/chinetsu03.php

(b)ヒートポンプによる地中熱利用のエアコン

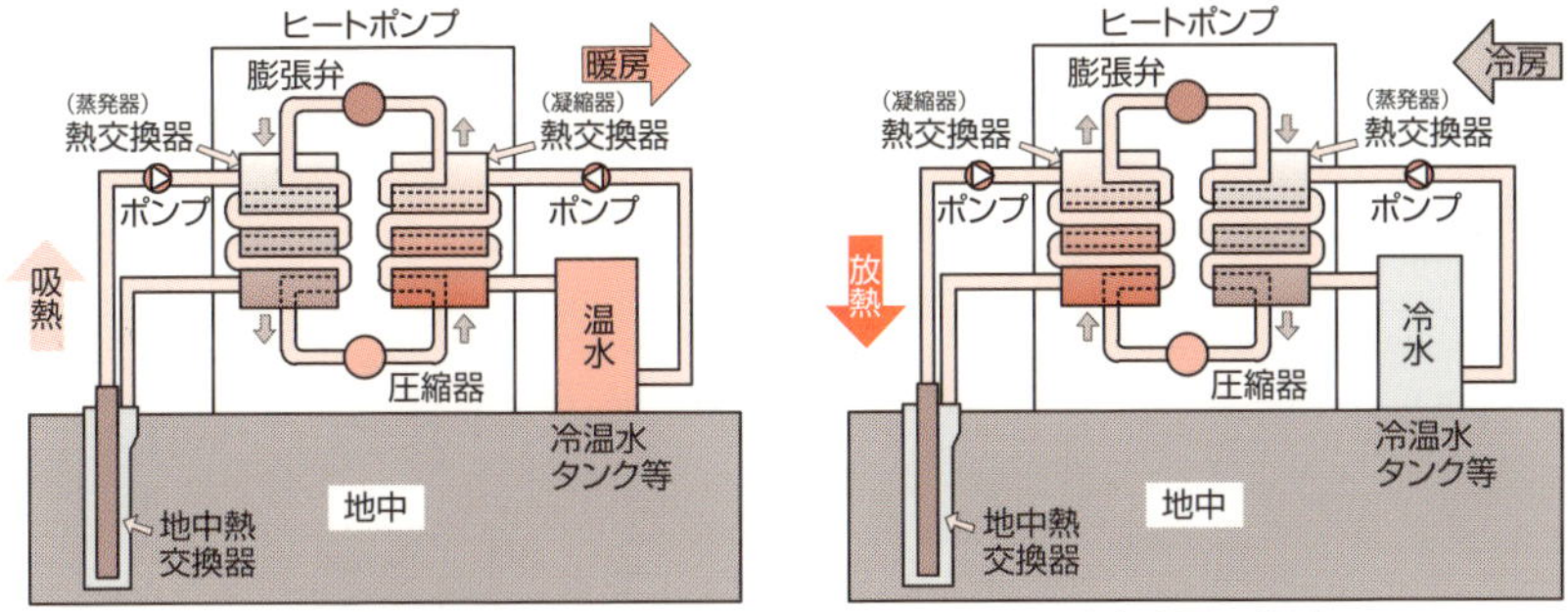
ヒートポンプ
暖房
膨張弁
(蒸発器)
熱交換器
(凝縮器)
熱交換器
ポンプ
ポンプ
吸熱
温水
圧縮器
冷温水
タンク等
地中
地中熱
交換器
ヒートポンプ
冷房
膨張弁
(凝縮器)
熱交換器
(蒸発器)
熱交換器
ポンプ
ポンプ
放熱
冷水
圧縮器
冷温水
タンク等
地中
地中熱
交換器

(i)暖房の場合　(ii)冷房の場合

出典:ゼネラルヒートポンプ工業株式会社、”地下熱対応ヒートポンプシステム ー未利用エネルギー:地下水、地中熱、温泉排湯利用ー”、2009.6.17、ヒートポンプ・蓄熱センター未利用エネルギー活用研究会、インターネット:http://www.zeneral.co.jp

(c)地中熱と床下からの空気利用のエアコン

地中は、暖かいのだ!
その温もりを
使用するのは上手い!

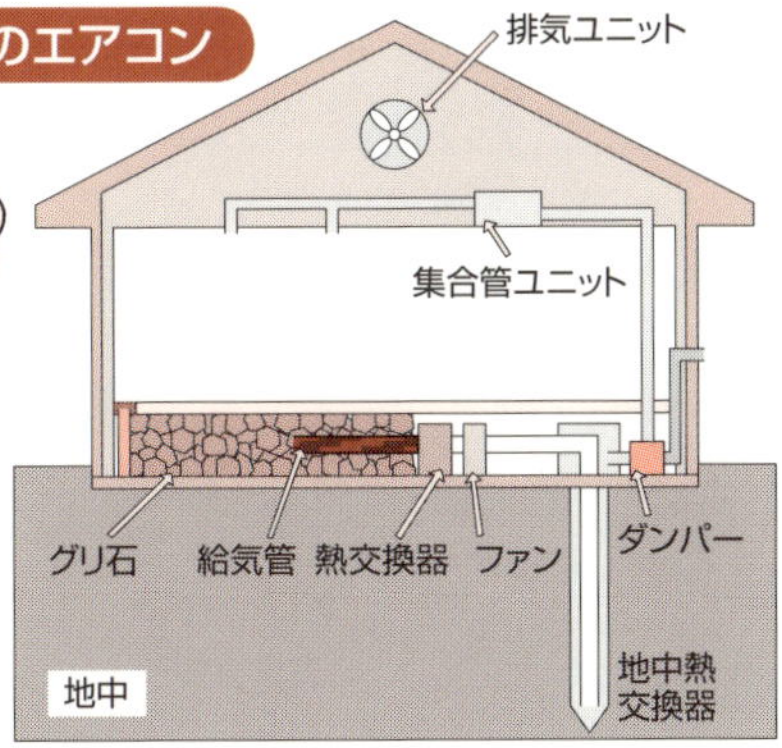
排気ユニット
集合管ユニット
グリ石
給気管
熱交換器
ファン
ダンパー
地中
地中熱
交換器

出典:エコハウス研究会、”外断熱の地中熱活用住宅”、
http://www.chinetsu.jp/chinetsu03.php
資料:ジオパワーシステム http://www.geo-power.co.jp/

用語解説

- **凝縮**:蒸気が熱を奪われて液体となる現象のことです!
- **冷媒**:冷凍機や熱ポンプなどで，低温の物体から高温の物体に熱を運ぶ作動流体を指します!
- **グリ石**:岩石を割って小さなかたまりにした石材のことで、割栗石(わりぐりいし)とも呼ばれます!

“パッシブハウス”ってなぁーに?（節電の基本ハウス）

パッシブハウス(Passive House)は、1991年、ドイツ・パッシブハウス研究所(Passivhaus Institut：PHI)によって提唱された省エネ住宅(無冷暖房住宅とも呼ばれますが、補助的に冷暖房装置を用います)のことで、パッシブハウスの条件(基準)が規定されています。つまり、床面積m^2あたりの一次エネルギーの消費量、冷暖房負荷、および、気密性などを規定し、その規定をクリアすれば、パッシブハウスになります。このパッシブハウスの考え方を見てみましょう!

冬は、暖かい空気が室内の下部から上部へ上昇しますので床下に暖気を蓄え、その暖かさを上昇させて部屋を暖めます。また夏は、外気、あるいは、床下からの冷気を取り込み、室内に熱気を溜め込まないように天井近くに換気窓、あるいは、屋根裏に換気口などを設け、熱気を外部へ排気して涼しさを作ります。

一方、冬の寒さに対しては、床下の地熱、あるいは、地熱のみで不十分の場合には暖房装置によって床下を暖め、この暖気を循環させて室内を暖めます。

この暖房には、経済性を高めるために太陽光による給湯器からのお湯を床下配管に供給し、床下を暖めて補う方法(太陽エネルギー利用パッシブハウス：Passive house use of the solar energy)、または最近、地中熱を用いる方法(地中熱利用ハウス：Passive house using geo-heat/66項参照)も提案、実用化され、その暖気を用います。

このように、省エネ化から始まったパッシブハウスですので、“エコハウス”とも呼ばれています!

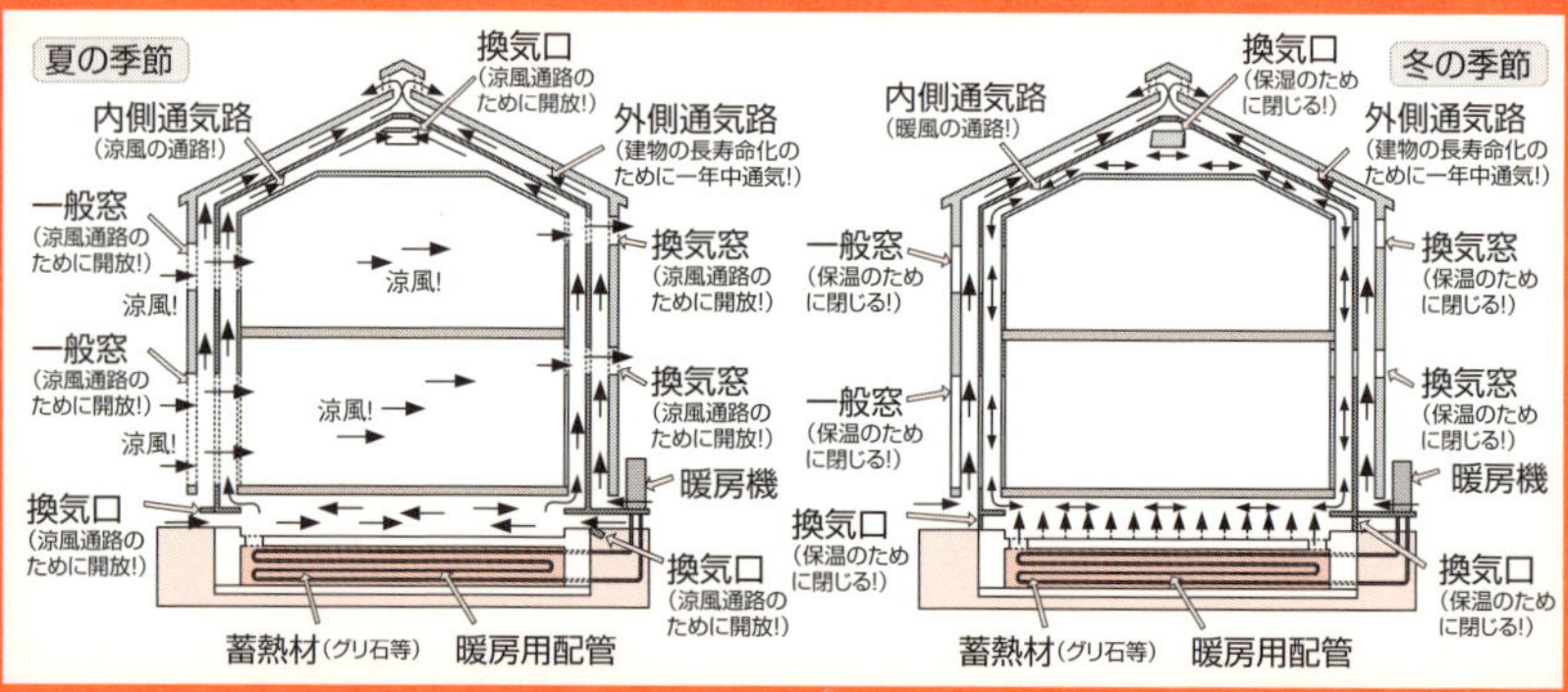
夏の季節
換気口
(涼風通路のために開放!)
内側通気路
(涼風の通路!)
外側通気路
(建物の長寿命化のために一年中通気!)
一般窓
(涼風通路のために開放!)
涼風!
涼風!
換気窓
(涼風通路のために開放!)
一般窓
(涼風通路のために開放!)
涼風!
涼風!
換気窓
(涼風通路のために開放!)
暖房機
換気口
(涼風通路のために開放!)
換気口
(涼風通路のために開放!)
蓄熱材(グリ石等)
暖房用配管
冬の季節
換気口
(保温のために閉じる!)
内側通気路
(暖風の通路!)
外側通気路
(建物の長寿命化のために一年中通気!)
一般窓
(保温のために閉じる!)
換気窓
(保温のために閉じる!)
一般窓
(保温のために閉じる!)
換気窓
(保温のために閉じる!)
暖房機
換気口
(保温のために閉じる!)
換気口
(保温のために閉じる!)
蓄熱材(グリ石等)
暖房用配管

【参考文献】

鈴木 八十二編、「よくわかる エコ・デバイスのできるまで」、日刊工業新聞社、２０１１年7月

中川 靖造、「日本の半導体開発－超LSIへの道を拓いた男たち ドキュメント」、ダイアモンド社、１９８1年12月

ヘイシンモーノポンプ®、移送の学び舎、[B-3a ＆ 3c] インバータの基礎知識（Ⅰ）（Ⅲ）、兵神装備株式会社、http://www.mohno-pump.co.jp/

西方 正司、「よくわかる パワーエレクトロニクスと電気機器」、オーム社、１９９5年9月

津村 明宏、〝LEDチップの製造プロセスフローと必要な装置・材料〟、半導体産業新聞主催セミナー、－文系ビジネス人のための「白色LED照明」の世界を学ぶ－、２０１０年9月27日（月）

LED照明推進協議会編、「LED照明ハンドブック」、オーム社、２００６年7月

LED照明推進協議会編、「LED照明信頼性ハンドブック」、日刊工業新聞社、２００８年2月

C.W.Tang and S.A.VansSlyke.Appl.Phys.Lett.Vol.51, 913(1987)

Toshio Matsumoto, et al., Proceeding of the 10th IDW,OEL2-1,pp.1285-1288

吉野 勝美、「有機ELのはなし」、日刊工業新聞社、２００３年1月

鈴木 八十二編、「よくわかる液晶ディスプレイのできるまで」、日刊工業新聞社、２００5年11月

鈴木 八十二、「トコトンやさしい液晶ディスプレイ用語集」、日刊工業新聞社、２００８年10月

浜川 圭弘、桑野 幸徳共編、「太陽エネルギー工学 太陽電池」、培風館、１９９４年5月

日本セラミック協会編、「太陽電池材料」、日刊工業新聞社、２００６年1月

産業技術総合研究所 太陽光発電研究センター編、「トコトンやさしい太陽電池の本」、日刊工業新聞社、２００７年1月

中田 時夫、「CIGS太陽電池の基礎技術」、日刊工業新聞社、２０１０年9月

荒川 裕則編、「色素増感太陽電池の最新技術2」、シーエムシー出版、２００7年5月、

ゼネラルヒートポンプ工業株式会社、〝地下熱対応ヒートポンプシステム — 未利用エネルギー地下水、地中熱、温泉排湯利用—〟、2009.6.17 ヒートポンプ・蓄熱センター未利用エネルギー活用研究会、http://www.zeneral.co.jp ＆ ジオパワーシステム、http://www.geo-power.co.jp/

スピンコート法 76
スマートグリッド、スマートメータ 148
スラリー 136
スリットコート法 76
正孔輸送層 80
整流 14、36
絶縁破壊電界 38
節電センサ 16
セル製造工程 136、138

タ

ダイシング 66
ダイバーカット 66
ダイボンディング 66
太陽光発電 16、126
太陽電池 16、126、134
多結晶シリコン 130
タブ付 140
炭化珪素 38、60
単結晶シリコン 130
タンデム型 108、130
地中熱利用ハウス 152
チッ化物蛍光体 60
チップ工程 62、66
直下型バックライト 108、112
低温体積緩衝層 48
ディスプレイ 10、114
ディミング 106、118、122
テクスチャ形成工程 138
テトラセン 100
テレマティクス 34
電子注入層 80
電子輸送層 80
電磁誘導 32
電卓 10
伝導帯 98
伝導度変調現象 36
電流効率 84、90
電流制限用抵抗 56
等圧法 94
透過量 122
導光板 104、112
透明電極 120
突起電極 46
ドット 104、112、114
トップエミッション型 120
トップビュー型 118
トランスファーモールド 66

ナ

内部量子効率 90
熱陰極蛍光ランプ 116

ハ

白色LED 44
白熱電球 42、44、54
バックグラインド 66
バックライト 104、110、114、118、120
パッケージング工程 62、66
発光効率 54
発光層 48、60、62、64
発光ダイオード(LED) 16、106
パッシブハウス 152
パルス幅変調方式 26、28、56
パワーコンディショナ 146
パワーデバイス 10、12、36、38、146
反射防止膜 138、142
バンプ 46
光取り出し効率 90
微結晶シリコンセル 130
表面実装型 46、58、66
封止缶 86
封止材 60、140
フェイスダウン・ボンディング 46
フェライトコア 26
物理電池 128
フリップチップボンディング 46
平均演色評価数 54
変換回路 14
変換効率 142
ペンタセン 100
放射角 58
砲弾型 46、58、66
ボトムエミッション型 120

マ

マウント 66
前工程 62、64
マルチチップ方式 50
マルチフォトン型有機EL素子 78
無線タグ 32
無停電電源装置 30
モジュール 62、66、136、140

ヤ

有機EL 54、120
有機金属 48、60、64
ユニット・モジュール工程 62、66

ラ

ラインインタラクティブ方式 30
ラインディミング 122
ラミネート 140
リードフレーム 62、66
リニア電源 24、26、56
量子効率 90
燐光材料 78
冷陰極蛍光ランプ 106、110、116
励起一重項状態、励起三重項状態 96
励起子 98
励起状態 96
レギュレータ 24
ローカルディミング 122

ワ

ワイヤソー 136

索引

英数字

Aiq$_3$ — 100
a-Si太陽電池 — 138
BBL — 52
CCFL — 16、106、110
CGL — 84
CIGS化合物半導体薄膜太陽電池 — 138
DC-DCコンバータ — 24、28、56
ECU — 34
EL — 16、74、110
EVA — 140
FCB — 46
GTO — 36
HOMO — 99
ICカード、タグ — 32
IGBT — 36、38
lr(ppy)$_3$ — 100
LCD — 138
LED — 42、44、54、58、62、66、68、106、110、118
LUMO — 99
MOCVD — 48、62、64
MPPT — 146
MQW層 — 48、64
n型チッ化半導体層 — 48、62
p型チッ化半導体層 — 48、62
PEP — 64
pn接合 — 42、68、134、138
PV — 126
PWM — 26
RFID — 32
SiC — 38, 48、58、60
SMD — 46、58、66
UPS — 30
YAG — 50、118
0D方式、1D方式、2D方式 — 122

ア

青色LED — 48、50、118
後工程 — 62、66
アモルファスシリコンセル — 130
異方性導電膜 — 46
色温度 — 52
インクジェット法 — 76
インゴット — 136
インバータ — 12、20、22、30、116
ウェハー工程 — 62、64
エアマス — 126
液晶 — 16、104、110
エキスパンダ — 66
エコ — 12、10、16
エージング試験 — 66
エッジライト型バックライト — 108、112
エネルギーギャップ — 42
エネルギー効率 — 90
エピタキシャル成長 — 44、48
演色性 — 50、52、54、82

カ

外部量子効率 — 90
化学電池 — 128
化合物半導体 — 130
加速試験 — 68、144
活性層 — 48、64
価電子帯 — 98
黄色蛍光体 — 50、118
擬似白色LED — 44、46、50、110
期待寿命 — 144
基底状態 — 96
輝度 — 112、118
逆変換回路 — 14
逆方向バイアス — 56
共役構造 — 100
許容遷移 — 96
近紫外LED使用シングルチップ方式 — 50
禁制遷移 — 96
禁制帯幅 — 38、42
空乏層 — 42
グローバルディミング — 122
結晶組成比 — 60
項間交差 — 97
光電効果 — 134
黒体軌跡 — 52
コンバータ — 12、14、30
コンプレッションモールド — 66

サ

再結合 — 80
サイドビュー型 — 118
作動流体 — 152
サファイア基板 — 48、60、62、64
酸化 — 60、128
三端子レギュレータ — 24
色素増感太陽電池 — 130、132
色度 — 112
指向性 — 46、58
実装工程 — 62
写真蝕刻技術 — 64
周波数 — 14
出射角 — 118
寿命 — 68、144
順方向バイアス — 42、56
常時インバータ給電方式 — 30
常時商用給電方式 — 30
シリコンウェハー製造工程 — 136
シリコンカーバイド — 38
シール剤 — 86
真空蒸着法 — 76
信頼性試験 — 68
スイッチング電源 — 24、26、56
ストリング形成 — 140
スネルの法則 — 92

1999年11月　㈱アイテス、技術営業部、副部長

2002年12月　㈱アイテス、技術事業部・先進技術開発副主管　有機EL照明の開発、有機EL照明用評価装置の開発、“光取り出し”のためのナノテクノロジーに関する技術開発に従事

2008年3月　篠田プラズマ㈱、品質管理部　部長代理

2009年1月　AvanStrate㈱、TCS統括部長

2010年5月　龍谷大学　勤務

●主な著書

「よくわかる液晶ディスプレイのできるまで」、「トコトンやさしい液晶の本」（以上、いずれも日刊工業新聞社）

●その他

光産業技術振興協会・ディスプレイ調査専門委員会委員、SEMIジャパン主催PCSフォーラム部品・材料分科会副会長、照明学会・電子情報機器光源に関する委員会幹事など歴任

新居崎信也（にいざき・のぶや）

●略　歴

1971年3月　九州大学・大学院・工学研究科・通信工学専攻、修士課程終了

1971年4月　㈱日立製作所に入社、生産技術研究所勤務、主に電子機器の設計と実装技術の開発に従事

1985年11月　住友化学㈱に勤務、主に電子材料と表示素子の開発に従事

1996年10月　STI社へ出向、主幹、主にカラーフィルターの開発に従事

1999年7月　㈱住化技術情報センターへ出向、技術調査グループ、主幹研究員

2012年3月　㈱住化技術情報センター退職

●主な著書

「よくわかるエコ･デバイスのできるまで」、「よくわかる液晶ディスプレイのできるまで」、「トコトンやさしい液晶の本」（以上、いずれも日刊工業新聞社）、「カラーフィルターの成膜技術とケミカルス」（㈱シーエムシー）等

●その他

照明学会・電子情報機器光源に関する委員会幹事歴任、IEEE会員、電子情報通信学会会員、日本液晶学会会員など

吉野恒美（よしの・つねみ）

●略　歴

1971年3月　福岡大学・工学部・電気工学科卒業

1971年4月　ウエスト電気株式会社（現　パナソニック フォト・ライティング㈱）入社
技術部配属、主にキセノン放電管応用商品開発に従事

1985年4月　開発部へ転属、主にストロボ要素開発･商品化、コンパクトカメラのオートフォーカス開発に従事

1997年4月　CCFL用圧電式インバータ開発、プリズム一体成形導光板開発チームリーダ

1999年5月　携帯電話向けバックライト商品開発プロジェクトリーダ

2008年9月　パナソニック フォト・ライティング㈱退職、同社顧問として液晶テレビ用バックライト、LEDストロボ等の要素技術開発指導に従事

2010年9月　パナソニック フォト・ライティング㈱顧問退任

●主な著書

「よくわかるエコ・デバイスのできるまで」（日刊工業新聞社）

●その他

照明学会・電子情報機器光源に関する委員会委員、電子情報技術産業協会・LCD用LEDバックライト規格委員会委員等歴任、ディスプレイ用インバータ・バックライト関係の論文発表、および、特許出願多数など

【著者略歴】

鈴木八十二(すずき・やそじ)

●略　歴

1967年 3月　東海大学・工学部・電気工学科・通信工学専攻卒業
1967年 4月　東京芝浦電気株式会社(現、㈱東芝)入社、機器事業部配属
1971年 7月　同社、電子事業部(現、㈱東芝・セミコンダクタ社)転勤
　電卓、時計、汎用ロジック、メモリー、マイコン、車載用LSI、ゲートアレイ、オーディオ/テレビ用LSI、TAB(Tape Automated Bonding)の開発量産化等に従事
1973年 2月　米国・フィラデルフィアにて開催された国際固体回路会議(ISSCC)でC^2MOS回路を用いた世界最初の電卓用C^2MOS－LSI開発を発表
1977年10月　関東地方発明表彰発明奨励賞を受賞
1979年 6月　全国発明表彰発明賞を受賞
1982年 3月　「クロックドCMOS(C^2MOS)－LSIに関する研究」にて工学博士
1990年10月　同社、電子事業本部(現、㈱東芝 液晶ディスプレイ・部品材料社)へ転勤
　液晶担当副技師長として液晶ディスプレイ製品の開発と量産等に従事
1991年 7月　NHK総合テレビ「電子立国・日本の自叙伝、第4部　電卓戦争」に出演
1995年 3月　㈱東芝　退職
1995年 4月　東海大学、工学部　通信工学科　教授　就任
2001年 4月　東海大学、電子情報学部　エレクトロニクス学科　教授
2002年 4月　SEMI Japan PCS-FPD ロードマップ賞　受賞
2006年 4月　東海大学、情報理工学部　情報通信電子工学科　教授
2008年 4月　東海大学、情報通信学部　通信ネットワーク工学科　教授
2010年 3月　東海大学　退職

●主な著書

「よくわかるエコ・デバイスのできるまで」(2011)、「トコトンやさしい液晶ディスプレイ用語集」(2008)、「ディジタル論理回路・機能入門」(2007)、「よくわかる液晶ディスプレイのできるまで」(2005)、「集積回路シミュレーション工学入門」(2005)、「トコトンやさしい液晶の本」(2002)、「パルス・ディジタル回路入門」(2001)、「液晶ディスプレイ工学入門」(1998)、「CMOSマイコンを用いたシステム設計」(1992)、「半導体メモリーと使い方」(1990)(以上、いずれも日刊工業新聞社)、「ビギナーブック8・はじめての超LSI」(2000)、「最新 液晶応用技術」(1994)、「CMOS回路の使い方」(1988)(以上、いずれも工業調査会)、「ディジタル音声合成の設計」(1982)、「CRTディスプレイ」(1978)、(以上、いずれも産報出版)など多数

●その他

SEMIジャパン主催PCSフォーラム部品・材料分科会会長、リードエグジビッションジャパン主催ADY選考委員、日刊工業新聞社主催・国際新技術フェア・優秀新技術賞審査委員、照明学会・電子情報機器光源に関する委員会委員長、経済産業省プロポーザル審査委員、NEDO独立行政法人・新エネルギー産業技術総合開発機構審査委員、光産業技術振興協会・ディスプレイ調査専門委員会委員長、熊本テクノ産業財団・液晶デバイスの基礎・講師など歴任

筒井長徳(つつい・ながのり)

●略　歴

1983年3月　早稲田大学・理工学部・応用化学科卒業
1983年4月　日本アイ・ビー・エム㈱に入社、品質保証部にて半導体、磁気ディスク装置の物理的故障解析、および、その評価法開発に従事
1993年5月　㈱アイテスに出向、液晶ディスプレイのプロセス評価、物理的故障解析、および、その評価法開発に従事
1996年12月　表面・構造解析室長

今日からモノ知りシリーズ
トコトンやさしい
エコ・デバイスの本

NDC 549.8

2012年6月29日　初版1刷発行

©編著者　鈴木 八十二
発行者　井水 治博
発行所　日刊工業新聞社
東京都中央区日本橋小網町14-1
(郵便番号103-8548)
電話　書籍編集部　03(5644)7490
販売・管理部　03(5644)7410
FAX　03(5644)7400
振替口座　00190-2-186076
URL　http://pub.nikkan.co.jp/
e-mail　info@media.nikkan.co.jp
印刷・製本　新日本印刷(株)

●DESIGN STAFF
AD――――志岐滋行
表紙イラスト――――黒崎　玄
本文イラスト――――カワチ・レン
ブック・デザイン――矢野貴文
(志岐デザイン事務所)

●
落丁・乱丁本はお取り替えいたします。
2012 Printed in Japan
ISBN　978-4-526-06900-0　C3034

●定価はカバーに表示してあります